普通化学

主 编 盘鹏慧 容学德 杨柳青

北京理工大学出版社
BEIJING INSTITUTE OF TECHNOLOGY PRESS

内 容 简 介

本书是根据高等院校民族预科这一特殊层次,在多年普通化学教学的基础上,按照突出重点、结合实际、培养能力、便于自学、便于教师选取教学内容的原则而编写的。全书共11章,第1章、第2章为化学原理部分,即化学基本概念和气体定律、化学热力学初步认识;第3章至第5章及第8章为化学平衡部分,即化学反应速率度和化学平衡、电解质溶液、氧化还原反应、配位化合物;第6、7章为结构化学部分,即原子结构、化学键和分子结构;第9章至第11章为元素化学,即金属元素及其化合物、非金属元素及其化合物、化学与生命。

本书可作为理工科化学类专业基础化学教材以及其他各类高等院校普通化学教学参考书,亦适用于对化学感兴趣的学生自学。

版权专有 侵权必究

图书在版编目(CIP)数据

普通化学 / 盘鹏慧,容学德,杨柳青主编. —北京:北京理工大学出版社,2020.8 (2023.8重印)

ISBN 978-7-5682-8933-7

Ⅰ. ①普… Ⅱ. ①盘… ②容… ③杨… Ⅲ. ①普通化学-高等学校-教材 Ⅳ. ①O6

中国版本图书馆 CIP 数据核字(2020)第 159381 号

出版发行 / 北京理工大学出版社有限责任公司

社　　址 / 北京市海淀区中关村南大街 5 号

邮　　编 / 100081

电　　话 / (010) 68914775(总编室)
　　　　　 (010) 82562903(教材售后服务热线)
　　　　　 (010) 68944723(其他图书服务热线)

网　　址 / http://www.bitpress.com.cn

经　　销 / 全国各地新华书店

印　　刷 / 三河市华骏印务包装有限公司

开　　本 / 787 毫米×1092 毫米　1/16

印　　张 / 17　　　　　　　　　　　　　　　　责任编辑 / 李　薇

字　　数 / 338 千字　　　　　　　　　　　　　文案编辑 / 赵　轩

版　　次 / 2020 年 8 月第 1 版　2023 年 8 月第 4 次印刷　责任校对 / 刘亚男

定　　价 / 45.50 元　　　　　　　　　　　　　责任印制 / 李志强

图书出现印装质量问题,请拨打售后服务热线,本社负责调换

前言

编者在多年的教学实践中,感到适合高等院校民族预科这一特殊教育层次学生学习的《普通化学》教材较少,且其中大部分教材内容偏多、偏深,学生在规定学时内不易把握好重点以至难以将其完全消化。为此,编者根据自己的教学经验,组织编写了本书,以适应高等院校民族预科学生学习的需要。

本教材力求精选内容,突出重点,使学生能在较短时间内理解、掌握基本的化学概念和基础理论知识,同时注重与中学化学教学大纲的衔接,使学生"既知新又温故",突出了民族预科这一教学层次的特点,并通过例题加强对基本概念的理解与运用,为学生后续专业课程的学习打下坚实的基础。本教材所编内容兼顾了医科、理科、工科类各院校对预科学生化学学习的要求,在实际教学中可根据专业要求、教学对象、学时数等具体情况,进行有所侧重、有所选择地施教。

书中的绪论、第1章由杨柳青编写,第2、3、4、5、6、7、8章由盘鹏慧编写,第9、10、11章由容学德编写。全书由盘鹏慧统编定稿。

在本教材的编写过程中,参阅和吸取了一些优秀教材的内容,在此一并深表谢意。

由于编者的水平有限,书中可能存在不足和错误之处,恳请各位专家、同行和读者批评指正,提出宝贵意见。

编　者
2020.4.10

目 录

绪 论 ·· (1)
   0.1 化学研究的对象 ·· (1)
   0.2 化学与人类社会的关系 ·· (5)
   0.3 化学发展历史的简单回顾 ··· (11)
   0.4 化学的发展趋势 ··· (15)

第 1 章 化学基本概念和气体定律 ·· (16)
   1.1 原子和原子序数 ··· (16)
   1.2 摩尔质量和气体摩尔体积 ··· (17)
   1.3 溶液的浓度 ··· (19)
   1.4 化学反应方程式 ··· (22)
   1.5 气体定律 ·· (24)

第 2 章 化学热力学初步认识 ··· (30)
   2.1 热力学中的基本术语 ··· (30)
   2.2 热化学 ··· (34)
   2.3 化学反应进行的方向 ··· (38)

第 3 章 化学反应速率和化学平衡 ··· (44)
   3.1 化学反应速率 ·· (44)
   3.2 化学平衡 ·· (55)

第 4 章 电解质溶液 ··· (68)
   4.1 电解质溶液的基本概念和理论 ··· (68)
   4.2 酸碱电离平衡 ·· (71)
   4.3 沉淀溶解平衡 ·· (91)

第 5 章 氧化还原反应 ··· (103)
   5.1 基本概念 ·· (103)
   5.2 氧化还原反应方程式的配平 ·· (105)
   5.3 原电池 ··· (107)

  5.4 电极电势 ……………………………………………………………………… (110)
  5.5 电解 ………………………………………………………………………… (115)

第6章 原子结构 …………………………………………………………………………… (119)
  6.1 经典的原子模型 …………………………………………………………… (119)
  6.2 氢原子光谱和玻尔理论 …………………………………………………… (121)
  6.3 原子的量子力学模型 ……………………………………………………… (123)
  6.4 多电子原子的结构 ………………………………………………………… (134)
  6.5 原子结构与元素周期律 …………………………………………………… (140)

第7章 化学键和分子结构 ………………………………………………………………… (149)
  7.1 离子键理论 ………………………………………………………………… (149)
  7.2 共价键理论 ………………………………………………………………… (151)
  7.3 分子间力和氢键 …………………………………………………………… (163)
  7.4 晶体结构 …………………………………………………………………… (170)

第8章 配位化合物 ………………………………………………………………………… (178)
  8.1 配位化合物的定义 ………………………………………………………… (178)
  8.2 配合物中的价键理论 ……………………………………………………… (180)
  8.3 配离子的配位离解平衡 …………………………………………………… (184)

第9章 金属元素及其化合物 ……………………………………………………………… (193)
  9.1 主族金属元素 ……………………………………………………………… (193)
  9.2 过渡金属元素 ……………………………………………………………… (197)
  9.3 金属与合金材料 …………………………………………………………… (204)
  9.4 金属材料的表面处理与加工 ……………………………………………… (208)

第10章 非金属元素及其化合物 …………………………………………………………… (212)
  10.1 非金属元素单质的结构和性质 ………………………………………… (212)
  10.2 非金属元素的化合物 …………………………………………………… (214)
  10.3 无机非金属材料 ………………………………………………………… (225)

第11章 化学与生命 ………………………………………………………………………… (230)
  11.1 生物体中的元素及其主要功能 ………………………………………… (230)
  11.2 微量元素与人体健康 …………………………………………………… (232)
  11.3 构成生命的基础物质 …………………………………………………… (234)
  11.4 基因工程简介 …………………………………………………………… (242)

附 录 ………………………………………………………………………………………… (245)
  附录Ⅰ 常见物质的 $\Delta_f H_m^\theta$、$\Delta_f G_m^\theta$ 和 S_m^θ（298.15 K，101.3 kPa） ……… (245)
  附录Ⅱ 弱酸、弱碱的离解常数 K^θ ……………………………………… (248)
  附录Ⅲ 常见难溶电解质的溶度积 K_{sp}^θ（298 K） ……………………… (249)

附录Ⅳ-1　酸性溶液中的标准电极电势 E^{θ}（298 K）……………………（250）

附录Ⅳ-2　碱性溶液中的标准电极电势 E^{θ}（298 K）……………………（251）

附录Ⅴ　常见配离子的稳定常数 $K_{稳}^{\theta}$ ……………………………………（253）

附录Ⅵ　原子半径 r …………………………………………………………（254）

附录Ⅶ　元素的第一电离能 I_1 ………………………………………………（254）

附录Ⅷ　主族元素的第一电子亲合能 E_{ea1} ………………………………（255）

附录Ⅸ　元素的电负性 X ……………………………………………………（255）

附录Ⅹ　元素周期表 …………………………………………………………（256）

参考文献 ……………………………………………………………………（257）

绪 论

化学与人类生活的各个方面和社会发展的各种需要息息相关,如今已成为一门"中心科学"。随着科学技术的飞速发展,人们已逐渐认识到化学将成为影响人类继续生存的关键学科,当代每个人的生命都要受到以化学为核心的科学成果的影响。绪论主要介绍化学研究的对象、化学与人类社会发展的关系、化学的发展历史的简单回顾、化学的发展趋势。

0.1 化学研究的对象

我们知道,宇宙中的万物从宏观世界的日月星辰、河流、海洋、动植物和微生物到微观世界的电子、中子、光子等基本粒子,都是不依赖于我们的意识而客观存在的东西。世界由物质组成,而整个物质世界从微观世界到宏观世界,从无机界到有机界,从生物界到人类社会都是处于永恒的运动之中,人类的思维实际上也是生物运动的结果。一切自然科学(包括化学在内)所考察和研究的对象都是客观存在的物质世界,然而世界上的物质多种多样,运动形式也纷繁万状,那么化学所研究的物质属于哪个范畴?所研究的运动形式又有怎样的特征呢?

0.1.1 化学的定义

首先来看我们熟悉的两个例子。

例1:氢气在氧气中燃烧生成水,其反应方程式为

$$2H_2(g) + O_2(g) = 2H_2O(l)$$

在研究这个化学变化时,涉及物质的组成——氢气、氧气和水的组成,分别由氢分子、氧分子和水分子组成;每个氢分子由2个氢原子组成,每个氧分子由2个氧原子组成,每个水分子由2个氢原子和1个氧原子组成。同时,也涉及物质——氢分子、氧分子和水分子的结构,分别由相应的原子通过共用电子对形成共价键而构成,即

$$H-H \qquad O\!=\!\!=\!\!O \qquad \overset{O}{\underset{H\ \ H}{}}$$

此外,在这个过程中,两种物质(氢气和氧气)发生变化,生成了另一种新的物质(水);物质的凝聚态也变了,氢气和氧气均为气体(gas,简写为g),而水是液体(liquid,简写为l)。

发生这一变化的过程伴随着能量的释放($-283.83 \text{kJ} \cdot \text{mol}^{-1}$)，因此这是一个放热过程。而这一放热过程在常温下并不发生，须先点燃(加热)才能引发，这就说明变化的发生必然和外界条件有关。

例2：钾与氯气作用生成氯化钾，其反应方程式为
$$2K(c) + Cl_2(g) = 2KCl(c)$$

这同样涉及物质的组成、结构和变化(新物质的生成及过程中的能量变化)，并且是一个放热过程，其引发同样需要一定的外界条件。钾和氯化钾是晶体(crystal，简写为c)，而氯气是气体。

这些变化涉及物质的3个层次：原子(或带电的原子，即离子)、分子及其凝聚态(气态、液态、固态、等离子体等)。

由此，我们可以给出化学的定义：化学主要是在原子、分子及其凝聚态等层次上研究物质的组成、结构、性质、变化规律及其应用的科学。其中，分子是化学研究的中心层次，因此也可以称化学是分子的科学。在变化过程中生成了新的物质，但各元素的原子核不发生改变，这种变化称为化学变化，或称为化学反应。简而言之，化学是以研究物质化学变化(化学运动形式)为主的科学。

对于上述定义，有必要作以下几点说明：

(1) 化学研究的"物质"是实体，不包含物理学上的"场"(物理场是相互作用场，也是物质存在的另一种形态)；

(2) "变化规律"则包含了所有转变过程中的规律，如组成、结构对性质的影响，外界条件对反应的影响，变化过程中的能量关系等；

(3) "主要"两字的含义是明确指出化学主要研究对象和其他科学有明显的区别。在研究主要对象的同时，就可能涉及一些"次要"的问题，这对化学的定义赋予了一定的灵活性。

应当指出，随着时代变迁，科学技术不断发展，化学的研究对象必然不断变化，因此化学的定义也会不断做出调整。例如，我国著名化学家徐光宪在2001年提出，"21世纪的化学是研究泛分子的科学"，将化学研究的客体扩展到了10个层次，并给出了当今国内对于化学学科的最详细定义："21世纪的化学是研究原子、分子片、结构单元、分子、高分子、原子分子团簇、原子分子的激发态、过渡态、吸附态、超分子、生物大分子、分子和原子的各种不同维数、不同尺度和不同复杂程度的聚集态和组装态，直到分子材料、分子器件和分子机器的合成和反应，制备、剪裁和组装，分离和分析，结构和构象，粒度和形貌，物理和化学性能，生理和生物活性及其输运和调控的作用机制，以及上述各方面的规律，相互关系和应用的自然科学。"

0.1.2 化学的二级学科

在自然科学中，数学、物理学、化学、生物学等被列为一级学科。化学在发展过程中，依照所研究的分子类别和研究手段、目的、任务的不同，派生出五大分支学科，即化学的二级学科。无机化学、有机化学、分析化学、物理化学是化学的四大传统分支学科，

早在19世纪末就已经形成。而到20世纪40年代，迅速发展的高分子化学从有机化学中独立出来，成为化学的第五大分支学科。

1. 无机化学

无机化学是研究无机物的组成、结构、性质及其变化规律的一门化学分支学科。无机物包括除碳氢化合物及其大多数衍生物之外的所有元素的单质和化合物。此外，简单的含碳化合物，如一氧化碳、碳酸、碳酸盐、氰化物、硫氰化物、碳化物仍是无机化学的讨论内容。

无机化学是化学最早发展起来的一门分支学科。人类早期的化学实践活动（如制陶、冶金、采矿等）大都属于无机化学的范畴，期间许多新元素被陆续发现。19世纪60年代，元素周期律的发现，奠定了现代化无机化学的基础，标志着无机化学形成一门独立的化学分支学科。20世纪20、30年代，原子结构和分子结构理论的建立和现代测试分析技术的应用，使无机化学的研究由宏观深入到微观，把无机物的性质、反应性与其分子、原子结构联系起来。20世纪40年代，原子能工业、半导体材料工业的崛起，人们对有特殊性能的无机材料的需求日益增多，使无机化学又取得了新进展。20世纪70年代，随着宇航、能源、催化、生化等领域的出现和发展，使无机化学无论在实践还是在理论方面又有了许多新的突破。当前，一个比较完整、理论化、定量化和微观化的现代无机化学体系迅速地建立了起来。

按照被研究对象的不同，无机化学可以划分为无机材料化学、有机金属化学、普通元素化学、稀有元素化学、配位化学、金属间化合物化学、同位素化学、无机合成化学、生物无机化学、无机高分子化学、物理无机化学、地球化学、宇宙化学等分支。其中，无机材料化学、生物无机化学、有机金属化学是当今无机化学中最为活跃的分支领域。

2. 有机化学

有机化学是研究有机化合物的来源、性质、制备、应用及有关理论的一门化学分支学科。有机化合物包括碳氢化合物及其衍生物，它们都含有 C 和 H 元素，有的还含有 O、S、As、N、P、Cl 等非金属元素或 Zn、Fe、Cu 等金属元素。因此，也有人把有机化学称为"碳的化学"。有机化合物具有不同于无机化合物的特征，如分子组成复杂、容易燃烧、熔点低（通常低于400℃）、难溶于水、反应速率小和副反应多等。

相当长的一个时期内，人们一直认为有机物只能产生于有生命的动、植物体，因此鲜有学者探索有机物的秘密。直到1828年，尿素的首次合成成功打破了有机物和无机物的界限，这才促进了有机合成工业的兴起。如今，世界上每年合成的近百万个新化合物中90%以上是有机化合物，这些化合物直接或间接地为人类提供大量的必需品，如各种染料、香料、医药、农药、肥料、炸药、有机光电材料、塑料、合成纤维和合成橡胶等。有机化学一跃成为化学科学研究最多的领域，这不仅因为它与人类生活必需品密切相关，更因为有机化合物是组成生命体的重要部分。有关有机物分子的结构设计、合成和功能的研究对探索生命奥秘、解决医学难题具有非常重要的意义。

在有机化学迅速发展的过程中还产生了不少分支学科，包括有机合成化学、金属有机化学、结构有机化学、天然生成物化学、有机催化化学和生物有机化学等。

3. 分析化学

分析化学是研究物质化学组成的分析方法及有关理论的一门化学分支学科，其任务是鉴定物质中含有哪些元素和基团（定性分析），每种成分的数量，物质的纯度（定量分析），以及物质中原子的排列方式（结构分析）。可以说，分析化学是我们认识物质及探索其变化规律的眼睛。

根据测定原理的不同，分析化学的分析方法可分为两大类：第一类分析方法为化学分析法，它以物质的化学反应为基础对物质进行分析，是分析化学的基础，至今已有100多年历史了。例如，以酸碱中和反应原理为基础的酸碱滴定法就是化学分析法，它利用已知浓度的酸溶液与未知浓度的碱溶液反应，来测量碱在溶液中的含量。第二类分析方法为仪器分析法，它以物质的物理和化学性质为基础，并借助特殊的仪器对物质进行分析。仪器分析法是20世纪中叶逐渐发展起来的，主要包括原子发射光谱法、原子吸收光谱法、原子荧光光谱法、紫外-可见分光光度法、红外光谱法、核磁共振波谱法、X射线荧光分析法、X射线衍射分析法、分子发光和化学发光法、质谱法、电化学分析法、色谱法、热分析法、激光光谱分析法、电子能谱法等。例如，为鉴定一个有机物分子的结构，可以通过该分子的核磁共振谱来推断其中所含基团的类型和数量。仪器分析法具有快速、灵敏、准确等特点，但在进行仪器分析前，一般要用化学方法对样品进行预处理，并往往用化学分析法的测定结构作为相对标准，因此这两类分析方法是相辅相成的。目前，分析化学正向着更快速、准确、微量和自动化等方向发展。

分析化学的分支学科包括光谱分析、电化学分析、色谱分析和质谱分析等。通过分析化学获得的各种物质的化学信息，也被其他化学分支以及物理学、生物学等学科广泛应用于工农业生产、贸易、环境监测和医学等领域。例如，在工厂里不仅原料和成品需要分析监测，生产过程也要监控；对进出口商品要检验以及对运动员要做兴奋剂检测等。

4. 物理化学

物理化学是借助物理测量方法和数学处理方法来探求化学变化基本规律的一门化学分支学科，是整个化学学科的基础理论部分，也是物理学与化学相互渗透的一门学科。

在19世纪中期，大量的实验事实积累了足够多的经验，化学也需要从经验性的学科上升为具有理论指导的学科。蒸汽机的应用，促进了热力学第一定律与第二定律的建立，将这两个定律与其他物理学理论用于化学，便诞生了物理化学。物理化学包括化学热力学、化学动力学和结构化学3部分。其中，化学热力学研究化学反应过程的能量变化、方向和限度；化学动力学研究化学反应的速率、机理和化学反应的控制；结构化学研究物质的结构（原子、分子、晶体结构）及其与物质性能之间的关系。

物理化学的基本原理在各个化学分支学科都得到了广泛应用，化学热力学、化学动力学、催化和表面化学的研究成果，更促进了石油炼制、石油化工和材料等工业的发展。例如，对于工业上的合成氨工艺，根据化学热力学提供的信息，就可以利用热、催化剂等手段，设计一个最易操作的最佳流程工艺框架。物理学提供的新技术，如超快速激光光谱技术、分子束技术、X 射线衍射、X 射线光电子能谱等，以及计算机科学成果的引入，大大促进了物理化学的发展。

5. 高分子化学

高分子化学是研究高分子化合物的结构、合成方法、反应机理、化学和物理性质，以及其应用的一门化学分支学科。高分子是指分子量为 $10^4 \sim 10^6$ 的大分子，一般由许多相同的、简单的结构单元通过共价键(有些以离子键)有规律地重复连接而成，因此又被称为聚合物或高聚物。由于高分子结构单体多为小分子有机物，所以早期高分子化学归属于有机化学范畴。

与化学的其他分支学科相比，高分子化学是一个年轻的学科，至今合成高分子的历史也不超过一百年，但其发展非常迅速。在 20 世纪 20 年代，德国化学家 Standinger 首先提出了高分子的重复链节结构。到 20 世纪 40 年代，高分子化学已经发展为一支新兴化学学科。橡胶、纤维或塑料等都是高分子合成材料，它们具有易于加工和成本低廉的优点，与天然材料相比，高分子材料不受气候、季节和种植面积的影响，因此非常适合作为天然材料(如棉、麻和天然橡胶等)的替代品。高分子材料还具有弹性好、强度高和耐腐蚀等特点，在日常生活和工业生产中已经得到广泛应用。定向聚合和络合聚合和模板聚合等新聚合方法的出现，使人们能够不断制造出各种特殊性能的高分子材料，如半导体高分子材料、光敏高分子材料、液晶高分子、吸水性纤维、耐热性橡胶和耐高温高强度的塑料等。生物高分子材料也正在迅速发展，如假牙、人造肾和人造血管等都已用于临床。高分子药物的特点是可以停留在人体特定部位，控制排放而延长药性。

化学各分支学科是在深入研究各类物质的性质及其变化规律的过程中逐渐分化出来的，但在探索具体课题时这些分支学科又相互联系、相互渗透。例如，无机物或有机物的合成总是研究(或生产)的起点，并且在研究过程中必定要靠分析化学的测定结果来鉴定合成工作中原料、中间体、生成物的组成和结构，这一切又离不开物理化学的理论指导。

20 世纪中期以后，科学技术的迅猛发展、各学科的交叉融合，促使化学衍生出更多新型分支学科，如生物化学、环境化学、农业化学、药物化学、材料化学、放射化学、激光化学、计算化学和星际化学等。对化学进行分类，实际上反映了化学发展的特点和一般趋势，它对制定科研规划、教育和培养人才，以及开展化学前沿工作等都有重要的意义。

0.2 化学与人类社会的关系

生命体从来就是靠化学反应来维持的，而且人类很早就知道利用化学反应为生存提供便利，如火的使用。现代人类生存和生活质量的提高，以及人类文明的发展同样离不开化学。随着科学技术的进步，新化合物数量正呈指数式增长。1900 年，在《美国化学文摘》上登录的，通过分离提取及人工合成等手段获得的，已知结构的有机物和无机物总共只有 55 万种；到 1999 年 12 月 31 日，已知化合物数量已达到约 2 340 万种；而到 2014 年 7 月，已知化合物数量已超过 8 900 万种。没有任何一门其他科学能像化学这样，创造出如此众多的新物质。这些新物质及相关的化学反应，正影响着农业、食品、医药、材料、能源、环境和国防等与人类切身利益相关的各个领域、行业的发展。

0.2.1　化学与农业

在过去的一个世纪里，化学在扩大粮食供应方面发挥了决定性作用。我们知道，地球表面的71%被水(海洋、湖泊、江河)覆盖，余下29%为陆地，除去山脉、沙漠等之后，耕地面积并不充裕，由于长年累月的种植，土地中的自然肥已消耗殆尽，而世界人口却由1950年的20亿猛增到2012年的70亿，人类当时面临着严峻的"粮食问题"。

"粮食增产"需要依靠化学的发展来解决。自20世纪初，化学家哈伯(F. Haber)发明了合成氨技术后，化肥生产所需的原料问题得以解决；以后的几十年，氮肥、磷肥、钾肥合成工艺的改良，极大地增加了粮食产量。2012年世界粮食总产量25亿吨，是1950年(6.31亿吨)的将近4倍；2011全世界生产的化肥总量(主要是氮肥、磷肥、钾肥)达到了约2亿吨，是1950年(1 450多万吨)的13倍。其中，粮食增产的40%~60%来源于化肥的贡献。

此外，化学对农业生产的贡献还体现在越来越多的安全、高效的农药——包括杀虫剂、除草剂和植物生长调节剂等的发明。

0.2.2　化学与食品

人类对食品中营养成分的认识以及对食品的调色、调味、储存和质量控制等都与化学密切相关，化学知识还能帮助人们了解日常饮食中的营养物质和有害物质。例如，鸡蛋煮熟了才能吃，是由于蛋白质煮熟后变性，易于在胃酸和酶的作用下被人体消化吸收；炒菜过后要刷锅才能做下一道菜，是由于脂肪、蛋白质和含碳化合物等加热到较高温度时(350℃以上)会生成致癌物——苯并芘。

此外，食品分析和食品检验(大多为分析化学的方法和技术)保证了食品的质量；各种食品色素、香精、甜味剂和营养增强剂大大提高了食品的利用价值；食品防腐剂、抗氧化剂等化学品则改变了食品的储存方式，延长了食品的储存时间。

近年来，食品安全恶性事件不断发生，这不仅使国民经济受到严重损害，还影响到消费者对政府的信任，乃至危及社会稳定和国家安全。随着全球经济一体化的发展，食品安全问题已变得没有国界，世界上某一地区的食品安全问题都可能会波及全球，乃至引发双边或多边的国际食品贸易争端。因此，解决食品安全问题已成为化学学科面临的新挑战。

0.2.3　化学与医药

据世界卫生组织统计，世界人口的平均寿命已从20世纪初的45岁上升到2005—2010年的68.7岁(我国为74.4岁，日本则达82.6岁)。"人生七十古来稀"这一说法如今已经过时，70岁的老人比比皆是。为什么人类寿命会如此显著延长呢？主要有两方面的原因：一是人类生活质量的提高，包括营养状况、生活和工作环境的改善等；二是医疗条件的改善，其中药物的使用是关键因素之一。

药物的历史可追溯到五六千年以前，尝试用自然界的各种物质来发明药物，是药物发展的最初阶段。在这个阶段，药物的作用也只能靠在人体上的直接观察得来。

从19世纪开始，随着有机化学和实验医学的发展，药物的研究和发展进入了一个新阶段。在这一时期，最突出的成就是从原来具有治疗作用的植物中分离得到有效成分，如1803年从鸦片中提取得到吗啡，1823年从金鸡纳树皮中分离到奎宁，1833年从颠茄及洋金花中提取得到阿托品，这些成就使人们认识到一些化学物质是产生药理作用的物质基础。

进入20世纪后，人工合成或改造的天然药物有效成分分子成为新药来源，大量人工合成化合物在实验模型上进行筛选，提高了发现新药的几率并有效地降低了成本。现在临床上常用的几大类药物，如磺胺类药物(1935年)、抗生素(青霉素，1940年；链霉素，1943年)、合成的抗疟疾药(1944年)、抗组胺药(1937—1939年)、止痛药(1942年)、抗高血压药(六甲双铵，1948年；利血平，1952年)、抗精神失常药(1955—1960年)，以及抗癌药(1946年氮芥开始在临床应用)、激素类药物及维生素等均在这一时期研制问世。因此，20世纪是新药发展的黄金时代。

医学是研究人体生理现象和病理现象、寻求防病治病的方法、保障人类健康的科学。生理现象和病理现象与物质代谢作用密切相关，而这些代谢作用又与体内的化学变化相关。因此，在疾病的诊断、治疗过程中，需要进行化验和使用药物，这都离不开化学，现代医学与化学关系更加密切。例如，以分析化学为基础的临床化验大大提高了疾病诊断的准确性，而且许多现代影像诊断技术(如核磁共振影像、CT、PETX光影像等)中都涉及了很多化学技术。此外，治疗疾病时所用的药物，其化学结构、化学性质及纯度直接影响药理作用和毒副作用；药物间的配伍也与药物分子的化学性质密切相关。

随着科学技术的进步，现代医学的研究已逐渐由传统的细胞层次深入到分子层次，化学的研究成果对此起到了不可忽视的推动作用。一方面，由于化学家对生物大分子(主要是核酸和蛋白质)的认识取得突破，并由此形成一门新兴的学科——分子生物学，对医学乃至整个生命科学都产生了重大影响；另一方面，从有机物分子的立体结构研究酶和底物的作用以及药物和受体的作用，到分子水平上研究某些疾病的致病因子，最后到微量元素的研究为疾病的早期诊断提供科学依据等，都说明现代医学的发展需要更多、更深的化学知识。

0.2.4 化学与材料

材料是提高人类生产和生活水平的物质基础、是人类进步的里程碑。一种新材料的问世，往往带来科技的飞速发展，具有划时代的意义。

材料科学是多学科互相渗透而诞生的科学，其与各学科之间的关系如图0.1所示。

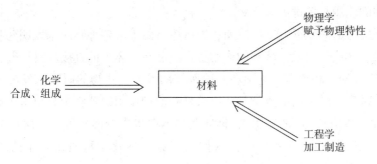

图 0.1 材料与各学科之间的关系

化学是人们认识和控制物质的组成、结构和性质的科学，化学家具有合成及控制物质组成的特殊才能，因此化学在制备材料和选用材料中起着关键作用。例如，由于高纯硅、锗等半导体材料的出现，产生了晶体管、集成电路、大规模集成电路及超大规模集成电路等，从而带来了计算机的革命，推动人类进入信息时代。又如，超导现象在20世纪初就已经发现，但由于使用温度太低一直没有实用价值，直到20世纪80年代，Y-Ba-Cu-O体系的出现带来了高温超导热，才开始实用。

更为重要的是，新合成化合物的出现引导产生新的工业。例如，合成了"聚合物"，就诞生了塑料工业、合成纤维工业和合成橡胶工业；合成了荧光材料分子，就诞生了电视机工业，等等。新工业的诞生，极大地推动了社会生产的发展。

材料化学就是在研究开发新材料中发展起来的化学分支学科，它采用化学理论和方法来研究功能分子以及由功能分子所组成的材料的结构与功能，使人们能够自主地设计新型材料。材料化学在20世纪所取得的巨大进展，已经证明了化学是新型材料的源泉，也是材料科学发展的推动力。在21世纪的今天，人类对各种带特殊功能的先进材料的需求会越来越大，材料化学在指导新材料的研究与开发工作中将发挥不可替代的重要作用。

0.2.5 化学与能源

能源是指能够转换成热能、机械能、电能、化学能等各种能量形式的自然资源，它是人类生存和发展的重要物质基础，能源的利用水平是生产发展和文明程度的标志之一。目前，人类的能源消耗中大部分能量仍是来自化学反应释放的能量，因此研究化学反应中的能量转化及其规律具有十分重要的意义。

煤的气化和液化、石油的炼制和石油化工产品的生产，都离不开化学和化学工业。煤、石油和天然气既是人类当前的主要能源，又是主要的化工原料，然而这些能源的储存量是有限的。据《BP世界能源统计年鉴》(2019)数据显示，现已探明的石油储量只能再供开采50年，天然气还可开采50.9年，煤炭可开采132年。随着社会的发展，人类对能源的需求越来越大，因此不得不加快开辟新的能源，原子能和太阳能是其中的两个重要能源。目前，物理学家和化学家经过研究已为人类提供了利用原子能的方法，并已在一些国家的能源供应中占有较大比例。电化学已提供了把太阳能转化为电能的实用装置，供居民、工农业和宇宙飞船使用。氢能源被认为是最理想的能源(无污染)，储氢材料、储氢电池研制已进入了实用阶段。人工模拟光合作用有可能光解水而生成氢气，提供新的能源。

化学在能源的开发和利用方面有着其他学科无法替代的作用，因此，20 世纪末能源化学应运而生，且已经成为一个新的化学分支学科。

0.2.6 化学与环境

所谓环境总是相对某项中心事物而言的，若以人类为中心，那么环境就是人类生存的环境。

现代工业生产给人类创造了巨大物质财富，但同时在环境和资源方面也为人类留下了一系列巨大的难题。例如，由于工业发展太快而导致资源，特别是不可再生资源趋于枯竭，陆地可用淡水急剧减少；工业废气、废液和废渣的排放，燃烧矿物燃料的废气、废渣及使用工业制品后的废弃物造成了大量河流、湖泊、近海海域及大气被污染；二氧化碳的排放造成全球气温变暖，导致全球性干旱、大量生物种类灭绝、水土流失和臭氧层破坏等。

应当指出，环境问题并不是现代工业的一种"新发明"。有史以来，就存在人类干扰自然环境的记载，尤其是城市的出现，进一步加剧了环境问题。人类面临着既要保持自身的进步与生活质量的提高，又要保证生存安全、保护环境的严峻课题。

从战略效果来考虑，要保护环境，我们就需要知道环境中有什么物质？它从哪里来？我们对它应怎么办？而化学正是解答这些问题的关键。

在环境保护这一重要领域里，化学家一方面用化学的技术和方法研究环境中物质间的相互作用，包括物质在环境介质(大气、水体、土壤、生物等)中的存在、化学特性、行为和效应，并在此基础上研究控制污染的化学原理和方法；另一方面，化学家利用化学原理从源头上消除污染，即采用无毒、无害的原料和洁净、无污染的化学反应途径与工艺，生产出有利于环境保护的化学产品，如可降解的塑料、可循环使用的金属和橡胶、对臭氧层不构成威胁的新型制冷剂、能控制害虫而不危害人类和有益生物的农药等。其中，前者的研究领域目前已经发展成为一门新兴的交叉学科，称为环境化学；后者则是一门新兴的化学分支学科，称为绿色化学。

化学不仅为环境问题的解决做出了重要贡献，而且它还掌握着彻底解决这个问题的关键。

0.2.7 化学与国防和公共安全

化学在国防和公共安全两方面都发挥了重要作用。在 2004 年召开的中国化学会第 24 届学术年会上，首次设立了"国防科技中的特种化学问题分会"，其主题为国家安全与化学，内容涉及国土防御、反恐、新概念武器发展、大规模杀伤性武器发展、重大突发事件等领域中的化学问题。2006 年，中国化学会召开了全国第一届反恐化学与监测技术学术研讨会，会议内容涉及反恐活性化合物的分子设计合成研究，反恐分析监测技术研究，食品安全监测技术研究，公安、消防、海关、武警反恐技术研究，反恐信息战、经济战及相关研究，核生化恐怖防御与救援方法研究，反恐活性化合物的药理评价研究，反恐技术战略及政策研究等。由此可见，国防和反恐已成为化学在 21 世纪面临的重大挑战之一。

此外，在公安执法方面，特别是在法医学领域，化学所能发挥的作用与日俱增。毒品、毒物和有害物质的鉴定，指纹鉴定，以及 DNA 鉴定等，都离不开化学家钻研出的分析技术和方法。

0.2.8　化学与文化

人类文明发展至今，形成了影响广泛的两类不同而又互补的文化形态，其一是人文文化，它是传统文化的主题；其二是科学文化，它表明了科学中所有领域的共同功用和发展。化学文化是科学文化的一部分，它由化学物质、化学变化、化学组织、化学活动、化学方法、化学语言、化学理论和化学思想等要素构成。

化学文化的社会性、功利性比较突出，它理应为社会各方面服务。人类征服疾患、提高健康水平，保护环境及衣食住行都与化学文化紧密相连，化学文化已广泛渗透到人类生活的各个方面。首先，化学文化的价值在于它的真理性。人们在日常生活中经常接触化学物质、化学变化，若缺乏化学知识，迷信就可能流行。化学教育的普及，提高了社会的文明程度。

其次，化学与伦理学有着必然的联系。化学的应用性对人的行为准则增加了新的内容、提出了新的要求。一个化学工业企业，可以带来物质财富；但如果经营者只顾经济效益，不顾社会效益，任由"三废"污染环境，其伦理道德就应受到谴责。

最后，对生命起源和人类起源的认识，是人文文化和化学文化共同承担的重要内容。现代化学实验与理论的发展，不断证实恩格斯所提出的"生命起源必然是通过化学的途径实现的"这一观点，并不断地丰富着辩证唯物主义的内容。

0.2.9　化学与其他学科

化学被确立为科学虽然只有 300 余年的历史，但是它在自然科学体系中占有极其重要的地位，并且在科学发展中不断得到加强。同时，化学也推动了其他学科的发展，具体表现为，牵动其他学科向分子层次发展；化学研究带动其他学科对过程的精细研究；化学给其他学科带来了新的基本原料；化学实验方法推动其他学科在分子层次上观察和测定物质的变化过程。由于化学的发展既高度分化又高度综合，并与其他学科互相渗透、相互交叉，因此化学一方面可以与物理学密切结合，进一步揭示化学运动的本质；另一方面又能与生物学紧密联系，旨在认识生命的奥秘和对常规化工过程进行改造。

此外，化学的作用还体现为媒介作用。其他门类的自然科学之间或者自然科学与工程技术之间的联系，都需要以化学为中间媒介。

综上所述，化学的创造力给人类营造了一个全新的生活环境，与人类社会的发展密不可分，化学与各个学科领域相结合推动了各学科的发展。因此，美国著名化学家、哥伦比亚大学教授布里斯罗（Ronald Breslow）指出，"化学是一门中心的、实用的、创造性的科学"。化学所涉及的人类生活领域如图 0.2 所示。

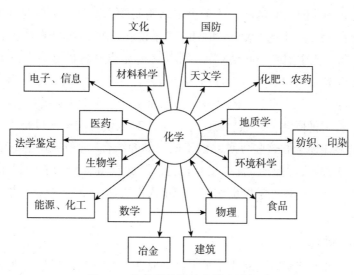

图 0.2　化学所涉及的人类生活领域

0.3　化学发展历史的简单回顾

当今化学学科的整个知识体系和应用成果是千百年来人类智慧的结晶。要学习化学，就有必要了解化学发展的历史，即化学知识从哪里而来，它为什么而诞生且是什么时候诞生的，不同历史时期的研究对象，取得了哪些较大的成绩，哪些理论被推翻，哪些理论仍然继续成长等。只有这样，我们才能在海一般的化学知识库中找到方向，才能用辩证的眼光看待化学，用批判的态度传承化学，才能做到对理论有更深刻的认识而又不僵化盲从，并从化学家们成功的经验和失败的教训中寻得借鉴。正如著名化学家傅鹰所言，"化学可以给人以知识，化学史可以给人以智慧"。

化学发展历史大致可以分为 3 个阶段：古代化学时期、近代化学时期和现代化学时期。

0.3.1　古代化学时期

古代化学时期的化学具有实用性和经验性的特点，没有形成理论体系。这一时期，经历了化学的萌芽阶段、炼丹和炼金阶段，以及医化学阶段。

1. 化学的萌芽阶段

在以石器进行狩猎的原始社会中，人类第一个在化学上的发明就是火。在公元前 3000 年左右的奴隶社会时期，埃及人已会从铁矿石炼铁，制造有色玻璃，鞣制皮革，从植物中提取药物、染料和香料，以及制造陶器等。我国的铜冶炼技术约诞生于公元前 2500—公元前 2000 年，从安阳殷墟发掘出的殷代青铜器来看，铸件异常精美，技术很高，是用孔雀石和木炭来冶炼的。

在这个时期中人们积累了不少零星的化学知识，但还不能构成一门科学，不过却构成了思考宇宙结构和物质问题的基础。关于宇宙结构问题，最早的见解是我国商末（约公元前1140年）出现在"易经"中的"八卦"和"五行"学说，这些朴素的学说后来被人们所神化而失去了好的作用。比中国晚300余年，古希腊才开始出现各种有关宇宙构造的思想。公元前5世纪，安培多克尔（Empedocles）指出宇宙是由水、火、气、土4种原质所构成的，这是古希腊学者对于宇宙结构最早的见解。公元前4世纪亚里士多德（Aristotle）在"发生和消灭"中提出，"将4种原性——热、冷、干、湿成对地组合起来便可得出安培多克尔的4'原质'，物质的多样性全靠这些'原性'的不同比例的结合"。根据亚里士多德的看法，如果把"原性"取出或放入，"原质"就可相互转化，因此创造各种物质的技术就在于把几种固定的性质结合起来。这种哲学思想整整支配了人们长达二千年之久，使化学发展进入炼丹和炼金的阶段。

2. 炼丹和炼金阶段

化学发展的炼丹和炼金阶段对应于封建社会时期，这一时期最早出现于中国。受中国封建统治者的影响，许多道家用化学方法开始炼"丹"（即 Pb_3O_4 和 HgS），东汉（公元2世纪）魏伯阳著有《周易参同契》一书，这是世界上现存最古老的炼丹术文献。东晋（公元4世纪）葛洪著有《抱朴子内篇》，共20卷，这是一部炼丹术巨著，作者在书中提出了反应的可逆性（HgS、Hg 间和 Pb_3O_4、Pb 间互变）以及金属间的取代（铁和铜盐）。

阿拉伯的炼丹术起源比中国晚500年，他们的学者具有相同的哲学思想，都是以"性质"为主，好似"性质"主宰"物质"而不是"物质"具有"性质"。欧洲的学者也这样，梦想制备出一种性质完美的"哲人石"，然后用它与别的物质一接触，此物质即可变成黄金。

在此阶段，炼丹家、炼金术士有目的地将各类物质进行搭配烧炼，在烧炼过程中使用了燃烧、煅烧、蒸馏、升华、熔融和结晶等手段，也了解了很多物质的性质，同时制作了许多操作器皿，这实际是进行科学实验的雏形。

3. 医化学阶段

在16世纪初期，欧洲突破了封建制度开始了资本主义的发展，商业的兴盛和生活本身所提出的一系列新要求（如医治疾病等），迫使化学走上正路。另一方面，由于炼金、炼丹家作了千年以上的努力也是徒劳，因而人们逐渐放弃这项试验。

以炼金术改革者而出现的有巴拉塞尔斯（Paracelsus）和阿格利柯拉（Agricola）。巴拉塞尔斯提出，"化学的目的并不是为了制造金子和银子，而是为了制造药剂"。当时用化学方法制成了许多药剂（主要是无机物），成功地医治了一系列疾病，促使许多医生加入这一队伍，从而推动了化学的发展。阿柏利柯拉则总结了当时的采矿和冶金技术，著成《论金属》。

1590年，我国明代医药化学家、医生李时珍著成《本草纲目》，全书达190多万字，书中列有中药材、矿物1000多种并附有制备方法、性质和用途介绍。1639年，明代的宋应星著成《天工开物》一书，详尽地记录了我国当时的手工业和化学生产过程，如金属冶炼、制瓷、造纸、染色、酿造和火药等。

0.3.2 近代化学时期

近代化学时期的到来首先要归功于天平的使用，它使化学的研究进入定量阶段，于是才出现一系列的基本定律和原子分子学论，因此这个时期又被称为定量化学时期，它包括从1661年到1900年的这段化学发展时期。这一时期还可以分为前后两个时期，前期是从1661年波义耳提出科学元素说，到1803年道尔顿提出原子论之前，是近代化学的孕育时期；后期则是从原子学说的建立，到原子可分性的发现，属于近代化学的发展时期。

1. 近代化学前期

17世纪中叶，资本主义生产迅速发展，人们积累了大量物质变化的新知识。与此同时，数学、物理学和天文学等学科也取得了显著的进步。当时的一些哲学家摆脱了经验哲学的束缚，论述了正确的科学研究方法。例如，培根就曾指出："一切知识来源于感觉，感觉是可靠的。科学在整理感性材料时，用的是归纳、分析、比较、观察和实验的方法。""掌握知识的目的是认识自然，征服自然。"这些新的哲学思想无疑大大地推动了化学的发展。

波义耳是这个时期杰出的化学家，是他首先把观察、实验的科学方法运用到化学中来，并于1661年建立了化学元素的科学概念。因此，恩格斯给予他高度的评价："波义耳把化学确立为科学。"从那时起，化学才开始成为一门独立的科学，波义耳发表的《怀疑派化学家》成为近代化学诞生的标志，因而后人称波义耳为化学之父。

1700年左右，史塔尔提出了一种燃素学说，他认为任何能燃烧的物体里都含有一种名叫燃素的物质。当物质燃烧时，该物质就失去燃素，若在矿石中加入含有燃素的物质(如煤)，就可以得到金属。这一学说在某种程度上统一说明了当时所积累的几乎全部实验材料，其主要功绩是彻底清除了亚里士多德的"原性"学说，但是本身却存在着致命的漏洞：所有被氧化的金属总是比未氧化前要重些，这和预期的恰好相反。最后不得不宣告燃素学说的失败，并迎来拉瓦锡的氧化理论。

1774年，拉瓦锡通过实验证实燃烧并不是放出燃素，而是燃烧物质和空气中的氧所起的化合反应。燃烧的氧化学说，开创了定量化学时期，使化学沿着正确的轨道发展。此外，拉瓦锡与他人合作制定出化学物种命名原则，创立了化学物种分类新体系，并根据化学实验的经验，用清晰的语言阐明了质量守恒定律和它在化学中的运用。拉瓦锡系统阐述其化学学说的著作《化学基础论》于1789年以法文出版，后人称拉瓦锡为定量化学之父。

2. 近代化学后期

19世纪初，化学理论发展突飞猛进。1803年，道尔顿建立了原子论，与古代的原子观不同，原子论突出强调不同元素其原子质量不同，不同元素的原子以简单的比例结合成为化合物，使定比定律和倍比定律得到了解释。1811年，阿伏伽德罗分子假说提出后，进一步充实了分子原子学说，为物质结构价键理论的研究奠定了基础。在原子分子学说建立之后，另一个重大发现就是门捷列夫于1869年提出的元素周期律，它不仅使无机化学形成了比较完整的体系，而且与原子分子学说相结合，形成了化学理论体系。在研究物质的结构和性质时，常常离不开元素周期律。门捷列夫在发现元素周期律之后，借助化学分析又发现了许多新元素，经典分析方法也得到了发展。与此同时，苯的六元环结构以及碳的四面体结构的建立，使有机化学得以发展。19世纪下半叶，将物理学中的热力学理论引入化学后，从宏观角度解决了许多有关化学平衡的问题。

总之，这一时期是一个大发展的阶段，化学结构的原子价理论以及借助于物理学的成就而建立起来的物理化学理论等，都推动了无机化学、有机化学、分析化学和物理化学4大化学基础学科的相继建成。

在这一时期，化学实现了从经验到理论的重大飞跃，化学真正被确立为一门独立的科学，并且出现了许多分支学科。

0.3.3 现代化学时期

现代化学时期一般从20世纪开始算起，但实际上再向前推算几年更为合适。

X射线、放射性和电子是19世纪末的3大发现，它打开了原子和原子核的大门，使化学家能够从微观的角度和更深的层次来研究物质的性质和化学变化的根本原因。

现代化学发展到现在已有超过百年的历史，这是一个丰收期，在这期间化学的理论、研究方法、实验技术及其应用等都发生了深刻的变化。化学原有的4大基础学科已容纳不下新发展的事物，从而又衍生出许多分支学科，如高分子化学。

人工合成的高分子材料只是材料的一部分，还有无机合成材料、复合材料及适应特殊需要的具有光敏、导电、光导、耐压、耐热或在苛刻条件下稳定等特殊性能的材料，于是就很自然地形成了材料化学、合成化学等化学分支学科。

原子核裂变和链式反应的发现，开辟了人类利用原子能的时代。原子序数从93到114的超铀元素陆续被人工合成，从而形成了核化学，它包括同位素化学、辐射化学和超铀元素化学等。

自20世纪40年代以来，人们利用光、电、磁等方面的新成就，发明和创造了许多新仪器。这些仪器具有快速、灵敏而准确的特点，从而使仪器分析作为一个新的化学分支出现，其地位日益重要。

在1924年到1926年间，物理化学诞生了许多新理论，如利用量子力学的原理和方法来研究化学问题，用全新的化学键理论来阐明化学键的形成，从而产生了量子化学。量子化学的发展又促进了结构化学的发展。

化学与其他学科之间的联系愈来愈密切，许多科学，如生物、地质、能源、材料和环境等的发展都需要化学知识。因此众多边缘学科成长了起来，如生物化学、环境化学、材料化学、元素有机化学和药物化学等。

可见，现代化学研究领域越来越专门化，分工越来越细，分支越来越多，而在探索具体课题时，这些分支学科又相互联系、相互渗透，并且与其他学科领域相互渗透。因此，现代化学时期又被称为"科学相互渗透的时期"。

0.4 化学的发展趋势

21世纪科学发展的特点是各学科纵横交叉解决实际问题。对于化学学科，既要保持自身继续发展，又要研究科学基础问题与解决实际问题相结合，当今化学发展总趋势大致是：由宏观到微观、由定性到定量、由稳态到亚稳态、由经验上升到理论并用理论指导实践，进而开创新的研究；为适应需要，合成具有特殊性能的新材料、新物质，解决和其他自然科学互相渗透过程中不断产生的新问题，并向探索生命科学和宇宙起源的方向发展。根据预测，在21世纪，化学将具有如下几个发展趋势：

1. 重视解决重大实际问题

化学是一门与社会生活关系紧密的科学，从社会发展的需要出发，化学家会有更广阔的发展空间，反过来也会深化和丰富化学自身。

2. 与相关学科进一步融合，吸取相关的理论和实验成果，开拓化学新领域

在化学愈来愈深入其他学科的今天，化学也需要积极从外部吸收新的概念与方法，化学所具有的惊人的创造力将随着新兴领域的开辟使其得以获得持久的生命力。

3. 复杂体系的研究

化学科学建立在分子水平之上，在分子的结构和性质方面，化学家过去已经积累了很多经验，而在超分子、介观领域和多尺度问题的化学研究才刚刚开始。复杂体系对于我们认识生命现象、材料性能至关重要，抓住这些领域中的关键化学问题并加以解决，是当前化学的重要课题。

所以，21世纪的化学发展趋势有"五多"：多交叉、多层次、多尺度、多整合和多方法。主要体现在利用多种方法协作攻关，在与物理学、生命科学、材料科学、环境科学、电子学、纳米科学、信息科学、能源科学、海洋科学和空间科学等相互交叉、相互渗透的基础上共同发展。

目前，国际化学界的热点课题已有部分取得了重要进展：它们是铁基层状超导体、石墨烯、过渡金属配合物催化的有机合成与反应、用于储存未来燃料的金属-有机框架化合物、太阳能电池、纳米发电机和"发电衬衣"，以及硅纳米线热电材料等。可以肯定，具有神奇功能的新材料将会不断涌现，并有可能带动计算机和激光器的突破性进展，新的超级药物研制和医学疗法将会取得重大进展。例如，功能多样的微型机械将被用于临床；化学家将有可能找到消除工业污染的有效方法，环境问题也将不再是社会发展的制约因素；太阳能的利用将进入新的阶段，成为世界的主要能源选择之一。总之，化学将不断地创造新的奇迹。

习 题

0.1 回忆以前学过的化学课程，列出简明的知识提纲，供任课教师授课时参考。

0.2 到图书馆或通过网络，查找并阅读一些有关化学发展简史以及现代化学新进展的相关文章。

0.3 简述化学对科学技术和工农业生产有哪些重要作用。

第1章 化学基本概念和气体定律

化学的基本概念和定律是人们在对许多化学现象、化学事实等的感性认识的基础上，归纳、概括而得到的理性认识。在化学工业、科学实验和化学教学中，经常要运用化学的基本概念和定律来讨论问题，或者进行某些化学计算。例如，什么是原子序数和核电荷数？少数粒子的质量、体积难以称量，大量粒子的集合体能不能称量？衡量结构单元多少的物理量和基本单位是什么？在化学计算中怎样应用这些物理量及其单位？溶液浓度常用的表示方法有哪些？化学反应方程式如何书写？气体有哪些性质、特征？什么是理想气体和理想气体状态方程？混合气体中的组分气体的相对含量如何表示？等等。因此，有必要对化学的基本概念和定律深入地进行讨论，了解每一概念的含义，并掌握相似概念之间的联系和区别。本章将简要介绍一些化学常用的基本概念、相关概念的数量关系、计算方法，以及理想气体状态方程和气体定律等方面的内容。

1.1 原子和原子序数

1.1.1 原子

原子是组成单质和化合物分子的最小微粒，也是元素的最小物质单位。在化学反应里，分子可分成原子，而原子却不能再分为更微小的粒子。例如，构成水分子的氢原子和氧原子在化学反应后，仍然是氢原子和氧原子，并没有变成其他原子。因此，原子是化学变化中的最小微粒。

现代科学实验证明，原子是由位于原子中心的带正电的原子核和核外带负电的电子构成的。不同类的原子，它们原子核所带的正电荷数并不相同。例如，氢原子的原子核带1个单位正电荷，核外有1个带1个单位负电荷的电子；碳原子的原子核带6个单位正电荷，核外有6个电子，即有6个单位负电荷。由于原子核所带电量和核外电子的电量相等，电性相反，因此原子呈电中性(即通常说的"不带电")。

原子核的体积很小，只占原子体积的几千亿分之一。如果假设原子有10层大楼那么大，那么原子核就只有一个樱桃那么大。因此，相对来说，原子内部有很大空间，电子就在这个空间里围绕原子核作高速运动。原子核虽小，但还可以再分，现代核电站的运转、原子弹的爆炸，就是利用了原子核裂变所放出的巨大能量。

原子核是由中子和质子两种微粒构成的，中子呈电中性，每个质子带 1 个单位正电荷。因此，原子核所带的正电荷数（简称"核电荷数"）就是核内质子的数目。

1.1.2 原子序数

原子序数是元素在元素周期表中的序号，标注在元素周期表中元素原子符号的上方，数值上等于原子核的质子数或中性原子的核外电子数。每种元素均与一定的原子序数相对应，如铁的原子序数为 26，其原子核有 26 个质子，核外有 26 个电子。

1913 年，英国化学家 H. G. J. 莫塞莱研究从铝到金元素的特征 X 射线谱时发现一个规律：若以各元素 K 射线的波数 V（波长的倒数）平方根与该元素在元素周期表中的位置 Z 作图，可以得到一条直线。该直线的表达式为

$$\sqrt{V} = a(Z - Z_0)$$

式中：a、Z_0 为常数，Z 为原子序数。

这个结果表明：从一种元素到下一种元素，有一个基本数量在有规则地增加，这个数量只能是原子核的质子数。

原子序数的测定，解决了元素周期表中氩和钾、钴和镍、碲和碘按相对原子质量倒排的问题。

1.2 摩尔质量和气体摩尔体积

1.2.1 摩尔质量

摩尔（mol）是物质的量的单位，而不是质量单位，有关物质的质量计算需使用摩尔质量的概念。摩尔质量是一种物理量而不是一种单位制，它的定义是单位物质的量（每摩尔）的物质所具有的质量，即以质量除以物质的量，通常用符号 M 表示，其单位为千克每摩（$kg \cdot mol^{-1}$）或克每摩（$g \cdot mol^{-1}$）。因此，任何原子、分子或离子的摩尔质量，在单位为 $g \cdot mol^{-1}$ 时，其数值等于其相对原子质量、相对分子质量或相对离子质量。

国际上采用 0.012 kg ^{12}C 所含的原子数作为计量物质的量的标准，是与 1961 年采用 ^{12}C 的原子质量（12）作为原子量的标准密切相关的。我们可以以此方便地通过相对原子质量、相对分子质量、相对离子质量等数据去确定某一物系的基本单元的摩尔质量，进而进一步计算该物系的某基本单元的物质的量。

用 m 表示某物质的质量，用 M 表示指定基本单元的摩尔质量，则质量为 m 的该指定单元的物质的量 n 为

$$n = \frac{m}{M}$$

例如，50 g 硫（S）原子的物质的量 $n = \dfrac{m}{M} = \dfrac{50}{32.06}$ mol = 1.56 mol。

1.2.2 气体摩尔体积

既然 1 mol 的任何物质都含有相同的基本单元数，那么 1 mol 物质的体积是否相同呢？通过上一节的学习，我们已经知道 1 mol 物质的质量是多少，如果此时再知道物质的密度，就可以计算出 1 mol 物质的体积。20 ℃（1 ℃ = 274.15 K）时 1 mol 某些物质的体积如表 1.1 所示。

表 1.1　20℃时 1 mol 某些物质的体积

物质	碳	铝	铁	水	硫酸	蔗糖
体积/cm³	3.4	10.0	7.1	18.0	54.1	215.5

从表 1.1 可知，1 mol 的不同物质的体积并不相同。这是因为物质体积的大小取决于构成这种物质的粒子数目、粒子的大小和粒子之间的距离这 3 个因素，而对固态或液态的物质来说，构成它们的微粒间的距离是很小的，因此 1 mol 固态或液态物质的体积主要取决于原子、分子或离子本身的大小。构成不同固态或液态物质的原子、分子或离子的大小不同，所以 1 mol 不同固态或液态物质的体积也就有所不同。

对于气体来说，情况就不同了，气体分子之间的距离比固体和液体中的粒子之间的距离大得多。在通常情况下，气态物质的体积要比它在液态和固态时大 1 000 倍左右，而且气体分子之间的距离约是分子直径的 10 倍。因此，当分子数目相同时，气体体积的大小主要决定于气体分子之间的距离，而不是气体分子本身体积的大小。事实证明，在相同的温度和压力下，1 mol 不同种类的气体分子之间的平均距离几乎相等，即不同种类的气体体积相等。

为便于研究，人们规定温度为 0 ℃ 和压力为 101.325 kPa 时为标准状况。通常把标准状况下，单位物质的量的气体所占有的体积叫作气体摩尔体积，用 V_m 表示，常用单位是 L·mol⁻¹。

标准状况下，1 mol H_2 的质量为 2.016 g，密度为 0.089 g·L⁻¹，体积约为

$$V_{H_2} = \dfrac{m_{H_2}}{\rho_{H_2}} = \dfrac{2.016}{0.089} \text{ L} = 22.4 \text{ L}$$

通过同样的方法，还可以计算出，1 mol O_2 的体积约为 22.4 L，1 mol CO_2 的体积约为 22.4 L。大量的实验证明：在标准状况下，气体摩尔体积为 22.4 L·mol⁻¹，记作 $V_{m,0}$ = 22.4 L·mol⁻¹。

1.3 溶液的浓度

1.3.1 浓度的表示方法

若将水倒进浓硫酸(98%)，会因大量放热引起水的沸腾，并可能导致硫酸飞溅而伤人毁物，但将水倒进稀硫酸(如10%)则平安无事。稀硫酸和铁会发生置换反应放出氢气，但浓硫酸则会使铁钝化，在铁表面生成的致密的氧化膜阻止硫酸继续和铁反应，因此浓硫酸可储存于铁制容器中。由此可见，溶液的浓度不同，其性质也不同。配好一份溶液不仅要标明溶质和溶剂的名称(若是水溶液，只标明溶质即可)，还必须注明浓度。

浓度的表示方法可分为两大类：一类是用溶质与溶剂或溶液的相对量表示，它们的量可以用 g，也可以用 mol；另一类是用一定体积溶液中所含溶质的量表示。

1. 质量分数

物质 B 的质量分数为溶质的质量 m_B 与溶液的质量 m 之比，符号为 w_B，无量纲，可用分数或百分数表示(曾称质量百分浓度)，即

$$w_B = \frac{m_B}{m} \tag{1.1}$$

例如，将 10.0 g NaCl 溶于 100.0 g 水，则其质量分数为

$$w_{NaCl} = \frac{m_{NaCl}}{m} = \frac{10.0}{100.0 + 10.0} \times 100\% = 9.1\%$$

若将 0.1 g NaCl 溶于 100 cm³ 水，此时因为水的密度近似为 1.0 g·cm⁻³，很稀的溶液中溶剂质量又近似等于溶液质量，所以

$$w_{NaCl} = \frac{m_{NaCl}}{m} = \frac{0.1}{100.0 + 0.1} \times 100\% = 0.1\%$$

但如果由此认为 100 cm³ 水中所含溶质克数即为质量分数，则是不妥的。

2. 物质的量浓度

物质 B 的物质的量浓度，简称浓度(曾称摩尔浓度)，符号为 c_B，定义为溶质的物质的量 n_B 与溶液的体积 V 之比，即

$$c_B = \frac{n_B}{V} \tag{1.2}$$

物质的量浓度单位有 mol·L⁻¹(或 mol·dm⁻³，该单位曾用 M 表示)、mmol·mL⁻¹(或 mmol·cm⁻³)等。

例如，用 40 g NaOH 固体配制成 1 L NaOH 溶液，则 NaOH 的物质的量浓度为

$$n_{NaOH} = \frac{m_{NaOH}}{M_{NaOH}} = \frac{40}{40} \text{ mol} = 1 \text{ mol}$$

$$c_{NaOH} = \frac{n_{NaOH}}{V} = \frac{1}{1} \text{ mol·L}^{-1} = 1 \text{ mol·L}^{-1}$$

这种浓度表示法是实验室最常用的方法,只要用滴定管、量筒或移液管取一定体积的溶液,很容易计算其中所含溶质的量(mol)。

例如,25 mL 浓度为 18 mol·L^{-1} 的浓硫酸中所含 H_2SO_4 的量为

$$n_{H_2SO_4} = (18 \times 25 \times 10^{-3}) \text{mol} = 0.45 \text{ mol}$$

商品硫酸、硝酸、盐酸都是浓溶液,工作中需用各种浓度的试剂,可按比例加水冲稀配制。

【例题 1.1】 市售浓硫酸密度为 1.84 g·mL^{-1},质量分数为 98%,现需 1.0 L 浓度为 2.0 mol·L^{-1} 的硫酸,应怎样配制?

解:稀释前后溶质 H_2SO_4 的质量不变,H_2SO_4 的摩尔质量为 98 g·mol^{-1},设需用浓硫酸 x mL,则有

$$(1.0 \times 2.0 \times 98) = x \times 1.84 \times 0.98$$

$$x = 1.1 \times 10^2 \text{ mL}$$

因此,可用量筒取 110 mL 浓硫酸,慢慢倒入盛有大半杯水的 1 L 烧杯中,搅拌并待溶液冷却后,再转入容量瓶,加水冲稀到 1.0 L,并摇匀。

3. 质量浓度

物质 B 的质量浓度(mass concentration)用符号 ρ_B 表示,其定义为溶质 B 的质量 m_B 除以溶液的体积 V,即

$$\rho_B = \frac{m_B}{V} \tag{1.3}$$

质量浓度的 SI 单位是 kg·m^{-3},医学上常用的单位是 g·L^{-1}、mg·L^{-1} 和 μg·L^{-1}。

【例题 1.2】 将 0.9 g NaCl 配成 100 mL 水溶液,求此溶液(生理盐水)中 NaCl 的质量浓度。

解:根据式(1.3),生理盐水的质量浓度为

$$\rho_{NaCl} = \frac{m_{NaCl}}{V} = \frac{0.9}{100 \times 10^{-3}} \text{ g·L}^{-1} = 9 \text{ g·L}^{-1}$$

在此需要注意,溶液的质量浓度 ρ_B 与溶液密度 ρ 不是同一个物理量,两者的区别在于,密度的定义式($\rho = \frac{m}{V}$)中,质量 m 为溶质和溶剂的总质量。因此,溶液的质量浓度、密度及质量分数的关系为 $\rho_B = \rho w_B$。

世界卫生组织提议,凡是摩尔质量已知的物质,在人体内的含量统一用物质的量浓度表示。例如,过去常用"70~100 mg%"表示人体血液中葡萄糖含量的正常值,意思是"每 100 mL 血液含葡萄糖 70~100 mg",按法定计量单位则应表示为 $c_{C_6H_{12}O_6} = 3.9 \sim 5.6$ mmol·L^{-1}。对于摩尔质量未知的物质,在人体内的含量则可用质量浓度表示。

1.3.2 溶液的浓度换算

液态试剂 B 的规格,通常以质量分数 w_B 和密度 ρ 来表示,但在实际工作中往往需用其他浓度表示,因此需要进行溶液浓度之间的换算,常见的浓度换算有两种类型。

1. 质量分数与物质的量浓度之间的换算

10% 的 NaCl 溶液换算为物质的量浓度应该是多少？前者溶质和溶剂的量都用 g 表示，后者则用 mol 表示溶质的量，换算时要知道摩尔质量；用 L 表示溶液的量，所以换算时还要知道该溶液的密度，密度可以直接测量，也可查询手册。

例如，已知质量分数为 10.0% 的 NaCl 溶液在 10 ℃ 时的密度 $\rho = 1.07 \text{ g}\cdot\text{mL}^{-1}$，NaCl 的摩尔质量为 58.4 $\text{g}\cdot\text{mol}^{-1}$，则有

$$c_{NaCl} = \frac{n_{NaCl}}{V} = \frac{\frac{m_{NaCl}}{M_{NaCl}}}{\frac{m_{溶液}}{\rho}} = \frac{\rho w_{NaCl}}{M_{NaCl}}$$

$$= \frac{1.07 \times 0.1}{58.4} \text{ mol}\cdot\text{mL}^{-1}$$

$$= 1.83 \times 10^{-3} \text{ mol}\cdot\text{mL}^{-1}$$

$$= 1.83 \text{ mol}\cdot\text{L}^{-1}$$

可见，物质 B 的质量分数与物质的量浓度之间的换算公式为

$$c_B = \frac{\rho w_B}{M_B}, \quad w_B = \frac{c_B M_B}{\rho} \tag{1.4}$$

【例题 1.3】市售浓硫酸的质量分数 $w_{H_2SO_4}$ 是 0.96，密度 ρ 是 1.84 $\text{kg}\cdot\text{L}^{-1}$，它的物质的量浓度是多少？

解：因为 $M_{H_2SO_4} = 98 \text{ g}\cdot\text{mol}^{-1}$，$\rho = 1.84 \text{ kg}\cdot\text{L}^{-1} = 1\,840 \text{ g}\cdot\text{L}^{-1}$，所以

$$c_{H_2SO_4} = \frac{\rho w_{H_2SO_4}}{M_{H_2SO_4}} = \frac{1\,840 \times 0.96}{98} \text{ mol}\cdot\text{L}^{-1} = 18 \text{ mol}\cdot\text{L}^{-1}$$

【例题 1.4】若 2 mol/L NaOH 溶液的密度 ρ 为 1.08 $\text{kg}\cdot\text{L}^{-1}$，求质量分数 w_{NaOH}。

解：因为 NaOH 的密度 $\rho = 1.08 \text{ kg}\cdot\text{L}^{-1} = 1\,080 \text{ g}\cdot\text{L}^{-1}$，$M_{NaOH} = 40 \text{ g}\cdot\text{mol}^{-1}$，则

$$w_{NaOH} = \frac{c_{NaOH} M_{NaOH}}{\rho} = \frac{2 \times 40}{1\,080} = 0.074$$

2. 质量浓度与物质的量浓度之间的换算

由 $\rho_B = \rho w_B$ 和式(1.4)可得，物质 B 的质量浓度与物质的量浓度之间的换算公式为

$$c_B = \frac{\rho_B}{M_B}, \quad \rho_B = c_B M_B \tag{1.5}$$

【例题 1.5】计算 $\rho_{HCl} = 90 \text{ g}\cdot\text{L}^{-1}$ 的稀盐酸溶液的物质的量浓度 c_{HCl}。

解：因为 $\rho_{HCl} = 90 \text{ g}\cdot\text{L}^{-1}$，$M_{HCl} = 36.5 \text{ g}\cdot\text{mol}^{-1}$，所以

$$c_{HCl} = \frac{\rho_{HCl}}{M_{HCl}} = \frac{90}{36.5} \text{ mol}\cdot\text{L}^{-1} = 2.47 \text{ mol}\cdot\text{L}^{-1}$$

【例题 1.6】已知葡萄糖($C_6H_{12}O_6$)的相对分子质量为 180，求 0.3 $\text{mol}\cdot\text{L}^{-1}$ 葡萄糖溶液的质量浓度 $\rho_{C_6H_{12}O_6}$。

解：因为 $M_{C_6H_{12}O_6} = 180 \text{ g}\cdot\text{mol}^{-1}$，$c_{C_6H_{12}O_6} = 0.3 \text{ mol}\cdot\text{L}^{-1}$，所以

$$\rho_{C_6H_{12}O_6} = c_{C_6H_{12}O_6} M_{C_6H_{12}O_6} = (0.3 \times 180) \text{ g}\cdot\text{L}^{-1} = 54 \text{ g}\cdot\text{L}^{-1}$$

1.4 化学反应方程式

1.4.1 化学反应方程式的书写方法

一个化学反应可以简要地用化学反应方程式(或称化学反应式,反应方程式)予以说明。化学反应方程式不仅可以告诉我们化学反应中涉及了哪些物质,还可以表明这些物质的组成和它们之间的数量和能量关系。

在任何化学反应方程式中都包括反应物和生成物两类物质。凡是在化学反应中消耗的物质都叫反应物;而在化学反应中产生的物质则叫生成物,两者之间以箭号或等号相连接。例如,碳在空气中燃烧成为二氧化碳的反应可表示为

$$C + O_2 \longrightarrow CO_2$$

或

$$C + O_2 =\!=\!= CO_2$$

并读为"碳和氧气发生反应,生成二氧化碳"。

写化学反应方程式时,必须注意以下几点。

(1)化学反应方程式应以实验事实为依据。因此,要如实反映出参加反应的反应物、反应后的生成物及反应进行的条件等。例如,煅烧石灰石(主要成分为碳酸钙)时,生成石灰(氧化钙),并放出二氧化碳。化学反应方程式为

$$CaCO_3 \xrightarrow{\text{煅烧}} CaO + CO_2$$

(2)化学反应方程式要符合质量守恒定律,即反应前后,物质的总质量保持不变。化学反应的实质是原子结合方式的改变,在这一过程中原子基本保持不变。所以,反应前后,原子的种类、数目必须相同。在离子方程式中,方程式两端的总电荷数还需相等。如果反应物和生成物因分子组成不同,而出现方程式两端原子数目或离子总电荷数不等时,就需要在有关物质的化学反应方程式前加以适当的系数使之相等,这一过程叫作化学反应方程式的配平。

(3)化学反应方程式中,反应物与生成物之间常用"$\longrightarrow$"或"$=\!=\!=$"符号相连,表示反应在该条件下自左向右进行,变化时质量守恒。这类反应只有一个特定的进行方向,称为不可逆反应;如在某一条件下,化学变化既可自左向右(正向)进行,也可自右向左(逆向)进行,则称为可逆反应,化学反应方程式中使用"$\rightleftharpoons$"符号。例如,有催化剂存在时,氢气和氮气在300 ℃、200 atm(1 atm=101.325 kPa)下合成氨。而在同一条件下,氨又会分解为氢气和氮气。这一可逆反应可表示为

$$N_2 + 3H_2 \rightleftharpoons 2NH_3$$

(4)为准确表示化学变化的情况,在化学反应方程式中要表明反应物和生成物所处的状态。常用略写符号表示,如固态略写为s,液态略写为l,气态略写为g,又用aq表示水溶液等。例如,硫酸铜与硫化氢反应的化学反应方程式为

$$CuSO_4(aq) + H_2S(g) \longrightarrow CuS(s)\downarrow + H_2SO_4(aq)$$

(5)化学反应方程式只表明反应的开始(反应物)和反应的终结(生成物),不能表明反应要经过多少步骤和以多大的速度来进行,即不能反映出反应速度和反应历程。

1.4.2 根据化学反应方程式的计算

物质的量和摩尔是化学上常用的物理量及单位,并由它们导出了摩尔质量、气体摩尔体积、物质的量浓度及相应的单位。在根据化学反应方程式进行计算时,运用摩尔及其导出单位十分方便,因为对于一个配平的化学反应方程式来说,它不仅表示了反应物和生成物的种类,而且反映了各物质之间发生化学反应的量的关系。例如,氢气和氧气生成水的计算过程为

$$2H_2(g) + O_2(g) = 2H_2O(l)$$

结构单元数 N 之比	2 :	1 :	2
物质的量 n 之比	2 mol :	1 mol :	2 mol
物质的质量 m 之比	4 g :	32 g :	36 g
气体体积 V_0 之比	44.8 L :	22.4 L	

这样,我们对化学反应方程式所表示的意义又有了进一步的理解。正确运用物质的量等概念,将使计算变得十分简便。

根据方程式进行计算时,一般应按下列步骤进行:

(1)正确写出方程式并配平;

(2)根据题意和求解需要,在有关化学反应方程式下面写出物质有关的量(必须是纯量),注意同一物质的单位要一致;

(3)列出比例式计算。

下面举例说明在计算中怎样运用物质的量等概念,其中涉及选量计算、产品产率、原料利用率等问题。

【例题 1.7】 中和 1 L 浓度为 0.5 mol·L^{-1} 的 NaOH 溶液,需用浓度为 1 mol·L^{-1} 的 H$_2$SO$_4$ 溶液多少升?生成 Na$_2$SO$_4$ 多少克?

解:设需要硫酸的体积为 x,生成 Na$_2$SO$_4$ 的质量为 y,则有

$$2NaOH + H_2SO_4 = Na_2SO_4 + 2H_2O$$

2 mol	1 mol	142 g	
1 L×0.5 mol·L^{-1}	x×1 mol·L^{-1}	y	

由 2 mol : 0.5 mol = 1 mol : (x×1 mol·L^{-1})

得 $x = \dfrac{0.5 \times 1}{2 \times 1}$ L = 0.25 L

又由 2 mol : 0.5 mol = 142 g : y

得 $y = \dfrac{0.5 \times 142}{2}$ g = 35.5 g

答:需浓度为 1 mol·L^{-1} 的 H$_2$SO$_4$ 溶液 0.25 L;生成 Na$_2$SO$_4$ 35.5 g。

根据化学反应方程式计算出的产量(生成物的量)是理论值,而实际产量总是低于理论产量。其原因是多方面的,如反应可能进行得不完全,有些反应物和生成物可能有部分损

失等,这些因素都降低了产品产率。同理,实际反应所消耗的反应物的量(原料量),总是大于根据化学反应方程式计算出的理论耗用原料量。

$$产品产率 = \frac{实际产量}{理论产量} \times 100\%$$

$$原料利用率 = \frac{理论耗用原料量}{实际耗用原料量} \times 100\%$$

1.5 气体定律

气体(gas)、液体(liquid)和固体(solid)是物质的3种常见状态。其中,气体的研究在化学学科发展过程中占有重要地位。由于气体的结构和性质都比较简单,因此人们对较高温度及较低压力下气体的性质及其微观模型研究得最早,也最透彻。气态物质相对分子质量的测定对确定和统一相对原子质量极其重要,而准确的相对原子质量是发现周期律的重要依据,化学研究也从此由定性研究发展到定量研究。理想气体状态方程式和各种气体定律在生产和科研上都有广泛应用,如气体计量、气体物质的分离和提纯等。因此,掌握一些气体的基本概念和定律,对学习和应用化学原理,及解释某些化学反应方程式有很大的帮助。

气体具有扩散性和压缩性的特征,这说明气体分子处于运动之中,并且分子之间相互距离较大,密度较小,因此温度及压力都会对气体的体积产生较大的影响。通常用压力、体积、温度这些物理量来描述一定量气体所处的状态,而能反映它们之间关系的式子,叫作气体的状态方程式。

1.5.1 理想气体状态方程

理想气体状态方程是以波义耳定律及查理-盖吕萨克定律为依据推导出来的,其形式为

$$pV = nRT \tag{1.6}$$

式中:p 为一定量气体在某一确定状态下所具有的压力,单位为 Pa;V 为气体体积,单位为 m^3;n 为该气体物质的量,单位为 mol;T 为气体所具有的热力学温度,单位为 K;R 为摩尔气体常数,在国际单位制中,R 为 8.314 $J \cdot mol^{-1} \cdot K^{-1}$。当阅读中外各类参考资料、书刊时,还可能见到其他单位表述的 R,可参照物理量单位换算关系(1 atm = 760 mmHg = 1.013 25×10^5 Pa ≈ 101 kPa;1 kPa $\cdot$ dm^3 = 1 J)进行必要的换算。常见的几种表述为

R = 8.314 $J \cdot mol^{-1} \cdot K^{-1}$ = 8.314 $kPa \cdot dm^3 \cdot mol^{-1} \cdot K^{-1}$

= 8.314 $Pa \cdot m^3 \cdot mol^{-1} \cdot K^{-1}$

= 0.082 06 $atm \cdot dm^3 \cdot mol^{-1} \cdot K^{-1}$ = 62.36 $mmHg \cdot dm^3 \cdot mol^{-1} \cdot K^{-1}$

如果一种气体能在任何条件下都服从理想气体状态方程,则将这种气体称之为理想气体。理想气体之所以能在任何条件下都服从理想气体状态方程,是出于以下两个假设:

(1)气体分子体积可以忽略;

(2)气体分子之间完全没有作用力,即气体分子发生的碰撞完全是弹性碰撞。

但真实气体分子本身有体积,分子之间有作用力。因此,真实气体的行为不可能在任

何条件下都服从理想气体状态方程，一般只有在高温(>25℃)、低压(<101.3 kPa)下，才能较好地服从理想气体状态方程。

对于式(1.6)，当我们固定其中两个变量时，即可得到一系列气体实验定律。

(1) n，T 不变时，得到波义耳定律，其表达式为

$$pV = k_1 \tag{1.7}$$

即当温度不变时，一定量气体的压力与体积的乘积为一常数。

(2) n，p 不变时，得到盖吕萨克定律，其表达式为

$$V/T = k_2 \tag{1.8}$$

即当压力保持不变时，一定量气体体积与温度成正比关系。

(3) n，V 不变时，得到查理定律，其表达式为

$$p/T = k_3 \tag{1.9}$$

即气体体积保持不变时，一定量气体压力与气体热力学温度成正比。

(4) p，T 不变时，得阿伏伽德罗定律，其表达式为

$$V = k_4 n \tag{1.10}$$

即在相同压力及温度下，相同体积的气体中含有相同数量的气体分子。

【例题 1.8】 淡蓝色氧气钢瓶体积一般为 50 dm^3，在室温为 20℃，其压力降为 1.5 MPa 时，估算钢瓶中所剩氧气的质量。

解：由式(1.6)得

$$n = \frac{pV}{RT} = \frac{1\,500 \times 50}{8.314 \times (273 + 20)} \text{ mol} = 31 \text{ mol}$$

氧气摩尔质量为 32 g·mol^{-1}，故所剩氧气的质量为

$$(31 \times 32) \text{ g} = 9.9 \times 10^2 \text{ g} = 0.99 \text{ kg}$$

因为 $n = m/M$，所以在一定温度和压力下，若测得一定体积某气体的质量 m，可利用理想气体状态方程，计算出气体的摩尔质量 M 或相对分子质量 M_r。

【例题 1.9】 当温度为 360 K，压力为 9.6×10^4 Pa 时，0.4 L 丙酮蒸气的质量为 0.744 g。求丙酮的相对分子质量。

解：根据理想气体状态方程 $pV = nRT$，有

$$pV = \frac{m}{M}RT, \quad M = \frac{m}{pV}RT \tag{1.11}$$

压力 p 的单位为 Pa，如 R 值选用 8.314 Pa·m^3·mol^{-1}·K^{-1}，则体积单位必须化为 m^3。

于是，丙酮的摩尔质量为

$$M = \frac{0.744 \times 8.314 \times 360}{9.6 \times 10^4 \times 4 \times 10^{-4}} \text{ g·mol}^{-1} = 58 \text{ g·mol}^{-1}$$

答：丙酮的相对分子质量为 58。

1.5.2 混合气体

在生活与生产中，我们常常会见到很多混合气体。例如，空气中含有 21% 的氧气和

78%的氮气，其余1%为稀有气体、二氧化碳等。这些气体在混合体中都是均匀分布，并在一定条件下近似地服从气体定律。它们在混合气体中的相对含量可以用气体的分体积或体积分数来表示，也可以用组分气体的分压来表示。

1. 分体积、体积分数、摩尔分数

设在温度为 T 时，有 A、B、C 共 3 种相互间无化学作用的理想气体，其物质的量分别是 n_A、n_B、n_C，当它们各自单独存在于压力为 p 的条件下，3 种气体各自服从理想气体状态方程，有

$$V_A = \frac{n_A}{p}RT, \quad V_B = \frac{n_B}{p}RT, \quad V_C = \frac{n_C}{p}RT$$

其中：V_A、V_B、V_C 分别为 A、B、C 的分体积。

当 3 种气体在压力为 p 的条件下混合时，混合气体的物质的量 $n_T = n_A + n_B + n_C$，则混合气体的总体积 V_T 为

$$V_T = \frac{n_T}{p}RT = \frac{n_A + n_B + n_C}{p}RT = \frac{n_A}{p}RT + \frac{n_B}{p}RT + \frac{n_C}{p}RT$$

即

$$V_T = V_A + V_B + V_C \tag{1.12}$$

该式表明：在恒温、恒压条件下，混合气体的总体积等于各组分气体分体积之和，此即气体分体积定律。其表达式为

$$V_T = \sum_{i=1} V_i \quad (\sum \text{为求和符号}) \tag{1.13}$$

式中：V_i 是指恒温、恒压条件下，某组分 i 气体占有的体积，即 $V_i = \frac{n_i}{p}RT$。

某一组分气体的分体积 V_i 与总体积 V_T 之比称为该气体的体积分数，常用 x_i 表示，则有

$$x_i = \frac{V_i}{V_T} \tag{1.14}$$

$$\sum_{i=1} x_i = 1 \tag{1.15}$$

混合气体中某组分的物质的量 n_i 与混合气体的物质的量 n_T 之比，称为该组分气体的摩尔分数 N_i，则有

$$n_T = \sum_{i=1} n_i \tag{1.16}$$

$$N_i = \frac{n_i}{n_T} \tag{1.17}$$

$$\sum_{i=1} N_i = 1 \tag{1.18}$$

显然，将某一组分气体的分体积 V_i 与总体积 V_T 相除，还可得

$$\frac{V_i}{V_T} = \frac{\frac{n_i}{p}RT}{\frac{n_T}{p}RT} = \frac{n_i}{n_T} = N_i = x_i$$

即

$$V_i = V_T \cdot N_i \tag{1.19}$$

由此可见，恒温、恒压下，某组分气体的分体积 V_i 等于其摩尔分数 N_i 与混合气体的总体积 V_T 之积。

2. 分压及道尔顿分压定律

设在温度为 T 时，有 A、B、C 共 3 种相互间无化学作用的理想气体，其物质的量分别是 n_A、n_B、n_C，当它们各自单独盛于体积为 V 的容器中时，3 种气体各自服从理想气体状态方程，于是有

$$p_A = \frac{n_A}{V}RT, \quad p_B = \frac{n_B}{V}RT, \quad p_C = \frac{n_C}{V}RT$$

式中：p_A、p_B、p_C 分别为 A、B、C 的分压力。

当 3 种气体混合盛于体积为 V 的容器中时，混合气体的物质的量 $n_T = n_A + n_B + n_C$，则混合气体的总压力 p_T 为

$$p_T = \frac{n_T}{V}RT = \frac{n_A + n_B + n_C}{V}RT = \frac{n_A}{V}RT + \frac{n_B}{V}RT + \frac{n_C}{V}RT$$

即

$$p_T = p_A + p_B + p_C \tag{1.20}$$

由此可见，在恒温、恒容条件下，混合气体的总压力等于各组分气体分压力之和，这就是气体分压定律，是道尔顿(Dalton)于 1807 年首先提出的，因此也叫道尔顿分压定律，其表达式为

$$p_T = \sum_{i=1} p_i \tag{1.21}$$

式中：p_i 是指恒温、恒容条件下，某组分 i 气体的分压力，即 $p_i = \frac{n_i}{V}RT$。

将某一组分气体的分压力 p_i 与总压力 p_T 相除，得

$$\frac{p_i}{p_T} = \frac{\frac{n_i}{V}RT}{\frac{n_T}{V}RT} = \frac{n_i}{n_T} = N_i$$

$$p_i = p_T \cdot N_i \tag{1.22}$$

由此可见，某组分气体的分压力 p_i 等于其摩尔分数 N_i 与混合气体的总压力 p_T 之积。

【例题 1.10】某温度下一定量的 $PCl_5(g)$ 发生反应

$$PCl_5(g) \rightleftharpoons PCl_3(g) + Cl_2(g)$$

当 30% $PCl_5(g)$ 解离时达到平衡，总压力为 1.6×10^5 Pa，求各组分气体的平衡分压

（达到平衡时的分压力）。

解：设起始时 $PCl_5(g)$ 的物质的量为 1.0 mol，依题意则

$$PCl_5(g) \rightleftharpoons PCl_3(g) + Cl_2(g)$$

初始 n　　　1.0　　　　　　　0　　　　　　　0
平衡 n　　　1.0×(1−0.3)=0.7　　0.3　　　　　0.3
平衡时　　　　$n_总$ = 0.7+0.3+0.3 mol = 1.3 mol

各组分气体的摩尔分数为

$$N_{PCl_5} = \frac{0.7}{1.3} = 0.54$$

$$N_{PCl_3} = N_{Cl_2} = \frac{0.3}{1.3} = 0.23$$

各组分气体的平衡分压为

$$p_{PCl_5} = 0.54 \times 1.6 \times 10^5 \text{ Pa} = 8.6 \times 10^4 \text{ Pa}$$

$$p_{PCl_3} = p_{Cl_2} = 0.23 \times 1.6 \times 10^5 \text{ Pa} = 3.7 \times 10^4 \text{ Pa}$$

答：PCl_5 的平衡分压为 8.6×10^4 Pa，PCl_3 和 Cl_2 的平衡分压均为 3.7×10^4 Pa。

【例题 1.11】将 1 体积氮气和 3 体积氢气的混合物放入反应器中，在总压力为 1.42×10^6 Pa 的压力下开始反应，当原料气体有 9% 发生化学反应时，各组分气体的分压力和混合气体的总压力各为多少？

解：设反应前氮气的物质的量为 x，则氢气的物质的量为 $3x$。

先求反应前氮气和氢气的分压力，已知

$$x_{N_2} = \frac{1}{1+3}, \quad x_{H_2} = \frac{3}{1+3}, \quad p_T = 1.42 \times 10^6 \text{ Pa}$$

故两者的分压力为

$$p_{N_2} = \frac{1}{1+3} \times 1.42 \times 10^6 \text{ Pa} = 3.55 \times 10^5 \text{ Pa}$$

$$p_{H_2} = \frac{3}{1+3} \times 1.42 \times 10^6 \text{ Pa} = 1.065 \times 10^6 \text{ Pa}$$

反应后，由于氮气和氢气已有9%起了化学反应，故它们的分压力比反应前减小9%。故发生化学反应后两者的分压力分别为

$$p_{N_2} = (1 - 0.09) \times 3.55 \times 10^5 \text{ Pa} = 3.23 \times 10^5 \text{ Pa}$$

$$p_{H_2} = (1 - 0.09) \times 1.065 \times 10^6 \text{ Pa} = 9.69 \times 10^5 \text{ Pa}$$

根据氢气和氮气的化学反应方程式，即

$$N_2 + 3H_2 \rightleftharpoons 2NH_3$$

可见生成氨的物质的量为消耗的氮气的物质的量的两倍。因此，生成的氨的分压力为氮气分压力减小值的两倍，即

$$p_{NH_3} = 2(3.55 - 3.23) \times 10^5 \text{ Pa} = 6.40 \times 10^4 \text{ Pa}$$

因此混合气体的总压力为

$$p_T = p_{N_2} + p_{H_2} + p_{NH_3} = (3.23 + 9.69 + 0.64) \times 10^5 = 1.36 \times 10^6 \text{ Pa}$$

答：氮气的分压力为 3.23×10^5 Pa，氢气的分压力为 9.69×10^5 Pa，氨气的分压为 6.40×10^4 Pa，混合气体的总压力为 1.36×10^6 Pa。

习 题

1.1 判断以下说法是否正确，并说明理由。

(1)一定量气体的体积与温度成正比。

(2)混合气体中各组分气体的体积百分组成与其摩尔分数相等。

1.2 在温度为 573 K 时，白磷蒸气对空气的相对密度是 4.28，磷的相对原子质量为 31，空气的平均相对分子质量为 29，问白磷蒸气的分子式是什么？

1.3 在温度为 298 K 时，用 0.25 L 的烧瓶收集某反应产生的气体，收集压力为 7.33×10^4 Pa，气体净重为 0.118 g，试求该气体的相对分子质量。

1.4 在温度为 298 K、压力为 $1.013\ 25\times10^5$ Pa 时，测得某气体的密度是 1.230 g·dm^{-3}，气体成分分析表明该气体含 C 为 79.8%，含 H 为 20.2%，试求：(1)该化合物的最简式；(2)该化合物相对分子质量；(3)该化合物的分子式。

1.5 一个装有 8.4 g 氮气的体积为 5.0 dm^3 的储气瓶，以一活门与另一个装有 4.0 g 氧气的体积为 3.0 dm^3 的储气瓶相连接。打开活门使两种气体相混，若温度为 300 K，问氮气、氧气的分压力及储气瓶总压力多少？

1.6 人在呼吸时，呼出气体的组成与吸入的空气组成不同。在 36.8 ℃ 与 101.325 kPa 时，某典型呼出气体的体积百分组成是：N_2 75.1%，O_2 15.2%，CO_2 3.8%，H_2O 5.9%。试求：(1)呼出气体平均分子量；(2)CO_2 的分压力。

1.7 在 250 ℃ 时，PCl_5 全部气化并能离解为 $PCl_3(g)$ 及 $Cl_2(g)$。将 2.98 g PCl_5 置于体积为 1.00 dm^3 的容器中，并使其在 250 ℃ 下全部气化，此时容器总压力为 113 kPa，问容器中含有哪些气体？它们的分压力各是多少？

1.8 一个体积为 40.0 dm^3 的氮气钢瓶(黑色)，在 22.5 ℃ 时，使用前压力为 12.6 MPa，使用后压力降为 10.1 MPa，估计总共用了多少氮气(单位为 kg)。

1.9 在恒温条件下，将下列 3 种气体装入 250 cm^3 的真空瓶中，混合气体的分压力、总压力各是多少？

(1)250 Pa 的 N_2 50 cm^3；(2)350 Pa 的 O_2 75 cm^3；(3)750 Pa 的 CO_2 150 cm^3。

1.10 在温度为 27 ℃ 时，将纯净干燥、体积比为 1:2 的氮气和氢气贮于 60.0 dm^3 容器中，混合气体总质量为 64.0 g，求氮气与氢气的分压力。

1.11 200 cm^3 N_2 和 CH_4 的混合气体与 400 cm^3 O_2 点燃起化学反应后，用干燥剂除去水分，干燥后的气体总体积为 500 cm^3。求原来混合气体中 N_2 和 CH_4 的体积比(各气体体积都是在相同的温度、压力下测定的)。

1.12 将 0 ℃、98.0 kPa 下的 2.00 mL N_2 和 60 ℃、53.0 kPa 下的 50.0 mL O_2 在 0 ℃ 混合于一个 50.0 mL 容器中，求此混合气体的总压力。

第 2 章
化学热力学初步认识

专门研究各种形式的能量相互转化规律的学科称为热力学。化学变化过程中往往伴随着能量变化,用热力学的定律、原理和方法研究化学反应过程中能量的变化规律,形成了化学热力学。化学热力学可以解决化学反应中的能量变化问题,同时可以解决化学反应进行的方向和进行的限度问题。这些问题正是化学工作者及其关注的问题。运用化学热力学方法研究化学问题时,只需知道研究对象的起始状态、最终状态,无需知道变化过程的机理,即可对许多过程的一般规律加以探讨。

2.1 热力学中的基本术语

热力学是一门严谨的学科,对于其中所应用的一些概念、术语和特有名词,都有严格的定义。

2.1.1 体系与环境

任何物质总是和它周围的其他物质相联系的,为了研究需要,人们常常把研究对象与周围其他事物划分开来。划定为研究对象的这部分物质称为体系,体系以外与体系密切相关的其他物质称为环境。

例如,一烧杯冰水,若将水作为研究对象,则水就是体系,而水以外的冰、烧杯及周围的空气就是环境;若将水和冰作为研究对象,则水和冰就是体系,烧杯及周围的空气就是环境。热力学中的体系是大量微观粒子(分子、原子、离子等)所组成的宏观集合体,体系和环境之间有一个界限,这个界限可以是实际存在的,也可以是想象的。

根据体系和环境间物质和能量交换的情况不同,可将体系分为以下 3 类:

(1) 敞开体系:体系与环境之间既有物质交换又有能量交换。

(2) 封闭体系:体系与环境之间没有物质交换只有能量交换。封闭体系是热力学中研究得最多的体系,若不特别说明,通常是指封闭体系。

(3) 孤立体系:也称为隔离体系,体系与环境之间既没有物质交换也没有能量交换。严格来讲,自然界中不存在绝对的孤立体系,每一种物质的运动都是与它周围其他物质相互联系、相互影响的。但当此影响降低到很小，以致可以忽略时，就可以近似地把这个体系看成是孤立体系。

例如，上述烧杯中的冰水，若以冰和水作为研究体系，则该体系为敞开体系，烧杯内的冰和水与环境(烧杯及四周空气)间，既有能量(如热能)交换也有物质交换(烧杯中的水会蒸发到空气中，空气也可溶进水中)；如果将冰水放进密闭的玻璃瓶中，仍以冰和水为体系，则该体系为封闭体系，因为此时体系和环境(玻璃瓶与四周空气)只有能量(如热能)交换而无物质交换；倘若把冰水放进绝热性能和密闭程度极好的保温瓶中，由于保温瓶内外既无物质交换也无能量交换，冰和水构成的体系就成了孤立体系。应该指出，体系类别与所划定的体系范围有关。例如，在上述孤立体系中，假定把保温瓶内的冰当作体系，则水、保温瓶就为环境；虽然用了保温瓶，该体系仍为敞开体系。

通常所进行的化学反应，所用的设备、仪器等绝大多数都不是绝热的，即使密闭也不属于孤立体系。在热力学中，主要研究封闭体系。

2.1.2 状态和状态函数

体系的状态是体系所有宏观性质的综合表现，它可以用压力、温度、体积和物质的量等宏观物理量来进行描述。当体系的这些物理量都具有确定的值时，体系就处于一定的状态；这些物理量中有一个或者几个发生变化，体系的状态也随之发生变化。在热力学中，把这些用于确定体系状态的物理量称为状态函数或状态性质。

体系的状态函数按其性质可以分为广度性质和强度性质两大类。

(1)广度性质：广度性质也称容量性质，它具有加和性，即整个体系的某种广度性质的值等于体系中各部分该性质值的总和。例如，体系的质量 m、体积 V、物质的量 n、热力学能 U 等都是广度性质。

(2)强度性质：强度性质没有加和性，整个体系的某种强度性质的值与各部分的强度性质的值是相同的。例如，体系的温度 T、压强 p、密度 ρ 等都是强度性质。

一般来说，两种广度性质相除后，就成为强度性质。例如，体积、物质的量和质量是广度性质，而摩尔体积(体积/物质的量)、密度(质量/体积)等是强度性质。

值得注意的是，热力学状态与通常所说的物质的存在状态(气态、液态、固态)不是同一个概念，具有完全不同的含义。

状态函数是体系本身固有的性质，只有当体系的状态函数具有确定的数值时，我们才说体系处于一确定的状态。状态函数具有的特征如下：

(1)体系的状态固定时，状态函数具有确定值。体系的状态发生变化时，状态函数的变化只与体系的始态和终态有关，而与变化过程的具体途径无关。例如，1 kg 温度为 283K 的水变成 1 kg 温度为 303K 的水，无论过程如何，温度的改变值 ΔT 均为 20K。

(2)体系的状态函数之间存在一定的制约关系。例如，对于理想气体，根据 $pV=nRT$ 可知，当4个变量其中的3个固定时，第4个变量也必然有固定的数值，而当其中的任意一个变量变化时，则至少有另外一个变量随之而变。

2.1.3 过程和途径

体系发生的任何变化称为过程。体系由始态变化到终态，可以采用许多种不同的方式，通常把完成某过程变化的具体步骤称为途径。热力学的基本过程有以下几种：

(1) 等温过程：在整个过程中体系的温度保持不变，或者始态、终态温度相同而中间可以有波动并等于环境温度。人体具有温度调节体系，从而能够保持一定的体温，因此在人体内发生的生化反应可以认为是等温过程。

(2) 等压过程：整个过程中体系的压力保持不变，或者始态、终态压力相同而中间可以有波动并等于环境压力。例如，在烧杯中进行的酸碱中和反应就是一个等压过程。

(3) 等容过程：整个过程中体系的体积保持不变。

(4) 绝热过程：如果状态有变化，但体系和环境间无热交换，则这一过程称为绝热过程。

实际研究中，常常可将各种复杂变化过程分解为等温、等压、等容过程的组合。例如，定量的理想气体由始态(298 K，100 kPa)变到终态(373 K，50 kPa)，可以采取两种途径：其一是先等温再等压，其二是先等压再等温。

由于状态函数的变化值只决定于始态和终态，而与状态的具体变化途径无关，所以上述过程中，不管是先等压再等温，还是先等温再等压，只要始态和终态一定，则状态函数 T、p 的变化值是一定的，即

$$\Delta T = T_{终} - T_{始}$$
$$\Delta p = p_{终} - p_{始}$$

2.1.4 热和功

在热力学中，体系与环境间交换或传递的能量分为两种形式：热和功。

1. 热

由于体系与环境之间的温差而引起的交换或传递的能量，称为热量，简称热，用符号 Q 表示，其单位在 SI 制中为焦(J)或千焦(kJ)。热力学规定，体系从环境吸收热量，$Q>0$；体系向环境放出热量，$Q<0$。

热不是状态函数，而是体系与环境之间交换的能量，它不是体系自身的性质，受过程的制约，只有体系状态发生变化时才有热量传递。因此，热总是与过程相联系的，不能说体系含有多少热，只能说体系在某一过程中吸收或放出多少热。

2. 功

除热以外，体系与环境之间交换或传递的其他各种形式的能量，都叫作功，用 W 表示。热力学规定，体系得功，即环境对体系做功(如体积被压缩)，$W>0$；体系失功，即体系对环境做功(如体积膨胀)，$W<0$。功的单位与热的单位相同，在 SI 制中为焦(J)或千焦(kJ)。

与热一样，功也是与过程有关的量，所以功也不是体系的状态函数和性质。功的种类有很多，如体积功、电功、表面功、机械功等。在热力学中把功分为以下 2 类：

(1) 体积功：它是由于体系体积变化而与环境交换的功，用 W 表示。

(2) 非体积功：又称其他功。用 W' 表示，是指除体积功以外的其他各种功，如电功等。

体积功又叫膨胀功，在热力学中具有特殊的意义，在化学反应中，如有气体参加，常有体积的变化，需要做体积功。体积功的表达式为

$$W = -F \cdot l = -p \cdot \Delta S \cdot l = -p \cdot \Delta V \tag{2.1}$$

2.1.5 内能

体系内部能量的总和称为内能（U），它包括体系内各物质分子的动能，分子间的位能，分子转动能，振动能，原子之间的作用能，电子运动能，电子与原子核之间的作用能，以及核能等。体系内能的绝对值无法测定，只能测量其相对改变量 ΔU，$\Delta U = U_\text{终} - U_\text{始}$。在一定状态下，$U$ 数值固定，因此内能是状态函数。

2.1.6 热力学第一定律

热力学第一定律实质上就是能量守恒定律，是人们根据无数事实总结出来的，在 19 世纪中叶为大量的准确实验所证实。

1. 热力学第一定律的表述

自然界的一切物质都有能量，而能量具有各种不同的形式，并可以从一种形式转化为另一种形式，从一个物体传递给另一个物体，但在转化和传递的过程中能量的总值不变。

2. 热力学第一定律的数学表达式

大量实验表明，封闭体系从始态 A，热力学能为 U_1，经历各种不同途径到达终态 B，热力学能变为 U_2 时，体系的热力学能变化与途径无关，即

$$\Delta U = U_2 - U_1$$

若一封闭体系从一个状态变到另一个状态，其热力学能的变化等于体系从环境吸收的热量与体系对环境所做的功的代数和，即

$$\Delta U = Q + W \tag{2.2}$$

在化学热力学中，将热力学第一定律描述为：体系内能的变化等于体系从环境吸收的热量与体系对环境所做的功的代数和。当体系只做体积功时，有

$$\Delta U = Q + W = Q - p \cdot \Delta V \tag{2.3}$$

【例题 2.1】已知在体积不变时，1 mol 理想气体温度升高 1 K 吸收的热量 $C = \dfrac{3}{2}R$（$R = 8.314 \text{ J} \cdot \text{mol}^{-1} \cdot \text{K}^{-1}$，为理想气体常数），计算 2.5 mol 理想气体在恒容条件下，温度从 273 K 升至 373 K 的 ΔU、Q 和 W。

解：根据 $\Delta U = Q + W$，体系所做的体积功 $W = -p_\text{外} \cdot \Delta V$，在恒容条件下 $\Delta V = 0$，即 $W = 0$，所以恒容过程的热效应 Q_V 等于体系内能的改变 ΔU，即

$$\Delta U = Q_V = nC(T_2 - T_1)$$

$$= \left[2.5 \times \frac{3}{2} \times 8.314 \times (373 - 273)\right] \text{J}$$
$$= 3\ 117.9\ \text{J}$$

【例题 2.2】 在 65℃（沸点）和 1 atm 下，将 1 mol CH_3OH 蒸发变成气体。CH_3OH 的蒸发热为 8.43 kcal·mol⁻¹（1 kcal = 1 000 cal = 4 185.85 J），它在 25℃时的密度是 0.79 g·cm⁻³，求此变化过程中的 V、W 和 ΔU。

解：在恒压条件下，上述的变化为

$$CH_3OH(l) \longrightarrow CH_3OH(g) \qquad Q = +8.43\ \text{kcal·mol}^{-1}$$

在这个变化中，体系做的功是体积功，即由 25℃时的 1 mol 液态 CH_3OH 的体积 V_1 对抗 1 atm 的压力膨胀成 65℃时的 1 mol CH_3OH 气体的体积 V_2，即

$$W = -p(V_2 - V_1)$$

在 65℃时，1 mol CH_3OH 的体积可以用理想气体状态方程计算，即

$$V_2 = \frac{nRT}{p} = \frac{1 \times 0.082 \times 338}{1}\ \text{L} = 27.7\ L$$

用 25℃时 CH_3OH 的密度去计算（近似地）液态 CH_3OH 的体积 V_1，即

$$V_1 = \frac{32.0}{0.79}\ \text{cm}^3 = 41\ \text{cm}^3 = 0.041\ \text{L}$$

和气态 CH_3OH 的体积相比，V_1 基本上可以忽略不计，所以 $V_2 - V_1 \approx V_2$，因而体系做的功

$$W = -p(V_2 - V_1) = -pV_2 = -nRT$$

因为 $\qquad R = 1.99\ \text{cal·mol}^{-1}\cdot\text{K}^{-1}, \qquad T = 65℃ = 338\ \text{K}$

所以 $\qquad W = -(1.99 \times 338)\ \text{cal·mol}^{-1} = -673\ \text{cal·mol}^{-1} = -0.673\ \text{kcal·mol}^{-1}$

于是，在蒸发过程中 1 mol CH_3OH 的内能变化为

$$\Delta U = Q + W = (8.43 - 0.673)\ \text{kcal·mol}^{-1} = 7.76\ \text{kcal·mol}^{-1}$$

2.2 热化学

化学反应发生时，总是伴随着吸热或放热，研究化学反应热效应的分支学科被称为热化学。因为热化学的定律均由热力学第一定律导出，所以热化学实际上就是热力学第一定律在化学反应过程中的具体应用。

2.2.1 化学反应的热效应

在等温、只作体积功的条件下，化学反应吸收或放出的热量，称为化学反应的热效应，简称反应热。通常将反应热分为恒容反应热和恒压反应热。

1. 恒容反应热

根据热力学第一定律，体系只做体积功时，内能和反应热分别表示为

$$\Delta U = Q + W = Q - p\Delta V$$

$$Q = \Delta U + p\Delta V$$

在恒容时，$p\Delta V = 0$，则

$$Q_v = \Delta U \tag{2.4}$$

由此可见，体系只做体积功时，恒容反应热等于体系内能的变化。

2. 恒压反应热

在恒压时，有

$$Q = \Delta U + p\Delta V = (U_2 - U_1) + (pV_2 - pV_1) = (U_2 + pV_2) - (U_1 + pV_1)$$

由于式中 U、p、V 均为状态函数，只决定于体系的始终态，故它们的组合 $U+pV$ 也是状态函数。在热力学中定义 $U + pV = H$，其中 H 称为焓。

在体系只做体积功时，恒压反应热等于体系的焓变化，即

$$Q_p = \Delta U + p\Delta V = \Delta H \tag{2.5}$$

焓也无法测量，只能求其变化值，它属于广度性质，是状态函数。

若 ΔH 为正值，则反应为吸热反应；若 ΔH 为负值，则反应为放热反应。

因 $Q_v = \Delta U$，$Q_p = \Delta H$，故 Q_p 与 Q_v 有如下关系：

$$Q_p = Q_v + p\Delta V$$

对于有气体参加的反应，$p\Delta V = \Delta nRT$，Δn 是反应方程式中生成物气体分子数与反应物气体分子数之差；对于液相和固相反应来说，ΔV 很小，$p\Delta V \approx 0$，$\Delta U \approx \Delta H$。

化学反应通常是在等压条件下进行的，因此反应的焓变（等压反应热）更有实际意义。

2.2.2 反应热的求算

1. 盖斯定律

1936 年，科学家盖斯（Hess，G. H.）在多年从事热化学研究和反应热的测量实验基础上总结出一条重要定律：一个化学反应，不管是一步完成还是多步完成，反应的热效应是相等的。即化学反应的反应热（恒容或恒压条件下）只与反应的始态和终态有关，与变化的途径无关。这一定律被称为盖斯定律。如图 2.1 所示，其中的反应热满足 $\Delta H = \Delta H_1 + \Delta H_2 = \Delta H_3 + \Delta H_4 + \Delta H_5$。

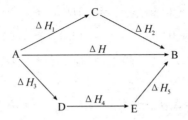

图 2.1 化学反应途径示意

实际上盖斯定律适用于所有的状态函数，用该定律可求一些难以测量的反应的热效应。例如，碳在氧气中燃烧生成两种主要生成物 CO 和 CO_2。对于生成 CO 的反应，由于无法保证生成物为纯 CO，所以无法测量其反应热，但可以通过盖斯定律由另外两个已知

反应的热效应计算得到,即

$$C(s) + 0.5O_2(g) = CO(g) \quad \Delta_r H^\theta_{m_1}$$
$$C(s) + O_2(g) = CO_2(g) \quad \Delta_r H^\theta_{m_2} = -393.5 \text{ kJ} \cdot \text{mol}^{-1}$$
$$CO(g) + 0.5O_2(g) = CO_2(g) \quad \Delta_r H^\theta_{m_3} = -283.0 \text{ kJ} \cdot \text{mol}^{-1}$$

由盖斯定律得

$$\Delta_r H^\theta_{m_1} = \Delta_r H^\theta_{m_2} - \Delta_r H^\theta_{m_3} = [-393.5 - (-283.0)] \text{ kJ} \cdot \text{mol}^{-1} = -110.5 \text{ kJ} \cdot \text{mol}^{-1}$$

式中:$\Delta_r H^\theta_m$ 称为标准摩尔焓变,单位是 kJ·mol^{-1},下标"r"代表反应(reaction),"m"代表每摩尔反应,上标"θ"表示标准状态。

2. 由标准摩尔生成焓计算反应热

标准摩尔生成焓:在标准状态和指定温度下,由稳定单质生成 1 mol 化合物或其他单质的焓变称为该物质的标准摩尔生成焓,简称标准生成焓,有的书中也称标准生成热,表示为 $\Delta_f H^\theta_m$,通常使用的是 298.15 K 标准摩尔生成焓数据。

标准状态:对于纯液体和纯固体是指其摩尔分数 $x_i = 1$,对于溶液组分是指其质量摩尔浓度 $m = 1$ mol·kg^{-1}(但通常情况下常用体积摩尔浓度 1 mol·dm^{-3} 代替),对于气体组分是指其分压力 $p_i = 101\,325$ Pa(现在为了数据处理方便,有人用近似值 100 kPa 代替 101 325 Pa),对于温度则没有限制。

稳定单质:在标准状态和指定温度下元素最稳定的单质。例如,在常温下碳最稳定的单质是石墨而非金刚石。

由于

$$\Delta H = \Delta U + p\Delta V = \Delta U + \Delta nRT \tag{2.6}$$

又因为 ΔV 和 $p\Delta V$ 均受温度 T 的影响,且同一物质不同状态时 $\Delta_f H^\theta_m$ 值不同,因此在使用时须注明。

$\Delta_f H^\theta_m$ 的数值代表了该化合物在相应温度下的稳定性的大小,负值越大越稳定。由标准生成焓可计算反应热,即

$$\Delta_r H^\theta_m = \sum n_i \Delta_f H^\theta_{m_i(生成物)} - \sum n_j \Delta_f H^\theta_{m_j(反应物)} \tag{2.7}$$

例如,计算氢气还原氧化铜的反应热

$$H_2(g) + 0.5O_2(g) = H_2O(g) \quad \Delta_r H^\theta_{m1}$$
$$Cu(s) + 0.5O_2(g) = CuO(s) \quad \Delta_r H^\theta_{m2}$$
$$CuO(s) + H_2(g) = Cu(s) + H_2O(g) \quad \Delta_r H^\theta_m$$

根据盖斯定律可知

$$\Delta_r H^\theta_m = \Delta_r H^\theta_{m1} - \Delta_r H^\theta_{m2} = \Delta_f H^\theta_{m(H_2O,g)} - \Delta_f H^\theta_{m(CuO,s)}$$

3. 由燃烧焓(热)来计算反应的热效应

燃烧焓(热):在标准状态下,1 mol 物质完全燃烧生成指定生成物的焓变,称为该物质的摩尔燃烧焓(或摩尔燃烧热),简称燃烧焓(或燃烧热),表示为 $\Delta_c H^\theta_m$。298K 时常见有机物的标准摩尔燃烧焓如表 2.1 所示。

表 2.1　298K 时常见有机物的标准摩尔燃烧焓

物质	$\Delta_c H_m^\theta/(\text{kJ}\cdot\text{mol}^{-1})$	物质	$\Delta_c H_m^\theta/(\text{kJ}\cdot\text{mol}^{-1})$
$CH_4(g)$(甲烷)	−890.31	$CH_3COOH(l)$(醋酸)	−874.54
$C_2H_6(g)$(乙烷)	−1 559.84	$C_6H_6(l)$(苯)	−3 267.54
$C_3H_8(g)$(丙烷)	−2 219.90	$C_7H_8(l)$(甲苯)	−3 908.69
$CH_2O(g)$(甲醛)	−563.58	$C_6H_5COOH(s)$(苯甲酸)	−3 226.87
$CH_3OH(l)$(甲醇)	−726.64	$C_6H_5OH(s)$(苯酚)	−3 053.48
$C_2H_5OH(l)$(乙醇)	−1 366.95	$C_{12}H_{22}O_{11}(s)$(蔗糖)	−5 640.87

由燃烧焓求算反应热的表达式为

$$\Delta_r H_m^\theta = \sum n_i \Delta_c H_{m_i(\text{反应物})}^\theta - \sum n_j \Delta_c H_{m_j(\text{生成物})}^\theta \tag{2.8}$$

例如，对于反应

$$CH_3COOH + C_2H_5OH = CH_3COOC_2H_5 + H_2O \qquad \Delta_r H_m^\theta$$
$$CH_3COOH + 2O_2 = 2CO_2 + 2H_2O \qquad \Delta_c H_{m1}^\theta$$
$$C_2H_5OH + 3O_2 = 2CO_2 + 3H_2O \qquad \Delta_c H_{m2}^\theta$$
$$CH_3COOC_2H_5 + 5O_2 = 4CO_2 + 4H_2O \qquad \Delta_c H_{m3}^\theta$$

由盖斯定律不难得到

$$\Delta_r H_m^\theta = \Delta_c H_{m1}^\theta + \Delta_c H_{m2}^\theta - \Delta_c H_{m3}^\theta$$
$$= \Delta_c H_{m(CH_3COOH)}^\theta + \Delta_c H_{m(C_2H_5OH)}^\theta - \Delta_c H_{m(CH_3COOC_2H_5)}^\theta$$

4. 由键焓估算反应热

将 1 mol 气体分子(AB)拆开，成为气体原子 A 和气体原子 B 所需要的能量为双原子分子的键焓($\Delta_b H_m^\theta$)，对于多原子分子，键能就是键的平均解离能。

化学反应的实质是反应物分子中化学键的断裂和生成物中化学键的形成。断开化学键要吸热，形成化学键要放热，通过分析反应过程中化学键的生成和断裂可以计算出反应的生成热。

与燃烧焓类似，用键焓估算化学反应热效应的表达式为

$$\Delta_r H_m^\theta = \sum n_i \Delta_b H_{m_i(\text{反应物})}^\theta - \sum n_j \Delta_b H_{m_j(\text{生成物})}^\theta \tag{2.9}$$

298 K，标准状态下常见化学键的键焓如表 2.2 所示。

表 2.2 298K，标准状态下常见化学键的键焓   kJ·mol^{-1}

键型		H	F	Cl	Br	I	O	S	N	Pc	Si
单键	H	436									
	F	565	155								
	Cl	431	252	243							
	Br	368	239	218	193						
	I	297	—	209	180	151					
	O	465	184	205	—	201	138				
	S	364	340	272	214	—	—	264			
	N	389	272	201	243	201	201	247	159		
	P	318	490	318	272	214	352	230	300	214	
	C	415	486	327	276	239	343	289	293	264 331	
	Si	320	540	360	289	214	368	226	—	214 281	197
双键	C=C	620	C=N	615	C=O		708	C=S	578		
	O=O	498	N=N	419	S=O		420	S=S	423		
三键	C≡C	812	N≡N	945	C≡N		879	C≡O	1 072		

2.2.3 热化学反应方程式

热化学反应方程式是指在标准状态和指定温度下，注明各组分存在状态和反应热的化学反应方程式。譬如，下列各式均为热化学反应方程式：

$$H_2(g) + 0.5O_2(g) = H_2O(l) \quad \Delta_r H^\theta_{m298K} = -286.0 \text{ kJ·mol}^{-1}$$

$$H_2(g) + 0.5O_2(g) = H_2O(g) \quad \Delta_r H^\theta_{m298K} = -242.0 \text{ kJ·mol}^{-1}$$

$$2H_2(g) + O_2(g) = 2H_2O(g) \quad \Delta_r H^\theta_{m298K} = -484.0 \text{ kJ·mol}^{-1}$$

2.3 化学反应进行的方向

热力学第一定律适用于研究化学反应的热效应，通过定义内能（U）和焓（H）两个热力学函数解决反应热的计算问题。

热力学第二定律能够解决反应发生的方向和进行的程度，它是化学热力学的核心。热力学第二定律和热力学第一定律一样，也是人类由长期实践经验总结出来的普遍规律。要进一步理解热力学第二定律，首先应该了解自发过程和熵等基本概念。

2.3.1 自发过程

自然界发生的过程都有一定的方向性，如水总是从高处流向低处，热总是从高温物体向低温物体传递等。这种在一定条件下不需要外界做功、不受外界干扰而能自动发生且进行下去的过程叫作自发过程，自发过程都具有明确的方向和限度。

要使非自发过程得以进行，外界必须做功。例如，欲使水从低处输送到高处，可借助水泵做机械功来实现；常温下水虽然不能自发地分解为氢气和氧气，但是可以通过电解强行使水分解。必须提及，能自发进行的反应，并不意味着其反应速率一定很大。例如，氢气和氧气化合成水的反应在室温下的反应速率很小，但只要点燃或加入微量铂绒，即可发生爆炸性反应。

自发过程的特点是：

(1)自发过程不需要环境对体系做功，而且体系可以对环境做功，如水力发电、原电池释放电能等；

(2)自发过程具有不可逆性，只能单向进行，如在没有外力作用下水不能自动流向高处；

(3)自发过程有一定的限度，经一定程度后会达到平衡状态，如两个温度不同的物体通过热交换最终达到恒温状态。

化学反应在指定条件下自发进行的方向和限度(或可能进行的程度)，是科学研究和生产实践中极为重要的理论问题之一，而热力学第二定律正是人们判定自然界中发生的一切物理过程和化学过程的方向和限度的依据。

2.3.2 化学反应方向的判据

在一个密闭箱子里，中间用隔板隔开，一半装有氮气，一半装有氢气，保证两边气体的压力和温度(1 atm，20 ℃)相同。当去掉隔板后，两种气体就会自动地扩散，最后形成均匀的混合气体，即达到平衡状态，这是个自发过程，其逆过程不能自发进行。显然，混合后与混合前相较，其气体分子运动的空间增大，处于一种更加混乱无序的状态。这表明，气体能自发地向着混乱度增大的方向进行。其他如氯化铵固体的溶解以及碳酸钙在高温下的分解等，都是液相中的离子数或气相中的分子数增加的过程，因而使体系的混乱度增大。因此，可以说体系的混乱度增大有利于反应自发进行。

混乱度只是对体系状态的一种形象描述，或者说是一种定性的描述，它是指体系中各质点排列有序和无序的程度，排列越没有秩序，其混乱度就越大。体系中的质点在一定状态下总有一定的混乱度，或者说，体系的混乱度是确定体系状态的一个参数，它在热力学中用一个新的物理量——熵(S)来表示。

1. 熵和熵变

熵：代表体系内各质点混乱程度的物理量。混乱度越大，熵值越高。

对熵有这样一个规定：在绝对零度(0 K)时，任何理想晶体的熵值为零，这也是热力学第三定律。

所谓理想晶体是指纯净完美的晶体，但实际上这是不能达到的。根据热力学第三定律可以算出任何物质在101.3 kPa，指定温度时的熵值，这相当于该物质从 0 K→T K 的熵变,这个熵变就是该物质在标准状态下的绝对熵 S_m^θ,称为标准熵。

关于熵的注意事项有以下几点:

(1)物质的状态不同,熵值差别较大。具体有以下几种情况:

①物质分子量差别不大时,气体的熵>液体的熵>固体的熵;

②状态相同时,化合物的熵>单质的熵;复杂化合物的熵>简单化合物的熵;分子量大、硬度小、熔沸点低的单质的熵>分子量小、硬度大、熔沸点高的单质的熵。

(2)熵是状态函数,是广度性质。

(3)温度升高,物质的熵值增大;压力增大,物质的熵值减小。压力的改变对气体的熵值影响较大。

(4)熵变的计算表达式为 $\Delta S^\theta = \dfrac{Q_r}{T}$,其中 Q_r 表示恒温可逆过程的热效应,所以 ΔS^θ 也称热温熵。该方程特别适合于计算相变过程(如蒸发、凝聚、熔化、结晶和升华等)中的熵变,因为相变过程可以看作是由无数个微步骤组成的恒温可逆过程。

化学反应的熵变具体表达式为

$$\Delta_r S_m^\theta = \sum n_i S_{m_i}^\theta (\text{生成物}) - \sum n_j S_{m_j}^\theta (\text{反应物}) \tag{2.10}$$

2. 熵增加原理

在孤立体系中,任何自发过程的结果都将导致体系熵值的增加。即:

(1)当 $\Delta S_{孤立}^\theta > 0$,孤立体系中的过程可以自发进行;

(2)当 $\Delta S_{孤立}^\theta < 0$,孤立体系中的过程不能自发进行;

(3)当 $\Delta S_{孤立}^\theta = 0$,孤立体系处于平衡态。

但如在基本概念中所述,孤立体系是一种理想体系,实际上难以实现,因此需要将体系与环境联系起来考虑。这样一来,用熵增加原理判断一个过程能否自发进行,就要既考虑体系熵变 $\Delta S_{体系}$,还要考虑环境的熵变 $\Delta S_{环境}$,这让判断变得困难。因此,需要寻找一种只用体系的性质来判别的方法。

3. 吉布斯自由能

为了确定一个过程(反应)的自发性,美国物理和化学家吉布斯(J. W. Gibbs)于1876年提出一个综合了体系焓变、熵变和温度三者关系的新的状态函数变量,并将其定义为

$$G = H - TS \tag{2.11}$$

式中,G 称为吉布斯自由能或吉布斯函数。由于 H、T 和 S 都是状态函数,所以 G 也是状态函数,具有加和性。

当一个系统从始态转化到终态时,系统的吉布斯自由能变化值为

$$\Delta G = G_{终} - G_{始}$$

热力学研究证明,对等温、定压且系统不做非体积功时发生的过程,若存在:

(1)$\Delta G < 0$,过程正向自发进行;

(2)$\Delta G = 0$,体系处于平衡状态;

(3)$\Delta G > 0$,过程逆向自发进行。

由此可知，等温、定压下的自发过程，体系总是向着吉布斯自由能减少的方向进行。化学反应大多数在等温、等压且系统不做非体积功的条件下进行，因此可以利用 ΔG 来判断化学反应能否自发进行，即等温、等压的封闭体系内，不做非体积功的前提下，任何自发过程总是朝着吉布斯自由能减小的方向进行。

关于吉布斯自由能，需要注意以下几点：

(1) G 均为状态函数，且是广度性质；

(2) 反应的自由能变为

$$\Delta_r G_m^\theta = \sum n_i \Delta_f G_{m_i}^\theta \text{(生成物)} - \sum n_j \Delta_f G_{m_j}^\theta \text{(反应物)} \tag{2.12}$$

(3) $\Delta_f G_m^\theta$ 表示在标准状态和指定温度下，由稳定单质生成 1 mol 化合物或其他单质时的自由能变，称为标准生成自由能。同样，稳定单质的 $\Delta_f G_m^\theta = 0$。

4. 吉布斯自由能与自发过程

化学反应方向的判据——吉布斯-海姆赫兹(Gibbs-Helmholtz)方程的表达式为

$$\Delta_r G_m^\theta = \Delta_r H_m^\theta - T\Delta_r S_m^\theta \tag{2.13}$$

具体到 $\Delta_r H_m$ 和 $\Delta_r S_m$ 对化学反应进行的方向的影响，情况如下：

当 $\Delta_r H_m < 0$，$\Delta_r S_m > 0$，$\Delta_r G_m < 0$ 时，正反应恒定自发进行；

当 $\Delta_r H_m > 0$，$\Delta_r S_m < 0$，$\Delta_r G_m > 0$ 时，正反应永远不能自发进行；

当 $\Delta_r H_m < 0$，$\Delta_r S_m < 0$，低温，$\Delta_r G_m < 0$ 时，正反应可以自发进行；

当 $\Delta_r H_m > 0$，$\Delta_r S_m > 0$，高温，$\Delta_r G_m < 0$ 时，正反应可以自发进行。

5. 应用举例

【例题 2.3】 反应 $C(s) + O_2(g) \Longrightarrow CO_2(g)$ 的焓变和熵变分别为

$$\Delta_r H_m^\theta = -393.5 \text{ kJ} \cdot \text{mol}^{-1}, \quad \Delta_r S_m^\theta = 0.0029 \text{ kJ} \cdot \text{mol}^{-1} \cdot \text{K}^{-1}$$

问在 298 K 和 1 273 K 时反应进行的方向如何？

解： 由于 $\Delta_r H_m^\theta < 0$，$\Delta_r S_m^\theta > 0$，因此 $\Delta_r G_m^\theta$ 恒小于 0，反应在任何温度下都应该自发向右进行。但在常温(298 K)时看不到碳的燃烧，原因是反应速率太慢；但在高温(1 273 K)时，分子动能增加，反应速率加快，会出现发光发热的燃烧现象。

【例题 2.4】 反应 $CaCO_3(s) \Longrightarrow CO_2(g) + CaO(s)$ 的焓变和熵变分别为

$$\Delta_r H_m^\theta = 177.8 \text{ kJ} \cdot \text{mol}^{-1}, \quad \Delta_r S_m^\theta = 0.161 \text{ kJ} \cdot \text{mol}^{-1} \cdot \text{K}^{-1}$$

问若要保证标准状态下反应能够自发向右进行，那么应该满足什么温度条件？

解： 欲使反应自发向右进行，必须保证

$$\Delta_r G_m^\theta = \Delta_r H_m^\theta - T\Delta_r S_m^\theta \leq 0$$

即

$$\Delta_r H_m^\theta \leq T\Delta_r S_m^\theta$$

得

$$T \geq \frac{\Delta_r H_m^\theta}{\Delta_r S_m^\theta} = \frac{177.8}{0.161} \text{ K} = 1\ 104 \text{ K}$$

习 题

2.1 说明右侧各符号的意义：$\Delta_r H_m^\theta$，$\Delta_f H_m^\theta$，$\Delta_r G_m^\theta$，$\Delta_f G_m^\theta$，$\Delta_r S_m^\theta$，ΔU。

2.2 某理想气体以恒定外压(93.31 kPa)膨胀，其体积从 50 L 变化至 150 L，同时吸收 6.48 kJ 的热量，试计算其内能的变化。

2.3 金刚石和石墨的燃烧热是否相等？为什么？

2.4 已知下列数据：

(1) $2Zn(s) + O_2(g) == 2ZnO(s)$　　　$\Delta_r H_{m_1}^\theta = -696.0 \text{ kJ·mol}^{-1}$；

(2) $S(斜方) + O_2(g) == SO_2(g)$　　　$\Delta_r H_{m_2}^\theta = -296.9 \text{ kJ·mol}^{-1}$；

(3) $2SO_2(g) + O_2(g) == 2SO_3(g)$　　　$\Delta_r H_{m_3}^\theta = -196.6 \text{ kJ·mol}^{-1}$；

(4) $ZnSO_4(s) == ZnO(s) + SO_3(g)$　　　$\Delta_r H_{m_4}^\theta = 235.4 \text{ kJ·mol}^{-1}$；

求 $ZnSO_4(s)$ 的标准生成焓。

2.5 根据附录提供的标准生成焓 $\Delta_f H_m^\theta$ 数据，计算下列反应的 $\Delta_r H_m^\theta$：

(1) $CaO(s) + SO_3(g) + 2H_2O(l) == CaSO_4 \cdot 2H_2O(s)$；

(2) $C_6H_6(l) + 7\frac{1}{2}O_2(g) == 6CO_2(g) + 3H_2O(l)$。

2.6 判断下列反应或过程中熵变的数值是正值还是负值：

(1) $2C(s) + O_2(g) == 2CO(g)$；

(2) $2NO_2(g) == 2NO(g) + O_2(g)$。

2.7 如下表所示，阿波罗登月火箭用联氨 $N_2H_4(l)$ 作燃料，用 $N_2O_4(g)$ 作氧化剂，燃烧生成物为 $N_2(g)$ 和 $H_2O(l)$。若反应在 300 K，101.3 kPa 下进行，试计算燃烧 1.0 kg 联氨所需 $N_2O_4(g)$ 的体积，反应共放出多少热量？

物质	$N_2H_4(l)$	$N_2O_4(g)$	$H_2O(l)$
$\Delta_f H_m^\theta /(\text{kJ·mol}^{-1})$	50.6	9.16	-285.8

2.8 已知下表键能数据：

化学键	N≡N	N—Cl	N—H	Cl—Cl	Cl—H	H—H
$E/(\text{kJ·mol}^{-1})$	945	201	389	243	431	436

(1) 估算反应 $2NH_3(g) + 3Cl_2(g) == N_2(g) + 6HCl(g)$ 的 $\Delta_r H_m^\theta$；

(2) 由标准生成焓判断 $NCl_3(g)$ 和 $NH_3(g)$ 的相对稳定性高低。

2.9 根据附录提供的 $\Delta_f G_m^\theta$ 数据计算下列反应的 $\Delta_r G_m^\theta$，并判断这些反应能否自发进行：

(1) $SiO_2(s) + 4HCl(g) == SiCl_4(g) + 2H_2O(g)$；

(2) $CO(g) + H_2O(g) == CO_2(g) + H_2(g)$。

2.10 根据附录提供的 $\Delta_f H_m^\theta$ 和 S_m^θ 数据，计算下列反应在 298 K 时的 $\Delta_r G_m^\theta$：

(1) $N_2(g) + 3H_2(g) == 2NH_3(g)$；

(2) $2HgO(s) == 2Hg(l) + O_2(g)$。

2.11 反应 A(g) + B(s) ⇌ C(g) 的 $\Delta_r H_m^\theta = -42.98$ kJ·mol^{-1}，设 A、C 均为理想气体。298 K，标准状况下，反应经过某一过程做了最大非体积功，并放热 2.98 kJ·mol^{-1}。试求体系在此过程中的 Q，W，$\Delta_r U_m^\theta$、$\Delta_r H_m^\theta$、$\Delta_r S_m^\theta$、$\Delta_r G_m^\theta$。

2.12 用二氧化锰制取金属锰可采取下列两种办法：

(1) $MnO_2(s) + 2H_2(g) \rightleftharpoons Mn(s) + 2H_2O(g)$；

(2) $MnO_2(s) + 2C(s) \rightleftharpoons Mn(s) + 2CO(g)$。

上述两个反应在 25℃、101.3 kPa 下能否自发进行？如果希望反应温度尽可能低一些，试通过计算，说明用何种方法比较好？

2.13 25℃、101.3 kPa 下，$CaSO_4(s) \longrightarrow CaO(s) + SO_3(g)$，已知：$\Delta_r H_m^\theta = 401.92$ kJ·mol^{-1}，$\Delta_r S_m^\theta = 189.13$ J·mol^{-1}·K^{-1}，问：

(1) 上述反应能否自发进行？

(2) 对上述反应，是升高温度有利，还是降低温度有利？

(3) 若使上述反应正向进行，其所需的最低温度是多少？

2.14 NO 和 CO 是汽车尾气的主要污染物，人们设想利用下列反应清除其污染：

$$2CO(g) + 2NO(g) \rightleftharpoons 2CO_2(g) + N_2(g)$$

试通过热力学计算说明这种设想的可能性。

2.15 NH_4HCO_3 在常温下极易分解，从而限制了它的使用。通过热力学计算说明，在实际应用中能否通过控制温度来阻止 NH_4HCO_3 分解？

第3章 化学反应速率和化学平衡

每一个理论上能够发生的化学反应必然涉及两个基本问题：化学反应进行的方向和限度以及化学反应进行的快慢。探讨这些问题对于理论研究和生产实践都有指导意义，人们一方面希望对人类生产和生活有益的化学反应进行得更快，更完全一些；另一方面又希望能抑制那些对人类不利的化学反应，如橡胶老化、药品试剂失效和金属锈蚀等，这就有必要研究化学反应速率和化学平衡两大问题。

3.1 化学反应速率

有些化学反应进行得很快，几乎在一瞬间就能完成，如酸碱中和反应、胶片的感光、爆炸反应等。有些反应进行得很慢，如氢气和氧气合成水的反应，在室温下几乎不发生可观测到的变化；塑料的老化，需要长年累月才能觉察出变化；而煤和石油的形成则要经过几十万年的时间。人们为了定量地描述化学反应的快慢，引入了化学反应速率的概念。

3.1.1 化学反应速率的概念

化学反应速率是描述反应快慢的物理量，是指给定条件下反应物转化为生成物的速率，通常以单位时间内反应物浓度的减少或生成物浓度的增加来表示。浓度单位常用 $mol \cdot L^{-1}$ 表示，时间单位则根据具体反应的快慢用 s(秒)、min(分)或 h(小时)来表示，若以 s 为单位，则化学反应速率的单位是 $mol \cdot L^{-1} \cdot s^{-1}$。

3.1.2 化学反应速率的表示方法

不同的化学反应进行的快慢是不同的。同一化学反应，在不同的反应条件下，反应速率不同；同一化学反应在同一条件下，在不同时间段内，反应速率的大小也不同。因此，在描述化学反应的速率时，有平均速率和瞬时速率两种表达方式。

1. 平均速率

化学反应的平均速率(简称反应速率) $\bar{v}$ 定义为：

$$\bar{v} = \frac{1}{\nu_B} \cdot \frac{\Delta c_B}{\Delta t} \tag{3.1}$$

式中：$\bar{v}$ 为基于浓度的平均反应速率，单位为 mol·L^{-1}·s^{-1}（时间也可用 min 或 h）；ν_B 为反应中物质 B 的化学计量系数。对反应物取负值，生成物取正值，以使反应速率保持正值；$\frac{\Delta c_B}{\Delta t}$ 为化学反应随时间(t)引起物质 B 的浓度变化率。

【例题 3.1】反应 $2N_2O_5(g) \rightleftharpoons 4NO_2(g) + O_2(g)$ 在某温度时各组分浓度随时间的变化列于表 3.1 中。

表 3.1 N_2O_5 分解反应中各组分浓度随时间的变化

t/s	0.00	100.00	200.00	500.00
$[N_2O_5]/(mol·L^{-1})$	5.00	2.80	1.56	0.27
$[NO_2]/(mol·L^{-1})$	0.00	4.39	6.87	9.45
$[O_2]/(mol·L^{-1})$	0.00	1.09	1.72	2.31

试计算前 200 s 内反应的平均速率。

解：

$$\bar{v} = -\frac{1}{\nu_{N_2O_5}} \cdot \frac{\Delta c_{N_2O_5}}{\Delta t} = \left(-\frac{1}{2} \times \frac{1.56 - 5.00}{200 - 0}\right) mol·L^{-1}·s^{-1} = 8.60 \times 10^{-3} mol·L^{-1}·s^{-1}$$

$$= \frac{1}{\nu_{NO_2}} \cdot \frac{\Delta c_{NO_2}}{\Delta t} = \left(\frac{1}{4} \times \frac{6.87 - 0}{200 - 0}\right) mol·L^{-1}·s^{-1} = 8.60 \times 10^{-3} mol·L^{-1}·s^{-1}$$

$$= \frac{1}{\nu_{O_2}} \cdot \frac{\Delta c_{O_2}}{\Delta t} = \frac{1.72 - 0}{200 - 0} mol·L^{-1}·s^{-1} = 8.60 \times 10^{-3} mol·L^{-1}·s^{-1}$$

很显然，同一反应，可以选任一反应物或生成物浓度的变化来作为计算的依据，所得的反应速率的数值是相同的。

2. 瞬时速率

瞬时速率是指某一反应，如 $aA + bB \longrightarrow gG + dD$，在某一时刻的真实速率。根据微分学，瞬时速率可用在时间间隔趋近无限小时，即 dt 时间内的平均速率的极限值表示。

$$v_{瞬时} = \lim_{\Delta t \to 0} \frac{-\Delta c_A}{\Delta t} = \frac{-dc_A}{dt} \tag{3.2}$$

瞬时反应速率通常可用作图法，绘制浓度随时间而变化的曲线，然后按某给定点作该曲线的切线而求得，这里不加讨论。

3.1.3 反应机理

化学反应方程式能告诉我们什么物质参加了化学反应，反应后生成了什么物质，以及反应物和生成物间的量的关系，但并不能说明从反应物转变成生成物所经历的途径。化学反应所经历的途径叫作反应机理或反应历程。

大量实验事实表明，绝大多数化学反应往往不是简单地一步完成，而是分几步进行的。一步完成的化学反应称为基元反应（或称简单反应），由两个或两个以上基元反应构成的化学反应称为复杂反应。表面上看起来很简单的反应，也可能是分几步进行的。

例如，$H_2 + I_2 \longrightarrow 2HI$ 的反应历程为

$I_2 \rightleftharpoons 2I$ （快反应），$2I + H_2 \longrightarrow 2HI$ （慢反应）。

复杂反应的反应速度取决于组成该反应的各基元反应中速度最慢的一步，我们把它叫作该反应的定速步骤，所以 $2I + H_2 \longrightarrow 2HI$ 是上述复杂反应的定速步骤。

又如，CO 与 Cl_2 可合成极毒的光气，化学反应方程式为

$$CO + Cl_2 \xrightarrow{350\,℃} COCl_2$$

这是一个复杂反应，其反应历程可表示为

$Cl_2 \rightleftharpoons 2Cl$ （快反应），$Cl + CO \rightleftharpoons COCl$ （快反应），$COCl + Cl_2 \longrightarrow COCl_2 + Cl$ （慢反应）。

反应机理是一个十分复杂的问题，在目前已知的化学反应中，完全弄清楚反应机理的为数不多。

3.1.4 化学反应速率理论

不同的化学反应，其反应速率各不相同。化学反应的快慢首先取决于反应物的本质，反应速率理论就是从理论上解释各种因素（特别是反应物的本质）对反应速率的影响和反应历程。

1. 有效碰撞理论

1918 年，路易斯（W. C. M. Lewis）在阿仑尼乌斯方程式和气体分子运动理论的基础上，首先提出了气相双分子反应的碰撞理论，后来进一步发展为有效碰撞理论。该理论认为，反应物分子间的相互碰撞是反应进行的必要条件，反应物分子碰撞频率越高，反应速率越快。但能引起反应的碰撞只是少数，大多数分子间的碰撞都是无效的，即不能引起化学反应。能引起化学反应发生的碰撞称为有效碰撞，分子间有效碰撞的发生必须满足以下两个条件。

(1) 互相碰撞的分子必须具有足够的能量，用以克服原子的外层电子间的斥力，从而充分接近发生碰撞。

(2) 反应物分子应有合适的碰撞方向。例如，在 $NO_2 + CO \rightleftharpoons CO_2 + NO$ 反应中，CO 与 NO_2 分子都已具备了能够充分接近的能量，但是若沿着 C、N 的方向碰撞，这种碰撞是无效的，但若沿着 C、O 方向碰撞，则是有效碰撞，如图 3.1 所示。

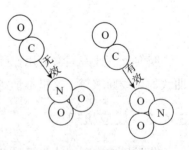

图 3.1 分子碰撞的方向示意

总之，只有能量足够大，方向合适的分子间的碰撞

才是有效碰撞。

有效碰撞理论把具有足够能量、能够发生有效碰撞的分子称为活化分子，通常活化分子只是分子总数中的一小部分，大部分是非活化分子，非活化分子吸收足够的能量即可转化为活化分子。对一指定反应，在一定温度下反应物中活化分子的百分数是一定的。图 3.2 是用统计的方法画出的一定温度下气体分子的动能分布曲线，它表示一定温度下具有不同能量分子百分数的分布情况。

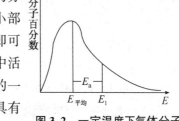

图 3.2 一定温度下气体分子的动能分布曲线

活化分子具有的最低能量 E_1 与反应物分子的平均能量 $E_{平均}$ 的差值称为活化能，用 E_a 表示，单位为 $kJ \cdot mol^{-1}$，即

$$E_a = E_1 - E_{平均} \tag{3.3}$$

显然，反应的活化能 E_a 越大，活化分子的百分数就越小，反应进行得越慢；反之，反应的活化能 E_a 越小，反应进行得越快。化学反应的活化能大小取决于反应物本身的性质，它是影响反应速率的重要因素。

化学反应的活化能一般在 $40 \sim 400 \ kJ \cdot mol^{-1}$ 之间，大多数化学反应的活化能在 $60 \sim 240 \ kJ \cdot mol^{-1}$。对于 $E_a < 40 \ kJ \cdot mol^{-1}$ 的反应，活化分子比例大，有效碰撞次数多，反应速率大，可瞬间完成，用一般方法难以测定，如酸碱中和反应、爆炸反应等；对于 $E_a > 400 \ kJ \cdot mol^{-1}$ 的反应，其反应速率极慢，通常条件下难以观察到。

单位体积内的活化分子数与反应物分子总数成正比。对于溶液，活化分子数与物质的量浓度成正比；对于气体，活化分子数则与该气体的分压力成正比。所以增大反应物的浓度或气体的分压力，就能使反应速率加快。

温度升高时，分子运动加快，分子间碰撞频率增加，反应速率随之增大。根据气体分子运动理论计算，温度每升高 10℃，碰撞次数增加并不多(小于 10%)，但实际上反应速率却增加了 100% ~ 300%。可见，简单地用分子碰撞次数的增加来解释温度升高加速反应这一事实，不能令人满意。实际情况是由于温度的升高，有较多的分子获得了能量而成为活化分子，致使单位体积内的活化分子百分数增加了，有效碰撞次数也随之增加，从而大大加快了反应速率。

在反应体系中加入催化剂，会改变反应历程，降低反应的活化能，同样极大增加活化分子的百分数，致使反应加速进行。

2. 过渡状态理论

有效碰撞理论对于气相反应的解释相当成功，但对于液相反应和多相复杂反应的解释却不够完美。有效碰撞理论虽然简单明了地说明了反应速率与活化能的关系，但没能从分子内部原子重新组合的角度来揭示活化能的物理意义。1935 年，艾林(Henry Eyring)在统计力学和量子力学的基础上提出了过渡状态理论。

过渡状态理论的基本观点为：化学反应不只是通过分子之间的简单碰撞就能完成，当相互接近时，反应物分子要进行化学键的重排，先形成一个较高能量的过渡态(又称活化配合物），其价键结构处于原有化学键被削弱、新化学键正在形成的一种过渡状态，然后再转化为最终生成物（其中也有部分重新转变为反应物）。

例如，在反应 $NO_2 + CO \rightleftharpoons CO_2 + NO$ 中，当 NO_2 与 CO 的活化分子碰撞之后，就形成了活化配合物 O—C⋯O⋯N—O，反应过程为

$$CO + NO_2 \rightleftharpoons O—C⋯O⋯N(O) \rightleftharpoons NO + CO_2$$

反应物　　　　活化配合物　　　　生成物
（始态）　　　　（过渡态）　　　　（终态）

其中过渡态配合物 O—C⋯O⋯N(O) 能量高、稳定性低，易分解成生成物，也能重新分解成反应物。

影响反应速率的因素有两个：一是反应物生成活化配合物的速率，二是活化配合物分解成生成物的速率。

对于一般反应：$A + BC \rightleftharpoons AB + C$，其反应历程如图 3.3 所示。

过渡状态理论中活化能的含义与有效碰撞理论中活化能的含义不同，它是指活化配合物的平均能量与反应物平均能量之差。由图 3.3 不难看出，反应的热效应等于正反应的活化能 $E_{a(+)}$ 与逆反应的活化能 $E_{a(-)}$ 之差，即 $\Delta H = E_{a(+)} - E_{a(-)}$。

过渡状态理论把物质的微观结构与反应速率结合起来考虑，比有效碰撞理论又前进了一步，其最大的成功之处在于很好地解释了催化剂对化学反应速率的影响。如图 3.4 所示，催化剂的加入改变了活化配合物的组成、改变了反应历程和正、逆反应的活化能，从而同等程度地改变了正、逆反应的速率，但催化剂不能改变反应的热效应（ΔH），或者说不能改变净反应进行的方向。

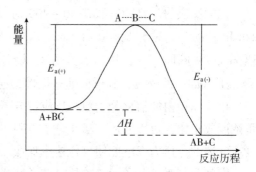

图 3.3　过渡状态理论的反应示意

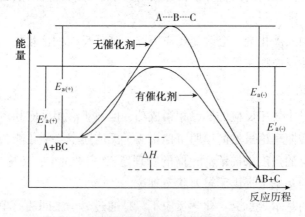

图 3.4　催化剂对反应历程和活化能的影响

3.1.5 影响化学反应速率的因素

反应速率的大小首先取决于内因,即取决于反应物的本性(反应物的内部结构),除此之外,反应速率会受到反应物的浓度、温度、压力及催化剂等外界因素的影响。

1. 浓度对反应速率的影响

1) 质量作用定律

大量实验证明,在室温下,增加反应物的浓度可以加快反应速率。例如,燃料或钢铁在纯氧中的氧化反应比在空气中反应要快得多。那么,反应速率与反应物浓度之间存在着什么定量关系呢?

1867年,挪威化学家古德贝(C. M. Guldberg)等在总结大量实验结果的基础上提出了质量作用定律:在一定温度下,基元反应的反应速率与各反应物浓度方次的乘积成正比(反应物浓度的方次数等于化学反应方程式中相应物质的化学计量系数)。当通过实验证实某反应为基元反应时,就可以根据质量作用定律直接写出其速率方程式。例如,对基元反应

$$a\text{A} + b\text{B} \longrightarrow g\text{G} + d\text{D}$$

根据质量作用定律,其反应速率方程式为

$$v = k c_\text{A}^a \cdot c_\text{B}^b \tag{3.4}$$

式(3.4)中,k 是比例常数,称为该温度下的速率常数,它随温度的改变而改变,不受浓度变化的影响。对于某一反应,在同一温度、催化剂等条件下,k 是一个定值。当 $c_\text{A} = c_\text{B} = 1 \text{ mol} \cdot \text{L}^{-1}$ 时,上式变为 $v = k$,所以速率常数是反应物浓度为单位浓度时的反应速率。

2) 反应级数

在式(3.4)中,各反应物浓度的指数之和 $(a+b)$ 称为该反应的反应级数。对反应物 A 来说是 a 级反应,对反应物 B 来说是 b 级反应。a 和 b 叫作 A 和 B 的分反应级数,而 $a+b=n$ 叫作总反应级数。一般所说的反应级数,若不指明,就是指总反应级数。反应级数不同,速率常数 k 的量纲也就不同。反应级数可以通过实验得到,如以下反应

$\text{C}_2\text{H}_5\text{Cl} \longrightarrow \text{C}_2\text{H}_4 + \text{HCl}$ $v = k c_{\text{C}_2\text{H}_5\text{Cl}}$,$a = 1$,一级反应;

$\text{NO}_2 + \text{CO} \longrightarrow \text{NO} + \text{CO}_2$ $v = k c_{\text{NO}_2} \cdot c_{\text{CO}}$,$a + b = 1 + 1 = 2$,二级反应。

必须强调的是,质量作用定律只适用于基元反应,也就是一步完成的反应,上述两例都是基元反应。但实际上许多反应并不是一步完成的,而是分步完成的,即由几个基元反应组成的复杂反应。此时,质量作用定律只适用其中每一个基元反应,但往往不适用于总反应。例如,对于下列反应

$$2\text{NO} + 2\text{H}_2 \Longrightarrow \text{N}_2 + 2\text{H}_2\text{O}$$

根据实验结果可知其反应速率方程式为

$$v = k c_{\text{NO}}^2 \cdot c_{\text{H}_2}$$

而不是

$$v = kc_{NO}^2 \cdot c_{H_2}^2$$

这是由于此反应是分步进行的，即

$2NO + H_2 \Longrightarrow N_2 + H_2O_2$ （慢反应，定速步骤）

$H_2O_2 + H_2 \Longrightarrow 2H_2O$ （快反应）

上述两个反应中，第一个反应进行得很慢，第二个反应进行得很快。但要使第二个反应发生，必须先有 H_2O_2 生成。这样，生成 H_2O_2 的反应因进行得较缓慢而成为整个反应的定速步骤，所以总的反应速率取决于生成 H_2O_2 的速率。也就是说，对于复杂反应，其总的反应速率方程式应按定速步骤来写。

综上所述，对于一般反应

$$aA + bB \longrightarrow gG + dD$$

其浓度与反应速率之间的定量关系为

$$v = kc_A^x \cdot c_B^y \tag{3.5}$$

式中：x，y 的数值需由实验确定，$x+y$ 为总反应级数。如果是基元反应，$x=a$，$y=b$；如果是非基元反应，$x \neq a$，$y \neq b$。这一定量关系，不仅适用于气体反应，也适用于溶液中的反应。液态和固态纯物质由于浓度不变，在定量关系中通常不表达出来。

经研究证实，反应级数可以是整数、分数，还可以为零。例如：

零级反应：$NH_3(g) \xrightarrow{Fe} \frac{1}{2}N_2(g) + \frac{3}{2}H_2(g)$ $v = kc_{NH_3}^0$

$N_2O(g) \xrightarrow{Au} N_2(g) + \frac{1}{2}O_2(g)$ $v = kc_{N_2O}^0$

一级反应：$N_2O_5(g) \longrightarrow 2NO_2(g) + \frac{1}{2}O_2(g)$ $v = kc_{N_2O_5}$

二级反应：$NO(g) + O_3(g) \longrightarrow NO_2(g) + O_2(g)$ $v = kc_{NO} \cdot c_{O_3}$

三级反应：$2NO(g) + Br_2(g) \longrightarrow 2NOBr(g)$ $v = kc_{NO}^2 \cdot c_{Br_2}$

分数级反应：$CHCl_3(g) + Cl_2(g) \longrightarrow CCl_4(g) + HCl(g)$ $v = kc_{CHCl_3} \cdot c_{Cl_2}^{\frac{1}{2}}$

3) 速率常数 k 与反应级数的关系

根据反应速率方程式 $v = kc_A^x c_B^y$ 可知，速率常数 k 的单位决定于反应级数 $x+y$，k 值大小决定于反应本身和其发生反应时的温度，与反应物浓度无关。

$$k = \frac{v}{c_A^x c_B^y} = \frac{mol \cdot L^{-1} \cdot s^{-1}}{(mol \cdot L^{-1})^{x+y}} = (mol \cdot L^{-1})^{1-(x+y)} \cdot s^{-1} \tag{3.6}$$

速率常数 k 的单位与反应级数 $x+y$ 的关系如表 3.2 所示。

表 3.2 速率常数 k 的单位与反应级数 $x+y$ 的关系

反应级数	速率常数 k 的单位
$x+y=0$	$mol \cdot L^{-1} \cdot s^{-1}$
$x+y=1$	s^{-1}

续表

反应级数	速率常数 k 的单位
$x+y=2$	$mol^{-1} \cdot L \cdot s^{-1}$
$x+y=3$	$mol^{-2} \cdot L^2 \cdot s^{-1}$

【例题3.2】 在 1 073 K 时，反应 $2NO(g)+2H_2(g) \longrightarrow N_2(g)+2H_2O(g)$ 的有关实验数据如表3.3所示。

表3.3 例题3.2反应的有关实验数据

实验编号	起始浓度/($mol \cdot L^{-1}$)		起始速率 v/($mol \cdot L^{-1} \cdot s^{-1}$)
	c_{NO}	c_{H_2}	
1	6.00×10^{-3}	1.00×10^{-3}	3.19×10^{-3}
2	6.00×10^{-3}	2.00×10^{-3}	6.36×10^{-3}
3	6.00×10^{-3}	3.00×10^{-3}	9.56×10^{-3}
4	1.00×10^{-3}	6.00×10^{-3}	0.48×10^{-3}
5	2.00×10^{-3}	6.00×10^{-3}	1.92×10^{-3}
6	3.00×10^{-3}	6.00×10^{-3}	4.30×10^{-3}

求：(1)上述反应的速率方程式和反应级数；

(2)这个反应在 1 073K 时的速率常数；

(3)当 $c_{NO}=4.00\times10^{-3}$ $mol \cdot L^{-1}$，$c_{H_2}=5.00\times10^{-3}$ $mol \cdot L^{-1}$ 时的反应速率。

解：(1)该反应的反应速率方程式可写为

$$v = kc_{NO}^x \cdot c_{H_2}^y$$

分析实验数据，为求得 x 值，将实验编号4和5代入反应速率方程式，有

$$0.48\times10^{-3}=k(1.00\times10^{-3})^x \times (6.00\times10^{-3})^y$$
$$1.92\times10^{-3}=k(2.00\times10^{-3})^x \times (6.00\times10^{-3})^y$$

两式相除，得

$$\frac{0.48\times10^{-3}}{1.92\times10^{-3}}=\frac{k(1.00\times10^{-3})^x \times (6.00\times10^{-3})^y}{k(2.00\times10^{-3})^x \times (6.00\times10^{-3})^y}$$

$$x=2$$

同理，将实验编号1和2代入反应速率方程式，可得

$$\frac{3.19\times10^{-3}}{6.36\times10^{-3}}=\frac{k(6.00\times10^{-3})^x \times (1.00\times10^{-3})^y}{k(6.00\times10^{-3})^x \times (2.00\times10^{-3})^y}$$

$$y=1$$

因此，该反应的反应速率方程式为 $v=kc_{NO}^2 \cdot c_{H_2}$，反应级数为 $x+y=3$。

(2)将实验编号4的数据代入反应速率方程式，可得

$$0.48\times10^{-3} \, mol \cdot L^{-1} \cdot s^{-1} = k(1.00\times10^{-3})^2 \times (6.00\times10^{-3}) \, (mol \cdot L^{-1})^3$$

$$k = 8.0 \times 10^4 \text{ L}^2 \cdot \text{mol}^{-2} \cdot \text{s}^{-1}$$

(3) 当 $c_{NO} = 4.00 \times 10^{-3}$ mol·L^{-1}，$c_{H_2} = 5.00 \times 10^{-3}$ mol·L^{-1} 时，有

$$\begin{aligned} v &= kc_{NO}^2 \cdot c_{H_2} \\ &= [8.0 \times 10^4 \times (4.00 \times 10^{-3})^2 \times (5.00 \times 10^{-3})] \text{ mol} \cdot \text{L}^{-1} \cdot \text{s}^{-1} \\ &= 6.4 \times 10^{-3} \text{ mol} \cdot \text{L}^{-1} \cdot \text{s}^{-1} \end{aligned}$$

2. 温度对反应速率的影响和阿仑尼乌斯方程式

绝大多数反应的反应速率随温度升高而加快。1844 年，荷兰物理学家范特霍夫(Van't Hoff)根据实验事实得出一条经验规则(范特霍夫规则)：温度每升高 10℃，反应速率一般会增加到原来的 2～4 倍，这个倍数叫作反应的温度系数。范特霍夫规则在实际生产中是很有用的，特别是在缺少实验数据的情况下，可以提供一个估算的依据。假定某一反应的温度系数为 2，则 100℃时的反应速率将为 0℃时的 $2^{\frac{100}{10}} = 1\,024$ 倍。即在 0℃时需 7 天多完成的反应在 100℃时 10 分钟就能完成。从有效碰撞理论来看，这是由于温度增加，活化分子的百分数增加，分子运动速率增大，有效碰撞次数增加，所以反应速率增大。

1899 年，瑞典化学家阿仑尼乌斯(S. Arrhenius)根据大量实验事实总结出温度和反应速率常数之间的经验公式，称为阿仑尼乌斯方程式，即

$$k = A\text{e}^{-\frac{E_a}{RT}} \tag{3.7}$$

式中：k 为速率常数；A 为指前因子，给定反应的特征常数；e 为自然对数的底；E_a 为反应的活化能，J·mol^{-1}；T 为热力学温度；R 为摩尔气体常数(8.314 J·mol^{-1}·K^{-1})。

若将式(3.7)以对数表示，则为

$$\ln k = \ln A - \frac{E_a}{RT} \tag{3.8}$$

从式(3.8)可知，若温度 T 升高，则 k 增大；在一定温度下，活化能愈小，则 k 愈大，反应速率也就愈大。且 $\ln k$ 与 $\frac{1}{T}$ 是直线关系，若以 $\ln k$ 为纵坐标，$\frac{1}{T}$ 为横坐标作图，可得一直线，由直线的斜率(即 $-\frac{E_a}{R}$ 的值)可以求得活化能 E_a，由纵坐标上的截距可求得 A。

现以 N_2O_5 在四氯化碳液体中的分解为例，说明 k 与 T 的关系。

【例题 3.3】反应 $N_2O_5 \longrightarrow N_2O_4 + \frac{1}{2}O_2$ 在不同温度时测得的速率常数如表 3.4 所示，用作图法求反应的活化能和指前因子。

表 3.4 N_2O_5 分解反应在不同温度时的速率常数

温度 T/K	338	328	318	308	298	273
速率常数 k/s^{-1}	4.87×10^{-3}	1.50×10^{-3}	4.98×10^{-4}	1.35×10^{-4}	3.46×10^{-5}	7.87×10^{-7}

解：由 $\ln k = \ln A - \frac{E_a}{RT}$ 可知，$\ln k$ 与 $\frac{1}{T}$ 成直线关系，直线的斜率等于 $-\frac{E_a}{R}$ 的值，由

3.4 表中的数据，算出 $\dfrac{1}{T}$ 与 $\ln k$ 的值，如下表所示。

$\dfrac{1}{T}$ /K^{-1}	0.002 959	0.003 049	0.003 145	0.003 247	0.003 356	0.003 663
$\ln k/\text{s}^{-1}$	−5.325	−6.502	−7.605	−8.910	−10.272	−14.055

将上表中的数据绘成图，可得一直线，如下图所示。求得直线斜率为−12 460，截距为31.54。

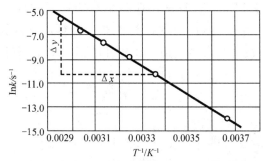

斜率与截距可用下列方法求得：在直线上找两点，设该两点在纵坐标上的间距为 Δy，在横坐标上的间距为 Δx，则斜率 $=\dfrac{\Delta y}{\Delta x}$。例如，取338 K与298 K两点的数据，可得

$$\text{斜率} = \dfrac{\Delta y}{\Delta x} = \dfrac{(-10.272)-(-5.325)}{(0.003\ 356-0.002\ 959)} = \dfrac{-4.947}{0.000\ 397} = -12\ 460\ \text{K}$$

因此，将 $\dfrac{-E_a}{R} = -12460$ K，$T = 298$ K，$\ln k = -10.272$ 代入式(3.8)中，可得

$$-10.272 = \ln A - \dfrac{12\ 460}{298}, \quad \ln A = 31.54, \quad A = 4.98 \times 10^{13}$$

$$E_a = [-8.314 \times (-12\ 460)]\ \text{J} \cdot \text{mol}^{-1} = 103\ 600\ \text{J} \cdot \text{mol}^{-1} = 103.6\ \text{kJ} \cdot \text{mol}^{-1}$$

活化能可通过上述绘图方法求得，也可以利用阿仑尼乌斯方程式计算得到。利用阿仑尼乌斯方程式还可求得温度变化对反应速率的影响。

若以 k_1、k_2 分别表示某一反应在温度 T_1、T_2 时的速率常数，则根据式(3.8)可得

$$\ln k_2 = \ln A - \dfrac{E_a}{RT_2}$$

$$\ln k_1 = \ln A - \dfrac{E_a}{RT_1}$$

两式相减可得

$$\ln \dfrac{k_2}{k_1} = -\dfrac{E_a}{R}\left(\dfrac{1}{T_2} - \dfrac{1}{T_1}\right)$$

根据反应速率方程式，浓度不变时，有

$$v_2 = k_2 c_A^x \cdot c_B^y$$

$$v_1 = k_1 c_A^x \cdot c_B^y$$

两式相除可得

$$\frac{v_2}{v_1} = \frac{k_2}{k_1}$$

所以

$$\ln\frac{v_2}{v_1} = \ln\frac{k_2}{k_1} = \frac{-E_a}{R}\left(\frac{1}{T_2} - \frac{1}{T_1}\right) = \frac{E_a(T_2 - T_1)}{RT_1T_2} \tag{3.9}$$

式(3.9)可用来求反应的活化能以及反应速率随温度变化的改变值。如果活化能和某一温度下的 k 已知，就可算得其他温度下的 k 值。

【例题3.4】 已知反应 $2HI \longrightarrow H_2 + I_2$ 在温度为 600 K 和 700 K 时的速率常数分别为 2.75×10^{-6} L·mol^{-1}·s^{-1} 和 5.50×10^{-4} L·mol^{-1}·s^{-1}。计算：(1)反应的活化能；(2)该反应在 800 K 时的速率常数；(3)若温度由 310 K 升高到 320 K，其反应速率将发生怎样的变化？

解：(1) 根据式(3.9)，有 $\ln\dfrac{v_2}{v_1} = \ln\dfrac{k_2}{k_1} = \dfrac{E_a(T_2 - T_1)}{RT_1T_2}$，其中

$$T_1 = 600 \text{ K}, \quad k_1 = 2.75 \times 10^{-6} \text{ L·mol}^{-1}\cdot\text{s}^{-1}$$

$$T_2 = 700 \text{ K}, \quad k_2 = 5.50 \times 10^{-4} \text{ L·mol}^{-1}\cdot\text{s}^{-1}$$

所以

$$\ln\frac{5.5 \times 10^{-4}}{2.75 \times 10^{-6}} = \frac{E_a \times (700 - 600)}{8.314 \times 600 \times 700}$$

$$E_a = 1.85 \times 10^5 \text{ J·mol}^{-1} = 185 \text{ kJ·mol}^{-1}$$

(2) $\ln\dfrac{k}{5.50 \times 10^{-4}} = \dfrac{185\,000 \times (800 - 700)}{8.314 \times 800 \times 700}$

$$k = 2.91 \times 10^{-2} \text{ L·mol}^{-1}\cdot\text{s}^{-1}$$

(3) 由 $\ln\dfrac{v(320 \text{ K})}{v(310 \text{ K})} = \dfrac{185\,000 \times (320 - 310)}{8.314 \times 320 \times 310} = 2.24$

$$\frac{v(320 \text{ K})}{v(310 \text{ K})} = 9.4(\text{倍})$$

3. 压力对反应速率的影响

压力仅对有气体参加的化学反应的反应速率有影响。温度一定时，气体的体积与压力成反比，当气体压力增加至原来的 2 倍时，那么其体积就变成原来的一半，单位体积内的分子数就增加到原来的 2 倍。所以对于气体反应，压力增大，则体积减小，反应物的浓度增大，因此反应速率增大；压力减小，则气体体积增大，反应物的浓度减小，因此反应速率减小。

对于反应物是固体、液体的反应或在水溶液中的反应，压力对它们体积的影响很小，反应物的浓度几乎不变。因此，可以认为压力与其反应速率无关。

4. 催化剂对反应速率的影响

催化剂是能显著改变反应速率，且在反应前后自身的组成、质量和化学性质保持不变的物质。这种能改变反应速率的作用称为催化作用，凡能加快反应速率的物质叫正催化

剂，能减慢反应速率的物质叫负催化剂或抑制剂。有时，生成物对反应本身也起催化作用，称为自催化作用。如未特别说明，则催化剂一般指的是正催化剂。

催化剂通过参加反应过程，改变反应的途径，降低反应的活化能，使活化分子百分数增大，从而加快化学反应的反应速率。催化剂的特点如下：

(1) 催化剂只改变反应速率，不改变反应的平衡规律，不会改变化学反应的平衡常数 K，也不能使化学平衡发生移动；

(2) 催化剂同等程度地改变正逆反应的反应速率；

(3) 催化剂具有特殊的选择性，即一种催化剂只对某一个反应具有催化作用。若反应物可以同时发生几个平行反应时，则可选用某一个催化剂来增大工业上所需要的某个指定反应的速率，而对其他反应没有显著的影响。例如，工业上用水煤气为原料，使用不同的催化剂可以得到不同的生成物，即

$$CO+H_2 \begin{cases} \xrightarrow{Cu,\ 573\ K,\ 20\sim30\ MPa} CH_3OH(甲醇) \\ \xrightarrow{活化\ Fe\text{-}Cu,\ 443\sim473\ K,\ 1\sim2\ MPa} C_nH_{2n+2}+nH_2O(烷烃混合物，合成汽油) \\ \xrightarrow{Ni,\ 523\ K} CH_4(甲烷)+H_2O \\ \xrightarrow{Ru,\ 423\ K} 固态石蜡 \end{cases}$$

因此，在化工生产上可以选择适当的催化剂，加速主要反应的进行，同时抑制其他不需要的反应。

3.2 化学平衡

研究化学反应时，不仅要关心反应速率，而且还必须知道反应进行的程度，即有多少反应物可以转化成生成物。在一定条件下，绝大多数化学反应只能进行到一定程度，即反应不能进行到底。因此，研究化学反应的限度至关重要。

3.2.1 可逆反应和化学平衡

化学反应视其进行的程度可分为两类：一类为几乎能进行到底的反应，即反应物基本上全部转化为生成物，这类反应称为不可逆反应，如 $KClO_3$ 的分解反应，其化学方程式为

$$2KClO_3 \xrightarrow[\triangle]{MnO_2} 2KCl + 3O_2$$

另一类为在同一条件下可同时向正、反两个方向进行的反应，称为可逆反应。如生成 SO_3 的反应，其化学方程式为

$$2SO_2 + O_2 \rightleftharpoons 2SO_3$$

反应的可逆性和不彻底性是化学反应的普遍特征。因此，研究化学反应进行的限度，了解特定反应在指定条件下消耗一定量的反应物最多能获得多少生成物，在理论和实践上都有重要意义。

1. 可逆反应与平衡态

高温下，氮气和氢气生成氨气的反应是可逆反应，其化学方程式为

$$N_2(g) + 3H_2(g) \underset{逆反应}{\overset{正反应}{\rightleftharpoons}} 2NH_3(g)$$

如图 3.5 所示，当反应开始时，N_2 和 H_2 的浓度较大，而 NH_3 的浓度为零，因此正反应的反应速率较大。而 NH_3 一经生成，逆反应也就开始进行，随着反应的进行，反应物的浓度逐渐减小，正反应的反应速率 $v_正$ 减小；同时，生成物的浓度逐渐增大，逆反应的反应速率 $v_逆$ 增大。当反应进行到一定程度时，$v_正 = v_逆$，此时反应物和生成物的浓度不再发生变化，反应达到了该反应条件下的极限。

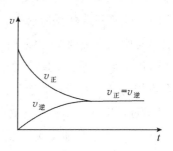

图 3.5 正逆反应速率与化学平衡的关系

我们将这种在一定条件下的密闭容器中，当可逆反应的正反应速率和逆反应速率相等时，反应体系所处的状态称为化学平衡状态。化学平衡状态有如下几个特点。

(1) 处于密闭体系的可逆反应，化学平衡状态建立的条件是正反应速率和逆反应速率相等，即 $v_正 = v_逆 \neq 0$。

(2) 当一定条件下可逆反应达到化学平衡状态时，在平衡体系的混合物中，各组成成分的浓度保持不变。这是可逆反应达到化学平衡状态的重要标志，是判断体系是否处于化学平衡状态的重要依据。

(3) 化学平衡状态是动态的平衡状态。化学反应达到化学平衡状态时，反应并没有停止，实际上正反应与逆反应始终在进行，只是正反应速率等于逆反应速率。

(4) 化学平衡状态均是暂时的、相对的、有条件的平衡状态。当外界条件变化时，原来的化学平衡状态即被打破，需要在新的条件下建立起新的平衡状态。

2. 平衡常数

可逆反应建立平衡时，各物质的浓度之间的定量关系，可由实验得到。例如，反应 $CO(g) + H_2O(g) \xrightarrow{1437K} CO_2(g) + H_2(g)$ 达到化学平衡时，平衡体系的实验数据如表 3.5 所示。

表 3.5 平衡体系的实验数据

编号	起始浓度/(mol·L^{-1})				平衡浓度/(mol·L^{-1})				$\dfrac{c_{CO_2} \cdot c_{H_2}}{c_{CO} \cdot c_{H_2O}}$
	c'_{CO}	c'_{H_2O}	c'_{CO_2}	c'_{H_2}	c_{CO}	c_{H_2O}	c_{CO_2}	c_{H_2}	
1	0.010 0	0.010 0	0	0	0.006 0	0.006 0	0.004 0	0.004 0	0.440 0
2	0.010 0	0.020 0	0	0	0.004 6	0.014 6	0.005 4	0.005 4	0.430 0
3	0.011 0	0.010 0	0	0	0.006 9	0.005 9	0.004 1	0.004 1	0.410 0

从表 3.5 中的实验数据可知，当反应达到平衡时，生成物各浓度方次的乘积与反应物各浓度方次的乘积之比是一个常数，即

$$\frac{c_{CO_2} \cdot c_{H_2}}{c_{CO} \cdot c_{H_2O}} \approx 0.4$$

因此，对于反应

$$aA + bB \rightleftharpoons cC + dD$$

恒温下，当反应达平衡时，体系内各组分浓度之间满足

$$K_c = \frac{[C]^c[D]^d}{[A]^a[B]^b} \tag{3.10}$$

式中：K_c 称为经验平衡常数，即在一定温度下，可逆反应达到平衡时，生成物浓度方次的乘积与反应物浓度方次的乘积之比是一个常数（各浓度的方次数等于反应方程式中各物质的化学计量系数）。

从式(3.10)可以看出，经验平衡常数 K_c 一般是有单位的，只有当反应物的化学计量系数之和与生成物的化学计量系数之和相等时，K_c 才是无量纲量。

关于平衡常数有以下几点须注意的问题。

(1)每一个平衡常数对应于一固定的化学反应方程式，同一反应，化学反应方程式不同，平衡常数表达式及数值则不同，但相互之间存在一定的关系。例如：

$$NO + 0.5O_2 \rightleftharpoons NO_2 \qquad K_c = \frac{[NO_2]}{[NO][O_2]^{0.5}}$$

$$2NO + O_2 \rightleftharpoons 2NO_2 \qquad K'_c = \frac{[NO_2]^2}{[NO]^2[O_2]}$$

$$K'_c = K_c^2$$

(2)当有纯固体、纯液体和稀溶液中的溶剂参加反应时，不列入平衡常数表达式中。例如：

$$C(s) + 0.5O_2(g) \rightleftharpoons CO(g) \qquad K_c = \frac{[CO]}{[O_2]^{0.5}}$$

$$2NOBr(g) \rightleftharpoons 2NO(g) + Br_2(l) \qquad K_c = \frac{[NO]^2}{[NOBr]^2}$$

$$CaCO_3(s) + 2H^+(aq) \rightleftharpoons Ca^{2+}(aq) + CO_2(g) + H_2O(l) \qquad K_c = \frac{[Ca^{2+}][CO_2]}{[H^+]^2}$$

(3)对一特定反应来讲，平衡常数的大小只与温度有关，与物质起始浓度无关。

(4)平衡常数的物理意义：平衡常数的大小代表了可逆反应进行的程度高低，数值越大，表示反应越完全。

(5)浓度平衡常数 K_c 与压力平衡常数 K_p 的关系。对于反应

$$aA(g) + bB(g) \rightleftharpoons cC(g) + dD(g)$$

由于 $pV = nRT$，则 $p = cRT$，于是有

$$K_p = \frac{p_C^c p_D^d}{p_A^a p_B^b} = \frac{(c_C RT)^c (c_D RT)^d}{(c_A RT)^a (c_B RT)^b} = K_c \cdot (RT)^{(c+d)-(a+b)} = K_c(RT)^{\Delta n} \tag{3.11}$$

式中：Δn 表示生成物气体分子数与反应物气体分子数之差，如果 p 的单位用 kPa，浓度 c

的单位用 mol·L^{-1}，则 R = 8.314 kPa·L·mol^{-1}·K^{-1}。

(6) 标准平衡常数。若将式(3.10)中的各物质的平衡浓度除以标准浓度 c^θ，可得标准平衡常数。对于反应

$$aA(g) + bB(g) \rightleftharpoons cC(g) + dD(g)$$

标准平衡常数表示为

$$K^\theta = \frac{\left(\frac{[C]}{c^\theta}\right)^c \left(\frac{[D]}{c^\theta}\right)^d}{\left(\frac{[A]}{c^\theta}\right)^a \left(\frac{[B]}{c^\theta}\right)^b} \tag{3.12}$$

对于气相反应，其标准平衡常数表示为

$$K^\theta = \frac{\left(\frac{p_C}{p^\theta}\right)^c \left(\frac{p_D}{p^\theta}\right)^d}{\left(\frac{p_A}{p^\theta}\right)^a \left(\frac{p_B}{p^\theta}\right)^b} \tag{3.13}$$

式中：K^θ 是无量纲量，c^θ 表示物质在标准状态下的浓度(1 mol·L^{-1})，p^θ 表示物质在标准状态下的压力(101 325 Pa 或 1 atm)。可见，当组分浓度用体积摩尔浓度、气体压力的单位用大气压时，经验平衡常数与标准平衡常数的数值相同，而用其他单位时，则必须进行换算。

3. 多重平衡原理

在第 2 章中我们曾了解到，可以用已知反应的热效应求算某些难以测量的化学反应的热效应，因此用已知反应的平衡常数也同样可以求算其他反应的平衡常数。例如：

$$\begin{array}{ll} C(s) + O_2(g) \rightleftharpoons CO_2(g) & K_1^\theta \\ (-)CO(g) + 0.5O_2(g) \rightleftharpoons CO_2(g) & K_2^\theta \\ \hline C(s) + 0.5O_2(g) \rightleftharpoons CO(g) & K_3^\theta \end{array}$$

$$K_3^\theta = \frac{K_1^\theta}{K_2^\theta} \neq K_1^\theta - K_2^\theta$$

多重平衡原理：两个反应相加(或减)得到第三个反应时，第三个反应的平衡常数等于前两个反应平衡常数的乘积(或商)。

3.2.2 有关平衡常数的计算

1. 平衡转化率与平衡常数的相互换算

(1) 由平衡转化率求平衡常数。

【例题 3.5】某温度下，在密闭容器中进行反应：$2SO_2(g) + O_2(g) \rightleftharpoons 2SO_3(g)$，已知 SO_2 与 O_2 的起始浓度分别为 0.4 mol·L^{-1} 和 1.0 mol·L^{-1}，当有 80% 的 SO_2 转化为 SO_3 时，反应即达到平衡，求此反应在该温度下的平衡常数。

解： $\qquad\qquad 2SO_2(g) \quad + \quad O_2(g) \quad \rightleftharpoons \quad 2SO_3(g)$

起始浓度/(mol·L^{-1})： 0.4 $\qquad\qquad$ 1.0 $\qquad\qquad$ 0

平衡浓度/(mol·L^{-1})： $0.4-0.4×0.8$ $1.0-\frac{1}{2}×0.4×0.8$ $0.4×0.8$

$\qquad\qquad\qquad\qquad =0.08 \qquad\qquad =0.84 \qquad\qquad\qquad =0.32$

$$K_c = \frac{[SO_3]^2}{[O_2][SO_2]^2} = \frac{0.32^2}{0.08^2 × 0.84}(mol·L^{-1})^{-1} = 19.0(mol·L^{-1})^{-1}$$

【例题 3.6】PCl_5 受热分解为 PCl_3 和 Cl_2 的方程式为：$PCl_5(g) \rightleftharpoons PCl_3(g) + Cl_2(g)$，将 2.502 g PCl_5 装入容量为 1 L 的容器中，在 298 K 达平衡时，PCl_5 的平衡转化率 α_{PCl_5} 为 81.67%，求平衡时的总压力和 K_p 各为多少？

解：$\qquad\qquad\qquad PCl_5(g) \rightleftharpoons PCl_3(g) + Cl_2(g)$

初始 n/mol： $\quad\frac{2.502}{208.5}=0.012 \qquad\qquad 0 \qquad\qquad\qquad 0$

平衡 n/mol： $\quad 0.012(1-0.8167) \quad 0.012×0.8167 \quad 0.012×0.8167$

$\qquad\qquad\qquad =0.0022 \qquad\qquad =0.0098 \qquad\qquad =0.0098$

$$n_{总} = (0.0022 + 2×0.0098)\,mol = 0.0218\,mol$$

$$p_{总} = \frac{n_{总}RT}{V_{总}} = \frac{0.0218 × 0.082 × 298}{1}\,atm$$

$$= 0.53\,atm$$

$$K_p = \frac{p_{PCl_3} \cdot p_{Cl_2}}{p_{PCl_5}} = \frac{\left(\frac{0.0098}{0.0218}\right)^2 p_{总}^2}{\frac{0.0022}{0.0218} \cdot p_{总}}$$

$$= \frac{0.0098^2 × 0.53}{0.0022 × 0.0218}\,atm = 1.06\,atm$$

(2) 由平衡常数求平衡转化率。

【例题 3.7】已知某温度下，$2NO_2(g) \rightleftharpoons N_2O_4(g)$ 的平衡常数 $K_c = 0.5\,(mol/L)^{-1}$，若 NO_2 的初始浓度为 2 mol·L^{-1}，求该反应达到平衡状态时，NO_2 的平衡转化率 α_{NO_2} 是多少？

解：设平衡时 N_2O_4 的浓度为 x mol·L^{-1}

$\qquad\qquad\qquad\qquad 2NO_2(g) \rightleftharpoons N_2O_4(g)$

起始浓度/(mol·L^{-1})：$\quad 2.0 \qquad\qquad\qquad 0$

平衡浓度/(mol·L^{-1})：$\quad 2.0-2x \qquad\qquad x$

$$K_c = \frac{[N_2O_4]}{[NO_2]^2} = \frac{x}{(2.0-2x)^2} = 0.5$$

$$x = 0.5\,mol·L^{-1}$$

$$\alpha_{NO_2} = \frac{2x}{2.0} × 100\% = \frac{2×0.5}{2.0} × 100\% = 50.0\%$$

【例题 3.8】523 K 时，将等摩尔的三氯化磷与氯气装入容量为 5.00 L 的容器中，化学反应方程式为：$PCl_3(g) + Cl_2(g) \rightleftharpoons PCl_5(g)$，达到平衡时，五氯化磷的分压力为 100 kPa，平衡常数 $K^\theta = 0.540$，求三氯化磷的平衡转化率 α_{PCl_3}。

解：由于 $PCl_3(g) + Cl_2(g) \rightleftharpoons PCl_5(g)$，设平衡时 $p_{Cl_2} = p_{PCl_3} = x$，则有

$$K^\theta = \frac{\dfrac{p_{PCl_5}}{p^\theta}}{\left(\dfrac{x}{p^\theta}\right)^2}$$

$$0.540 = \frac{\dfrac{100}{101.3}}{\left(\dfrac{x}{101.3}\right)^2}$$

$$x = 137 \text{ kPa}$$

平衡时 $n_{PCl_3} = n_{Cl_2} = \dfrac{pV}{RT} = \dfrac{137 \times 5.00}{8.314 \times 523} \text{ mol} = 0.157 \text{ mol}$

$n_{PCl_5} = \dfrac{pV}{RT} = \dfrac{100 \times 5.00}{8.314 \times 523} \text{ mol} = 0.115 \text{ mol}$

开始时 $n_{PCl_3} = (0.157 + 0.115) \text{ mol} = 0.272 \text{ mol}$

则 $\alpha_{PCl_3} = \dfrac{0.115}{0.272} \times 100\% = 42.3\%$

【例题 3.9】 313 K 时，$N_2O_4(g) \rightleftharpoons 2NO_2(g)$ 反应的 $K_P = 0.9$ atm，求该温度下的 K_c；当平衡压力为 506.5 kPa 时，N_2O_4 的平衡转化率 $\alpha_{N_2O_4}$ 为多少？

解：因为 $K_p = K_c(RT)^{\Delta n}$

所以 $K_c = \dfrac{K_p}{(RT)^{\Delta n}} = \dfrac{0.9}{0.082 \times 313} = 0.035$

设平衡时有 x mol N_2O_4 分解，则有

$$N_2O_4(g) \rightleftharpoons 2NO_2(g)$$

初始 n/mol：　　　　　　1　　　　　　0

平衡 n/mol：　　　　　　$1-x$　　　　$2x$

平衡时 $n_总$/mol：　　　$n_总 = 1-x+2x = 1+x$

则

$$K_p = \frac{p_{NO_2}^2}{p_{N_2O_4}} = \frac{\left(\dfrac{2x}{1+x} \times p_总\right)^2}{\dfrac{1-x}{1+x} p_总}$$

$$0.9 = \frac{20x^2}{1-x^2}$$

$$x = 0.2075 \text{ mol}$$

所以 N_2O_4 的平衡转化率 $\alpha_{N_2O_4}$ 为 $= \dfrac{0.2075}{1} \times 100\% = 20.8\%$。

2. 平衡常数与标准摩尔吉布斯自由能变

平衡常数可以表示反应进行的程度，而由 $\Delta_r G_m^\theta$ 可以判断反应的自发性，因此，两者

之间必然存在一定的关系,这一关系称为范特霍夫(van't Hoff)等温式,即

$$\Delta_r G_m = \Delta_r G_m^\theta + RT\ln Q \tag{3.14}$$

当体系处于平衡状态时,$\Delta_r G_m = 0$,$Q = K^\theta$,则有

$$\Delta_r G_m^\theta = -RT\ln K^\theta \tag{3.15}$$

将(3.15)代入(3.14)有:

$$\Delta_r G_m = -RT\ln K^\theta + RT\ln Q = RT\ln \frac{Q}{K^\theta}$$

【例题 3.10】 通过查表求反应 $2SO_2(g) + O_2(g) \rightleftharpoons 2SO_3(g)$ 在 298 K 时的标准平衡常数。

解: 查表得 $\Delta_f G_m^\theta(SO_2, g) = -300.37$ kJ·mol^{-1},$\Delta_f G_m^\theta(SO_3, g) = -370.37$ kJ·mol^{-1}

$$\Delta_r G_m^\theta = \sum n_i \Delta_f G m_i^\theta(生成物) - \sum n_j \Delta_f G m_j^\theta(反应物)$$
$$= 2\times(-370.37) - 2\times(-300.37)$$
$$= -140 \text{ kJ·mol}^{-1}$$

$$\ln K^\theta = -\frac{\Delta_r G_m^\theta}{RT} = -\frac{-140 \times 1\,000}{8.314 \times 298} = 56.5$$

$$K^\theta = 3.4\times 10^{24}$$

3.2.3 化学平衡的移动

化学平衡是一定条件下相对的、暂时的平衡,当条件发生变化时,平衡会被打破,被破坏的平衡会建立起适应新条件的新的平衡。因外界条件的改变,体系由一个平衡状态变到另一个平衡状态的过程称为化学平衡的移动。

1. 浓度对化学平衡移动的影响

当可逆反应达到平衡后,若保持其他条件不变,改变任一反应物或生成物的浓度,都可使正、逆反应速率不再相等,造成化学平衡发生移动。

把可逆反应在任意时刻生成物的浓度方次之积与反应物浓度方次之积的比值,称为反应商或浓度商(各浓度的方次数等于化学反应方程式中各物质的化学计量系数),用符号"Q_c"表示。对任一可逆反应,有

$$aA(g) + bB(g) \rightleftharpoons cC(g) + dD(g)$$

$$Q_c = \frac{[C]^c[D]^d}{[A]^a[B]^b}$$

上式中的各物质浓度表示的是 A、B、C、D 在任意状态下的浓度。反应商与平衡常数的数学表达式相同,但含义不同:反应商表达式中的浓度是各物质任意状态下的浓度,其值不定,且可以是反应进行到任意时刻时的数值;而平衡常数表达式中各物质的浓度指的是平衡状态下的浓度,只要平衡的条件一定,其值不变。

通过比较 Q_c 和 K_c 的相对大小,不但可以判断可逆反应是否已经达到最大反应限度(即平衡状态),还可判断体系处于非平衡状态时,可逆反应进行的方向。基本规则如下:

当 $Q_c = K_c$ 时,体系处于平衡状态(可逆反应达到最大限度);

当 $Q_c < K_c$ 时，体系处于非平衡状态，反应将向正方向进行，直至 $Q_c = K_c$；

当 $Q_c > K_c$ 时，体系处于非平衡状态，反应将向逆方向进行，直至 $Q_c = K_c$。

因此，当其他条件不变时，增加反应物浓度或减少生成物浓度，化学平衡向正方向（向右）移动；增加生成物浓度或减少反应物浓度，化学平衡向逆方向（向左）移动。

2. 压力对化学平衡移动的影响

可逆反应虽有气体参加，但反应前后气体分子总数相等，改变压强，平衡不移动。

对有气体参加且反应前后气体分子数不相等的可逆反应，保持其他条件不变，改变平衡体系的压强，容器的体积发生改变，则气体反应物和生成物的浓度将会发生改变，化学平衡会发生移动。压强对化学平衡移动的影响实质上与浓度对平衡移动的影响相一致，平衡移动的方向取决于反应前后气体分子总数的变化。

通过大量的实验事实得出结论：在其他条件不变的情况下，增大压强，化学平衡向气体分子总数减少的方向移动；减小压强，化学平衡向气体分子总数增加的方向移动。

如向体系中加入惰性气体，若体积不变，系统的总压力增加，但各反应物和生成物的分压不变，$Q_p = K_p$，平衡不移动；若保持总压不变，则系统的体积增大，各反应物和生成物的分压相应减小，则 $Q_p \neq K_p$，则平衡向气体分子数增多的方向移动。

3. 温度对化学平衡移动的影响

在一定温度下，浓度或压力的改变并不引起平衡常数 K 值的改变。温度对化学平衡移动的影响则不然，温度的改变会引起平衡常数的改变，从而使化学平衡发生移动。

由吉布斯（Gibbs）公式和范特霍夫（Van't Hoff）等温式可以导出下列关系式：

$$\ln K^\theta = -\frac{\Delta_r H_m^\theta}{RT} + \frac{\Delta_r S_m^\theta}{R} \tag{3.16}$$

当温度改变时，有

$$\ln \frac{K_2^\theta}{K_1^\theta} = \frac{\Delta_r H_m^\theta}{R} \left(\frac{T_2 - T_1}{T_1 T_2} \right) \tag{3.17}$$

对放热反应来讲，$\Delta_r H_m^\theta < 0$，若 $T_2 > T_1$，则 $K_2^\theta < K_1^\theta$，即平衡常数随温度升高而减小，升高温度化学平衡向逆反应方向移动，即向吸热反应方向移动；对吸热反应来讲，$\Delta_r H_m^\theta > 0$，若 $T_2 > T_1$，则 $K_2^\theta > K_1^\theta$，即平衡常数随温度升高而增大，升高温度化学平衡向正反应方向移动，同样向吸热方向移动。

温度对化学平衡的影响可以归纳为：在其他条件不变的情况下，升高温度，化学平衡向吸热反应方向移动；降低温度，化学平衡向放热反应方向移动。

吕·查德里（Le Chatelier）原理：向一平衡体系施加外力时，平衡将会向着减少此外来影响的方向移动。

4. 催化剂对化学平衡的影响

催化剂只改变反应的活化能 E_a，不改变反应的热效应，不影响平衡常数，即催化剂只能改变平衡到达的时间而不能使化学平衡移动。

5. 化学平衡移动的计算

【例题 3.11】在 763 K 时，反应 $H_2(g) + I_2(g) \rightleftharpoons 2HI(g)$ 的 $K_c = 45.9$。将 H_2 和 I_2 在该温度下按下表初始浓度混合，反应各向哪个方向自发进行？

浓度编号	$c_{H_2}/(mol \cdot L^{-1})$	$c_{I_2}/(mol \cdot L^{-1})$	$c_{HI}/(mol \cdot L^{-1})$
a	0.060	0.400	2.000
b	0.096	0.300	0.800
c	0.086 2	0.263	1.020

解：浓度编号 a 中因为 $Q_c = \dfrac{c_{HI}^2}{c_{H_2} \cdot c_{I_2}} = \dfrac{2.000^2}{0.060 \times 0.400} = 166.7 > K_c$

所以反应自发逆向进行。

浓度编号 b 中因为 $Q_c = \dfrac{c_{HI}^2}{c_{H_2} \cdot c_{I_2}} = \dfrac{0.800^2}{0.096 \times 0.300} = 8.68 < K_c$

所以反应自发正向进行。

浓度编号 c 中因为 $Q_c = \dfrac{c_{HI}^2}{c_{H_2} \cdot c_{I_2}} = \dfrac{1.020^2}{0.086\ 2 \times 0.263} = 45.9 = K_c$

所以反应达成平衡状态。

【例题 3.12】 对于反应 $CO(g) + H_2O(g) \rightleftharpoons CO_2(g) + H_2(g)$，已知在 308 K 时，$K_c = 1.0$，求：

(1) 将 0.30 mol CO、0.30 mol H_2O、0.10 mol H_2 和 0.10 mol CO_2 装入 1 L 的密闭容器中，使之在该温度下反应，判断反应进行的方向和达到平衡时 CO 的平衡转化率 α_{CO}；

(2) 在上述(1)的平衡体系中保持其他条件不变，使水蒸气的浓度增大到 0.30 mol·L^{-1}，达到平衡时 CO 的总转化率 α'。

解：(1) 因为 $Q_c = \dfrac{c_{H_2} \cdot c_{CO_2}}{c_{H_2O} \cdot c_{CO}} = \dfrac{0.10^2}{0.30^2} = 0.11 < K_c = 1.0$

所以 反应正向进行。

设平衡时 CO 反应了 x mol·L^{-1}，则有

$$\begin{array}{cccc} & CO(g) + & H_2O(g) \rightleftharpoons & CO_2(g) + & H_2(g) \end{array}$$

起始浓度/(mol·L^{-1})：　　0.30　　　0.30　　　0.10　　　0.10

平衡浓度/(mol·L^{-1})：　0.30−x　　0.30−x　　0.10+x　　0.10+x

$$K_c = \dfrac{[H_2][CO_2]}{[CO][H_2O]}$$

$$1.0 = \dfrac{(0.10+x)^2}{(0.30-x)^2}$$

$$x = 0.10 \text{ mol} \cdot L^{-1}$$

$$\alpha_{CO} = \dfrac{x}{0.30} \times 100\% = \dfrac{0.10}{0.30} \times 100\% = 33.33\%$$

(2) 设加入水蒸气到达平衡状态时 CO 反应了 y mol·L^{-1}，则有

$$\begin{array}{cccc} & CO(g) + & H_2O(g) \rightleftharpoons & CO_2(g) + & H_2(g) \end{array}$$

起始浓度/(mol·L^{-1})：　　0.20　　　0.30　　　0.20　　　0.20

平衡浓度/(mol·L^{-1})：　0.20−y　　0.30−y　　0.20+y　　0.20+y

$$K_c = \frac{[H_2][CO_2]}{[CO][H_2O]}$$

$$1.0 = \frac{(0.20+y)^2}{(0.20-y)(0.30-y)}$$

$$y = 0.022 \text{ mol} \cdot L^{-1}$$

$$\alpha'_{CO} = \frac{x+y}{0.30} \times 100\% = \frac{0.10+0.022}{0.30} \times 100\% = 40.67\%$$

【例题 3.13】 已知反应 $C_6H_5C_2H_5(g) \rightleftharpoons C_6H_5—CH=CH_2(g) + H_2(g)$ 在 873 K 时，$K^\theta = 0.178$，当总压力为 101.3 kPa 时，将乙苯与水蒸气（不参加反应）按分子数 1∶9 混合，求乙苯的平衡转化率 $\alpha_{C_6H_5C_2H_5}$。

解：　　　　　$C_6H_5C_2H_5(g) \rightleftharpoons C_6H_5—CH=CH_2(g) + H_2(g) \quad H_2O(g)$

初始 n/mol：　　　　1　　　　　　　　　0　　　　　　　0　　　　9

平衡 n/mol：　　　$1-x$　　　　　　　　x　　　　　　x　　　　9

$$n_{总} = 1 - x + 2x + 9 = 10 + x$$

$$K_p = \frac{p_{氢气} \, p_{苯乙烯}}{p_{乙苯}} = \frac{\left(\dfrac{x}{10+x} \cdot p_{总}\right)^2}{\dfrac{1-x}{10+x} \cdot p_{总}} = \frac{x^2}{(10+x)(1-x)} p_{总}$$

$$0.178 = \frac{x^2}{(10+x)(1-x)} \times 1$$

解得　　　$x = 0.725$ mol

$$\alpha_{C_6H_5C_2H_5} = \frac{0.725}{1} \times 100\% = 72.5\%$$

在总压力一定时，向体系中加入不参加反应的气体，相当于降低气体反应物的分压，平衡向气体分子总数增多的方向移动，对于上述乙苯的分解反应，加入水蒸气能使乙苯有较大的平衡转化率。

习　题

3.1　实际反应中有没有零级反应和一级反应？如果有，怎样用有效碰撞理论给予解释？

3.2　当温度不同而反应物起始浓度相同时，同一个反应的起始速率是否相同？速率常数是否相同？反应级数是否相同？活化能是否相同？

3.3　当温度相同而反应物起始浓度不同时，同一个反应的起始速率是否相同？速率常数是否相同？反应级数是否相同？活化能是否相同？

3.4　在某温度时，反应 $2NO + 2H_2 \rightleftharpoons N_2 + 2H_2O$ 的机理为

$$NO + NO \rightleftharpoons N_2O_2 \quad \text{（快反应）}$$

$$N_2O_2 + H_2 \rightleftharpoons N_2O + H_2O \quad \text{（慢反应）}$$

$$N_2O + H_2 \Longrightarrow N_2 + H_2O \quad (快反应)$$

试确定总反应速率方程式。

3.5 假设基元反应 A $\Longrightarrow$ 2B 正反应的活化能为 $E_{a(+)}$，逆反应的活化能为 $E_{a(-)}$。问：

(1) 加入催化剂后正、逆反应的活化能如何变化？

(2) 如果加入的催化剂不同，活化能的变化是否相同？

(3) 改变反应物的初始浓度，正、逆反应的活化能如何变化？

(4) 升高反应温度，正、逆反应的活化能如何变化？

3.6 判断下列叙述是否正确。

(1) 反应级数就是反应分子数。

(2) 含有多步基元反应的复杂反应，实际进行时各基元反应的表观速率相等。

(3) 活化能大的反应一定比活化能小的反应速率慢。

(4) 速率常数大的反应一定比速率常数小的反应快。

(5) 催化剂只是改变了反应的活化能，本身并不参加反应，因此其质量和性质在反应前后保持不变。

3.7 某化合物 M 在一种酶的催化下进行分解反应，实验数据如下表：

t/min	0	2	6	10	14	18
[M]/(mol·L^{-1})	1.0	0.9	0.7	0.5	0.3	0.1

试判断在实验条件下 M 分解反应的反应级数。

3.8 反应 $H_2PO_2^- + OH^- \Longrightarrow HPO_3^{2-} + H_2$ 在 373 K 时的有关实验数据如下表：

初始浓度		$-\dfrac{d[H_2PO_2^-]}{dt}$/(mol·L^{-1}·min^{-1})
[H$_2$PO$_2^-$]/(mol·L^{-1})	[OH$^-$]/(mol·L^{-1})	
0.10	1.00	3.20×10^{-5}
0.50	1.00	1.60×10^{-4}
0.50	4.00	2.56×10^{-3}

求：(1) 该反应的反应级数与反应速率方程式；(2) 反应温度下的速率常数。

3.9 反应 A+B $\Longrightarrow$ D 在一定温度下测得有关实验数据如下表：

初始浓度		生成 D 的初始速率/(mol·L^{-1}·min^{-1})
[A]/(mol·L^{-1})	[B]/(mol·L^{-1})	
0.10	0.10	3.00×10^{-3}
0.10	0.20	6.00×10^{-3}
0.20	0.10	8.48×10^{-3}

求：(1) 该反应的反应级数与反应速率方程式；(2) 反应温度下的速率常数。

3.10 实验测得反应 $S_2O_8^{2-}+3I^- \rightleftharpoons 2SO_4^{2-}+I_3^-$ 在不同温度下的速率常数如下表：

T/K	273	283	293	303
$k/(mol^{-1} \cdot L \cdot s^{-1})$	$8.2×10^{-4}$	$2.0×10^{-3}$	$4.1×10^{-3}$	$8.3×10^{-3}$

求：(1)此反应的活化能(用作图法)；(2)300 K 时反应的速率常数。

3.11 已知反应 $CH_3CHO(g) \rightleftharpoons CH_4(g) + CO(g)$ 的活化能 $E_a = 188.3\ kJ \cdot mol^{-1}$，当以碘蒸气为催化剂时，反应的活化能变为 $E_a' = 138.1\ kJ \cdot mol^{-1}$。试计算 800 K 时，加入碘蒸气作催化剂后，反应速率增大为原来的多少倍。

3.12 回答下列问题：
(1)一反应体系中，各组分的平衡浓度是否随时间变化？是否随反应物起始浓度变化？是否随温度变化？
(2)有气相和固相参加的反应，平衡常数是否与固相的存在量有关？
(3)有气相和溶液参加的反应，平衡常数是否与溶液中各组分的量有关？
(4)有气、液、固三相参加的反应，平衡常数是否与气相的压力有关？
(5)经验平衡常数与标准平衡常数有何区别和联系？
(6)在 $K_p = K_c(RT)^{\Delta n}$ 中，R 的取值和量纲如何？
(7)平衡常数改变后，平衡位置是否移动？平衡位置移动后，平衡常数是否改变？

3.13 $CuSO_4 \cdot 5H_2O$ 的风化若用反应式 $CuSO_4 \cdot 5H_2O(s) \rightleftharpoons CuSO_4(s) + 5H_2O(g)$ 表示。
(1)试求298K 时反应的 $\Delta_r G_m^\theta$ 及 K^θ；
(2)298K 时，若空气的相对湿度为 60%，$CuSO_4 \cdot 5H_2O$ 能否风化？

3.14 373 K 时，光气分解反应 $COCl_2(g) \rightleftharpoons CO(g) + Cl_2(g)$ 的平衡常数 $K^\theta = 8.0×10^{-9}$，$\Delta_r H_m^\theta = 104.6\ kJ \cdot mol^{-1}$，求：
(1)反应在总压为 202.6 KPa 达平衡时 $COCl_2$ 的分解率。
(2)反应的 $\Delta_r S_m^\theta$。

3.15 一容器中加入 1.0 L 的气体 PCl_5，在一定温度和压力下，反应 $PCl_5(g) \rightleftharpoons PCl_3(g) + Cl_2(g)$ 达到平衡时，有 50% 的 PCl_5 离解为 PCl_3 和 Cl_2。试判断在下列不同条件下，PCl_5 的解离度变化情况：
(1)减小压强使体系体积增大 1 倍；
(2)保持容器体积不变，加入 N_2 使体系总压强增大 1 倍；
(3)保持体系总压强不变，加入 N_2 使容器体积增大 1 倍；
(4)保持体系总压强不变，加入 Cl_2 使体系体积增大 1 倍；
(5)保持容器体积不变，加入 Cl_2 使体系总压强增大 1 倍。

3.16 对于反应 $PCl_5(g) \rightleftharpoons PCl_3(g) + Cl_2(g)$，把 0.04 mol PCl_5 和 0.2 mol Cl_2 放在密闭容器中加热，在 250℃ 下达到平衡时，总压力为 200 kPa，PCl_5 的平衡转化率为 51%，

求 $K^{\ominus}$。

3.17 一氧化碳和水蒸气的混合物放在密闭容器中加热至高温，建立下列平衡：$CO(g) + H_2O(g) \rightleftharpoons CO_2(g) + H_2(g)$，当温度为476℃时，$K_c = 2.6$，若需90% CO 转变为 CO_2，问 CO 和 H_2O 应按怎样的摩尔比(物质的量的比)相混合？

3.18 某温度下，反应 $PCl_5(g) \rightleftharpoons PCl_3(g) + Cl_2(g)$ 的平衡常数 $K^{\ominus} = 2.25$，把一定量的 $PCl_5(g)$ 引入一真空瓶中，当达到平衡后 $PCl_3(g)$ 的分压力是 2.533×10^4 Pa，求平衡时 $PCl_5(g)$ 的转化率。

3.19 在 323 K，101.3 kPa 时，反应 $N_2O_4(g) \rightleftharpoons 2NO_2(g)$ 中 $N_2O_4(g)$ 的平衡转化率为 50.0%。问当温度保持不变，压力变为 1 013 kPa 时，$N_2O_4(g)$ 的平衡转化率变为多少？

3.20 在 497℃，100 kPa 下，某一密闭容器中反应 $2NO_2(g) \rightleftharpoons 2NO(g) + O_2(g)$ 达到平衡时，有 56% 的 NO_2 转化为 NO 和 O_2，求 $K^{\ominus}$。若 NO_2 的平衡转化率增加到 80%，则平衡时的压力为多少？

第4章 电解质溶液

很多物质在熔融状态或水溶液中能电离出正(阳)离子和负(阴)离子,我们称这样的物质为电解质。本章将利用前面学过的化学平衡及化学平衡移动的原理来讨论电解质在水溶液中的平衡及平衡移动问题。

4.1 电解质溶液的基本概念和理论

4.1.1 电解质溶液的基本概念

1. 电解质与非电解质

有些物质,如我们熟悉的氯化钠、氢氧化钠、氯化氢等,在熔融状态或水溶液中能电离出正(阳)离子和负(阴)离子,我们把这种化合物称为电解质。从结构上看,电解质通常都是离子化合物或极性较强的共价化合物。在熔融状态或水溶液中不能电离出正(阳)离子和负(阴)离子的化合物称为非电解质,如我们熟知的糖、乙醇等。从结构上看,非电解质都是非极性或极性很弱的共价化合物。

2. 强电解质与弱电解质

根据电解质电离程度的强弱,电解质可分为强电解质和弱电解质。

在水溶液中或熔融状态下能完全电离的电解质称为强电解质,在水溶液中或熔融状态下仅能部分电离的电解质称为弱电解质。强酸、强碱及大多数盐类均是强电解质,弱酸、弱碱等都是弱电解质。为了更好地描述电解质的电离程度,引入电离度(α)的概念,即

$$\alpha = \frac{\text{已电离的电解质分子数}}{\text{电解质分子总数}(C)} \times 100\% \tag{4.1}$$

强电解质在水溶液中几乎完全电离,以离子状态存在,其电离度应为100%,但导电实验测得的电离度都小于100%,我们把这个测得值称为表观电离度(表4.1列出了浓度为 0.1 mol·L^{-1} 的部分强电解质溶液在298 K时的表观电离度)。由于异性电荷之间的相吸和同性电荷之间的相斥,在阳离子的周围,阴离子多一些,而在阴离子周围,阳离子多一

些，即会形成离子氛(见图4.1)。由于离子氛的存在，离子运动受到牵制，这种相互牵制作用越强，溶液的导电能力相应地就越弱，所测得的表观电离度数值与100%相差越大。对某一电解质的溶液，如果溶质浓度越小，溶液中离子数目相应地减少，离子间的相互牵制作用也随之减小，则表观电离度也随之增大(表4.2列出了不同浓度的KCl溶液在298K时的表观电离度)。表观电离度并不能反映强电解质在溶液中的实际电离情况，只是说明强电解质溶液中离子间的相互牵制作用的强弱。但在一般的计算问题中，可将所有的离子看成是完全自由的。

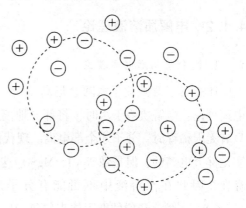

图 4.1 离子氛示意图

表 4.1 浓度为 0.1 mol·L^{-1} 的部分强电解质溶液在 298 K 时的表观电离度

电解质	KCl	NaOH	HCl	HNO$_3$	Ba(OH)$_2$	ZnSO$_4$
表观电离/%	86	91	92	92	81	40

表 4.2 不同浓度的 KCl 溶液在 298 K 时的表观电离度

浓度/(mol·L^{-1})	0.200 0	0.100 0	0.020 0	0.010 0	0.001 0	0.000 1
表观电离/%	83.1	86.2	92.3	94.2	98	99.2

弱电解质在水溶液中只有一部分分子能够电离成离子，大部分仍以分子状态存在。由于溶液中离子数目很少，因而导电能力很弱。表4.3列出了浓度为 0.1 mol·L^{-1} 的部分弱电解质溶液在 298 K 时的电离度。

表 4.3 浓度为 0.1 mol·L^{-1} 的部分弱电解质溶液在 298 K 时的电离度

电解质	HF	CH$_3$COOH	H$_2$CO$_3$	H$_2$S	HCN	NH$_3$·H$_2$O
电离度/%	8.5	1.33	0.20	0.07	0.01	1.33

应当指出，强电解质与弱电解质之间并没有绝对严格的界限，以上电解质的分类是以水作为溶剂的，如溶剂不同，则分类的情况就可能不同。在不同的条件下，电解质的强弱通常会发生变化。例如，CH$_3$COOH 在水溶液中是弱酸，但以液氨作溶剂时，则表现为强酸，因此不能把电解质的分类看成是绝对一成不变的。

4.1.2 电解质溶液理论

1. 阿仑尼乌斯电离理论

1887年，瑞典化学家阿仑尼乌斯(S. Arrhenius)根据一些实验数据，提出了电解质的电离理论：电解质溶于水时，将部分地离解成正、负离子，溶液浓度越大，电离度越小，只有无限稀释时，分子才全部电离。现代测试证明，像 CH_3COOH 这类电解质，在水中确实是部分电离的，但是像 $NaCl$、$MgSO_4$ 这样的盐类，它们的晶体本身就以离子堆积的方式存在，因此在水溶液中不可能有分子形式存在。为此，1923年荷兰物理学家德拜(D. J. W. Debye)和他的助手休克尔(E. Hückel)提出了德拜-休克尔离子互吸理论。

2. 德拜-休克尔离子互吸理论

德拜、休克尔认为：无论在熔融状态还是在水溶液中，强电解质的电离度都是100%。且由于正、负离子间的相互作用，在一个离子周围总是聚集着一些带相反电荷的离子形成了所谓的离子氛。由于离子与离子氛之间相互作用，使离子不能100%发挥作用，因此发挥作用的离子数少于完全解离时离子的数目。显然，离子的浓度越大，离子所带电荷越多，离子与它的离子氛之间的作用就越强。

3. 活度和活度系数

1907年，路易斯(Lewis)提出了活度的概念：电解质溶液中能有效地自由运动的离子的浓度称为有效浓度，也称为活度 a，表示为

$$a = c \cdot f \tag{4.2}$$

式中：c 为离子的实际浓度；f 为活度系数，f 与离子的浓度和离子所带的电荷有关。

将这两个因素综合考虑，人们引入了一个新的物理量离子强度 I，表示为

$$I = \frac{1}{2} \sum_{i=1}^{n} (c_i Z_i^2) \tag{4.3}$$

式中：c_i 表示第 i 种离子的浓度，Z_i 表示第 i 种离子的电荷。

溶液中离子浓度越大，离子间相互牵制程度越大，f 的数值越小。此外，离子的电荷数越高，所在溶液的离子强度越大，离子间的相互作用力越大，则 f 的数值越小。在弱电解质及难溶强电解质溶液中，由于离子浓度很小，离子间相互作用较弱，活度系数 f 接近1，离子活度与浓度几乎相等，故在近似计算中用离子浓度代替活度，不会引起大的误差。本书都采用离子浓度进行有关计算。

4.2 酸碱电离平衡

4.2.1 水的电离和溶液的酸碱度

1. 水的电离

纯水有微弱的导电能力,这说明水分子能够电离,即

$$H_2O + H_2O \rightleftharpoons H_3O^+ + OH^-$$

实验测得,在 298 K 时,纯水中 $[H_3O^+] = [OH^-] = 1.00 \times 10^{-7}$ mol·L^{-1}。

根据化学平衡原理可得:$K = \dfrac{[H_3O^+][OH^-]}{[H_2O]^2}$,因 298 K 时,纯水的浓度可视为定值(55.4 mol·L^{-1}),则有

$$K[H_2O]^2 = [H_3O^+][OH^-] = (1.00 \times 10^{-7})^2 = 1.00 \times 10^{-14}$$

$$K_w^\theta = K[H_2O]^2 = 1.00 \times 10^{-14}$$

式中:K_w^θ 称为水的离子积常数,简称为水的离子积。

注意:

(1) 只有温度在 293~298 K 之间时,才有 $K_w^\theta = 1.00 \times 10^{-14}$,随温度升高,$K_w^\theta$ 数值逐渐增大(见表 4.4);

(2) 只有在纯水或中性水溶液中,$[H_3O^+] = [OH^-] = 1.00 \times 10^{-7}$ mol·L^{-1};

(3) 一般情况下都用$[H^+]$代替$[H_3O^+]$,但水溶液中绝不存在裸露的质子。

表 4.4 水的离子积随温度的变化

T/K	273	283	291	295	298	313	333
$K_w^\theta \times 10^{14}$	0.13	0.36	0.74	1.00	1.27	3.80	12.6

2. 溶液的酸碱度标度

溶液的酸碱度用 pH 来标度,即

$$pH = -\lg[H^+] \tag{4.4}$$

293~298 K 时,对溶液酸碱性的具体判别如下:

(1) $[H^+] = [OH^-]$,pH = pOH,pH = 7,溶液为中性;

(2) $[H^+] > [OH^-]$,pH < pOH,pH < 7,溶液为酸性;

(3) $[H^+] < [OH^-]$,pH > pOH,pH > 7,溶液为碱性。

其中,pOH = $-\lg[OH^-]$。

3. 酸碱指示剂

酸碱指示剂本身也是弱酸或弱碱,在酸碱性不同的水溶液中其主要存在形式不同,从而显示出不同的颜色。例如,一酸性指示剂在水溶液中存在如下平衡:

$$HIn \rightleftharpoons H^+ + In^-$$

$$K = \frac{[In^-][H^+]}{[HIn]}, \quad \frac{K}{[H^+]} = \frac{[In^-]}{[HIn]}$$

其中，指示剂分子 HIn 和酸根阴离子 In^- 的颜色截然不同，随着溶液酸碱度(pH)的改变，两者浓度比值随之改变，溶液的颜色也随之改变。一般情况为：

(1) $[In^-]:[HIn] \geq 10$ 时，溶液呈现 In^- 的颜色；

(2) $[HIn]:[In^-] \geq 10$ 时，溶液呈现 HIn 的颜色。

由此定义了指示剂的有效变色范围为 $pH = pK_a^\theta \pm 1$。但由于人的眼睛对不同颜色的敏感度不同，因此不同的指示剂的实际有效指示范围略有不同。例如，甲基橙的 $pK_a^\theta = 3.4$，理论变色范围为 $pH = 2.4 \sim 4.4$，但甲基橙的实际变色范围为 $pH = 3.1 \sim 4.4$，原因是低 pH 时，甲基橙显红色，高 pH 时，甲基橙显黄色，而人的眼睛对红色比对黄色更敏感。常用的指示剂变色范围如表 4.5 所示。

表 4.5 常用的指示剂的变色范围

指示剂	颜色			pK_{HIn}^θ	变色范围(291K) pH
	酸性色	过渡	碱性色		
甲基橙(弱碱)	红	橙	黄	3.4	3.1~4.4
甲基红(弱酸)	红	橙	黄	5.0	4.4~6.2
溴百里酚蓝(弱酸)	黄	绿	蓝	7.3	6.0~7.6
百里酚蓝(二元弱酸)	红(H_2In)	橙	黄(HIn^-)	1.65($pK_{H_2In}^\theta$)	1.2~2.8
	黄(HIn^-)	绿	蓝(In^{2-})	9.20($pK_{H_2In^-}^\theta$)	8.0~9.6
酚酞(弱酸)	无色	粉红	红	9.1	8.2~10.0

4.2.2 弱酸、弱碱的电离平衡

弱酸、弱碱属于弱电解质，它们在水溶液中电离不完全，且电离过程是可逆的。在溶液中存在着已电离的离子与未电离的分子之间的动态平衡，这类平衡称为弱电解质的电离平衡。

1. 一元弱酸、弱碱的电离平衡

下面以 CH_3COOH 和 $NH_3 \cdot H_2O$ 的电离为例说明弱电解质的电离。

在水溶液中存在下列电离平衡：

$$CH_3COOH \rightleftharpoons H^+ + CH_3COO^- \quad K_a = \frac{[H^+][CH_3COO^-]}{[CH_3COOH]} \quad (4.5)$$

$$NH_3 \cdot H_2O \rightleftharpoons NH_4^+ + OH^- \quad K_b = \frac{[OH^-][NH_4^+]}{[NH_3 \cdot H_2O]} \quad (4.6)$$

K_a^θ，K_b^θ 的数值只决定于酸碱本身和温度，与浓度无关。一般来讲，温度升高 K_a^θ 和 K_b^θ

的数值增大。人们习惯上根据常温下 $K_a^\theta(K_b^\theta)$ 的数值大小将酸(碱)分成3种情况：

(1) $K_a^\theta(K_b^\theta) \approx 10^{-2}$，中强酸(碱)；

(2) $K_a^\theta(K_b^\theta) = 10^{-3} \sim 10^{-7}$，弱酸(碱)；

(3) $K_a^\theta(K_b^\theta) < 10^{-7}$，极弱酸(碱)。

2. 电离平衡常数与电离度的关系

下面以一元弱酸为例来说明电离平衡常数与电离度的关系。

CH_3COOH 的电离平衡为：$CH_3COOH \rightleftharpoons H^+ + CH_3COO^-$

在水溶液中同时还存在 H_2O 的电离平衡：$H_2O \rightleftharpoons H^+ + OH^-$

H^+ 来源于 CH_3COOH 的电离和 H_2O 的电离，但 CH_3COOH 的 $K_a \gg K_w$，且 CH_3COOH 的浓度不是很小时，则可忽略 H_2O 的电离，只考虑酸的电离。

设一元弱酸 CH_3COOH 的起始浓度为 c，平衡时的电离度为 α，则

$$CH_3COOH \rightleftharpoons H^+ + CH_3COO^-$$

平衡浓度： $\quad\quad\quad\quad c(1-\alpha) \quad\quad c\alpha \quad\quad c\alpha$

$$K_a^\theta = \frac{(c\alpha)^2}{c(1-\alpha)} = \frac{c\alpha^2}{1-\alpha}$$

当 $\alpha \leq 5\% \left(\dfrac{c}{K^\theta} \geq 400\right)$ 时，可认为 $1-\alpha \approx 1$，则 $K_a = c\alpha^2$。

$$\alpha = \sqrt{\frac{K_a^\theta}{c}} \tag{4.7}$$

由上式可看出，溶液的电离度与其浓度的平方根成反比，即浓度越稀，电离度越大，这就是稀释定律。

α 和 $K_a(K_b)$ 都能反映弱酸、弱碱电离能力的大小，但是 $K_a(K_b)$ 是平衡常数的一种形式，不随浓度的变化而变化，而电离度随浓度的变化而变化。因此，电离平衡常数的应用比电离度更加广泛。

当 $\alpha \leq 5\% \left(\dfrac{c}{K^\theta} \geq 400\right)$ 时，可以用近似计算公式，即

$$[H^+] = \sqrt{K_a^\theta \cdot c}, \quad [OH^-] = \sqrt{K_b^\theta \cdot c}$$

当酸极弱($K_a^\theta < 10^{-10}$)或浓度极稀(浓度低于 1.0×10^{-7} mol·L^{-3})时，虽然 $\dfrac{c}{K_a^\theta} \geq 400$，还应考虑水的电离，否则会得到与事实不符的结论，可用 $cK_a^\theta \geq 24K_w^\theta$ 作为判断依据。

若 $cK_a^\theta < 24K_w^\theta$，则应用

$$[H^+] = \sqrt{K_a^\theta \cdot c + K_w^\theta}$$

【例题 4.1】求下列浓度的 CH_3COOH 溶液的 pH 和电离度(已知 CH_3COOH 的 $K_a^\theta = 1.75 \times 10^{-5}$)。

(1) 0.10 mol·L^{-1}； (2) 1.00×10^{-3} mol·L^{-1}。

解：(1) 因 $\dfrac{c}{K_a^\theta} = \dfrac{0.10}{1.75 \times 10^{-5}} = 5.70 \times 10^3 > 400$，故可采用近似计算，即

$$[H^+] = \sqrt{K_a^\theta \cdot c} = \sqrt{1.75 \times 10^{-5} \times 0.10} = 1.32 \times 10^{-3} \text{ mol} \cdot L^{-1}$$

$$pH = -\lg[H^+] = -\lg(1.32 \times 10^{-3}) = 2.88$$

$$\alpha = \dfrac{[H^+]}{c} = \dfrac{1.32 \times 10^{-3}}{0.10} \times 100\% = 1.32\%$$

(2) 因 $\dfrac{c}{K_a^\theta} = \dfrac{1 \times 10^{-3}}{1.75 \times 10^{-5}} = 57.1 < 400$，故不能近似计算。

设平衡时：$[H^+] = x$ mol·L^{-1}

$$\text{CH}_3\text{COOH} \rightleftharpoons H^+ + \text{CH}_3\text{COO}^-$$

平衡浓度/(mol·L^{-1})：$\quad c-x \quad\quad x \quad\quad x$

$$K_a^\theta = \dfrac{x^2}{1.00 \times 10^{-3} - x}$$

用求根公式求得：

$$x = 1.24 \times 10^{-4} \text{ mol} \cdot L^{-1}$$

$$pH = -\lg[H^+] = -\lg(1.24 \times 10^{-4}) = 3.91$$

$$\alpha = \dfrac{[H^+]}{c} = \dfrac{1.24 \times 10^{-4}}{1 \times 10^{-3}} \times 100\% = 12.4\%$$

【例题 4.2】计算 1.00×10^{-5} mol·L^{-1} HCN 溶液的 pH（HCN 的 $K_a^\theta = 6.17 \times 10^{-10}$）。

解：$\dfrac{c}{K_a^\theta} = \dfrac{1.00 \times 10^{-5}}{6.17 \times 10^{-10}} = 1.62 \times 10^4 > 400$，若用近似计算，则

$$[H^+] = \sqrt{c \cdot K_a^\theta} = \sqrt{1.0 \times 10^{-5} \times 6.17 \times 10^{-10}} = 7.90 \times 10^{-8} \text{ mol} \cdot L^{-1}$$

$$pH = -\lg[H^+] = -\lg(7.90 \times 10^{-8}) = 7.10$$

显然 pH = 7.10 的结论是不符合事实的。

因为 $cK_a^\theta = 1.0 \times 10^{-5} \times 6.17 \times 10^{-10} = 6.17 \times 10^{-15} < 24K_w = 2.40 \times 10^{-13}$

所以计算溶液中 $[H^+]$ 时，必须考虑 H_2O 电离出的 H^+，即

$$[H^+] = \sqrt{K_a^\theta \cdot c + K_w^\theta}$$

$$= \sqrt{6.17 \times 10^{-10} \times 1.0 \times 10^{-5} + 1.0 \times 10^{-14}}$$

$$= 1.30 \times 10^{-7}$$

$$pH = -\lg[H^+] = -\lg(1.30 \times 10^{-7}) = 6.89$$

3. 多元弱酸、弱碱的电离平衡

多元弱酸、弱碱在水溶液中是分级电离的，每一步都有相应的电离平衡。以在水溶液中的 H_2S 为例，其电离过程按以下两步进行。

一级电离为：$H_2S \rightleftharpoons H^+ + HS^- \quad K_{a_1}^\theta = \dfrac{[H^+][HS^-]}{[H_2S]} = 1.32 \times 10^{-7}$

二级电离为：$HS^- \rightleftharpoons H^+ + S^{2-}$ $K_{a_2}^\theta = \dfrac{[H^+][S^{2-}]}{[HS^-]} = 7.08 \times 10^{-15}$

$K_{a_1}^\theta \gg K_{a_2}^\theta$ 表明 H_2S 的二级电离远比一级电离困难。因为第一级电离的 H^+ 来自中性分子，而第二级电离的 H^+ 来自带有负电荷的酸根离子，因此 H^+ 要受到负电荷对它的吸引力；此外，一级电离产生的 H^+ 对二级电离产生了同离子效应。由于这两个原因导致多元弱酸的电离平衡常数逐级降低：$K_{a_1}^\theta \gg K_{a_2}^\theta \gg K_{a_3}^\theta$，因此多元弱酸溶液中的 H^+ 主要来自其一级电离，在比较多元弱酸的相对强弱时，只用 $K_{a_1}^\theta$ 进行比较即可。在计算多元弱酸、弱碱溶液中的[H^+]、[OH^-]时，可以将多元弱酸、弱碱当作一元弱酸、弱碱处理，与计算一元弱酸、弱碱的[H^+]、[OH^-]的方法相同。

需要强调的是，多元弱酸的电离虽然是分步进行的，但溶液中的 H^+ 浓度是指总浓度，如 H_2S 溶液中的 H^+ 浓度，应是 H_2S、HS^- 和 H_2O 电离出的 H^+ 浓度之和。因此，多元弱酸的电离平衡，应是几个相关平衡的共同结果，溶液中的 H^+ 必须同时满足各步的电离平衡，这一点对以后讨论多重平衡时非常重要。

【例题 4.3】 291 K 时，饱和 H_2S 水溶液的浓度为 0.10 mol·L^{-1}，计算该溶液中的[H^+]，[HS^-]，[S^{2-}]及 H_2S 的电离度。已知 291 K 时 H_2S 的电离平衡常数为 $K_{a_1}^\theta = 1.32 \times 10^{-7}$，$K_{a_2}^\theta = 7.08 \times 10^{-15}$。

解：(1) 求[H^+]、[HS^-]。

H_2S 的电离平衡为： $H_2S \rightleftharpoons H^+ + HS^-$ $K_{a_1}^\theta = 1.32 \times 10^{-7}$

$HS^- \rightleftharpoons H^+ + S^{2-}$ $K_{a_2}^\theta = 7.08 \times 10^{-15}$

因为 $K_{a_1}^\theta \gg K_{a_2}^\theta$，[$H^+$]的计算可忽略 H_2S 的二级电离，只考虑一级电离，当作一元弱酸处理。

设平衡时[H^+]和[HS^-]均为 x mol·L^{-1}，则有

$H_2S \rightleftharpoons H^+ + HS^-$

平衡浓度/(mol·L^{-1})： $0.10-x$ x x

因为 $\dfrac{c}{K_{a_1}^\theta} = \dfrac{0.10}{1.32 \times 10^{-7}} > 400$

所以 $[H^+] \approx [HS^-] = x = \sqrt{K_{a_1}^\theta \times 0.10} = \sqrt{1.32 \times 10^{-7} \times 0.10}$ mol·L^{-1} = 1.15×10^{-4} mol·L^{-1}

(2) 求[S^{2-}]。

S^{2-} 是 H_2S 的二级电离生成物，则有

$HS^- \rightleftharpoons H^+ + S^{2-}$

$$K_{a_2}^\theta = \dfrac{[S^{2-}][H^+]}{[HS^-]}$$

$[S^{2-}] \approx K_{a_2}^\theta = 7.08 \times 10^{-15}$ mol·L^{-1}

$$\alpha = \dfrac{[HS^-]+[S^{2-}]}{0.10} \times 100\% \approx \dfrac{[HS^-]}{0.10} \times 100\% = \dfrac{1.15 \times 10^{-4}}{0.10} \times 100\% = 0.115\%$$

由上面的计算过程,可知:
① 当二元弱酸的 $K_{a_1}^\theta \gg K_{a_2}^\theta$ 时,求[H^+]可当作一元弱酸处理;
② 二元弱酸溶液中,酸根离子浓度近似等于 $K_{a_2}^\theta$,与酸的起始浓度关系不大;
③ 由于二元弱酸的酸根离子浓度极低,当需要大量酸根时,应用其盐而不用其酸。

根据多重平衡原则

$$H_2S \rightleftharpoons H^+ + HS^- \quad K_{a_1}^\theta = 1.32 \times 10^{-7}$$
$$HS^- \rightleftharpoons H^+ + S^{2-} \quad K_{a_2}^\theta = 7.08 \times 10^{-15}$$

将两式相加有

$$H_2S \rightleftharpoons 2H^+ + S^{2-} \quad K_{a_1}^\theta \cdot K_{a_2}^\theta = \frac{[H^+]^2[S^{2-}]}{[H_2S]}$$

由此可见,总的电离平衡常数关系式仅表示当 H_2S 电离达到平衡时,[H^+],[S^{2-}],[H_2S]三者浓度间的关系,而不是说 H_2S 的电离是按 $H_2S \rightleftharpoons 2H^+ + S^{2-}$ 的方式进行的。因此,调节 H^+ 浓度,可以控制 S^{2-} 浓度。

4. 影响弱酸、弱碱电离平衡的因素

1) 温度的影响

随着温度的升高,质点的运动速率加快,酸碱分子更易解离成离子,因此温度升高,酸(碱)的电离平衡常数增大。

2) 同离子效应

向某弱电解质溶液中加入与该弱电解质含有相同离子的强电解质,使弱电解质的电离平衡发生移动,从而降低其电离度的现象称为同离子效应。

【例题 4.4】在 1 L 浓度为 0.10 mol·L^{-1} 的 CH_3COOH 溶液中加入 0.10 mol 的 CH_3COONa 晶体(忽略溶液体积的变化),求该 CH_3COOH 溶液的[H^+]及电离度。

解:设平衡时发生电离的 CH_3COOH 浓度为 x mol·L^{-1},则

$$CH_3COOH \rightleftharpoons H^+ + CH_3COO^-$$

起始浓度/(mol·L^{-1}):　　0.10　　　0　　0.10
平衡浓度/(mol·L^{-1}):　　0.10−x　　x　　0.10+x

因为 $\dfrac{c}{K^\theta} = \dfrac{0.10}{1.75 \times 10^{-5}} > 400$,且有 CH_3COONa 加入,使 CH_3COOH 电离平衡左移,由 CH_3COOH 电离出的 CH_3COO^-、H^+ 甚少。

所以 0.10−x ≈ 0.10,0.10+x ≈ 0.10,则

$$K_a = \frac{[H^+][CH_3COO^-]}{[CH_3COOH]} = \frac{x(0.10+x)}{0.10-x}$$

$$1.75 \times 10^{-5} = \frac{x \times 0.10}{0.10}$$

$$x = 1.75 \times 10^{-5} \text{ mol·L}^{-1}$$

$$\alpha = \frac{x}{c} \times 100\% = \frac{1.75 \times 10^{-5}}{0.10} \times 100\% = 0.0175\%$$

例题 4.1 中计算出浓度为 0.10 mol·L⁻¹ 的 CH_3COOH 溶液中 $[H^+]$ 为 $1.32×10^{-3}$ mol·L⁻¹，电离度为 1.32%，但当溶液中加入 0.10 mol CH_3COONa 晶体后，$[H^+]$ 降低至 $1.75×10^{-5}$ mol·L⁻¹，电离度降低至 0.0175%。可见，同离子效应对弱电解质的影响是很大的。

【例题 4.5】 291 K 时，在浓度为 0.30 mol·L⁻¹ 的 HCl 溶液中通入 H_2S 气体至饱和（饱和 H_2S 水溶液的浓度为 0.10 mol·L⁻¹），计算溶液中 $[HS^-]$、$[S^{2-}]$（已知 H_2S 的 $K_{a_1}^\theta = 1.32×10^{-7}$，$K_{a_2}^\theta = 7.08×10^{-15}$）。

解：H_2S 水溶液的电离平衡为

$$H_2S \rightleftharpoons H^+ + HS^- \quad K_{a_1}^\theta$$
$$HS^- \rightleftharpoons H^+ + S^{2-} \quad K_{a_2}^\theta$$

设平衡时 $[HS^-] = x$ mol·L⁻¹，由于 HCl 全部电离，根据同离子效应，使 H_2S 的电离受到抑制，平衡时

$$[H^+] = (0.30+x) \text{ mol·L}^{-1} \approx 0.30 \text{ mol·L}^{-1}$$

则

$$K_{a_1}^\theta = \frac{[H^+][HS^-]}{[H_2S]} = \frac{0.30x}{0.10} = 1.32×10^{-7}$$

得

$$[HS^-] = x = 4.4×10^{-8} \text{ mol·L}^{-1}$$

由 H_2S 的二级电离，设平衡时 $[S^{2-}] = y$ mol·L⁻¹，同理可得

则

$$K_{a_2}^\theta = \frac{[H^+][S^{2-}]}{[HS^-]} = \frac{0.30y}{4.4×10^{-8}} = 7.08×10^{-15}$$

得

$$[S^{2-}] = y = 1.03×10^{-21} \text{ mol·L}^{-1}$$

此外，$[S^{2-}]$ 亦可根据多重平衡规则求解。将 H_2S 的两级电离平衡相加，可得

$$H_2S \rightleftharpoons 2H^+ + S^{2-}$$
$$K^\theta = K_{a_1}^\theta \cdot K_{a_2}^\theta = 9.35×10^{-22}$$

由 $[H^+] = 0.30$ mol·L⁻¹，$[H_2S] = 0.10$ mol·L⁻¹，可得

$$[S^{2-}] = \frac{K_{a_1}^\theta \cdot K_{a_2}^\theta \cdot [H_2S]}{[H^+]^2} = \frac{1.32×10^{-7}×7.08×10^{-15}×0.1}{0.30^2} \text{ mol·L}^{-1} = \frac{9.35×10^{-23}}{0.30^2} \text{ mol·L}^{-1}$$
$$= 1.03×10^{-21} \text{ mol·L}^{-1}$$

由此可见，与例题 4.3 相比，在酸性溶液中，$[HS^-]$、$[S^{2-}]$ 大大降低，这说明同离子效应的影响是相当大的。调节溶液的 pH 可以控制 S^{2-} 的浓度，这对于利用硫化物沉淀进行金属离子的鉴定和分离具有实用意义。

3）盐效应

在弱电解质溶液中加入强电解质，弱电解质的电离度会稍有增大，这种效应称为盐效应。其原因是加入强电解质后，使离子氛的作用更为明显，重新结合成弱电解质分子的概率减小。在弱电解质发生同离子效应的时候，也存在盐效应，只是同离子效应远大于盐效应，盐效应可以忽略不计。

4.2.3 缓冲溶液

溶液的 pH 是影响化学反应的重要因素之一，当 pH 不合适或反应过程中介质的 pH 发

生很大变化时，均会影响反应的正常进行。在 1 L 纯水中，加入 0.1 ml 浓度为 1 mol·L^{-1} 的 HCl 溶液，溶液的 pH 就会由 7 下降至 4，加入 0.1 ml 浓度为 1 mol·L^{-1} 的 NaOH 溶液，溶液的 pH 就会由 7 升高至 10。但在 1 L CH_3COOH 和 CH_3COONa 各为 0.1 mol·L^{-1} 的混合溶液中，加入上述同样量的 HCl 或 NaOH 溶液时，则发现溶液的 pH 基本保持不变。

能抵抗外加少量强酸、强碱的加入或稀释的影响，而保持体系的 pH 基本不变的溶液称为缓冲溶液。缓冲溶液具有抗少量强酸、强碱和适当的稀释并维持体系的 pH 基本不变的作用，即缓冲作用。

1. 缓冲溶液的组成

缓冲溶液通常含有两种成分，一种是能与酸作用的碱性物质，称为抗酸成分；另一种是能与碱作用的酸性物质，称为抗碱成分。通常将这两种成分合称为缓冲对或缓冲系。

根据成分的不同，可把缓冲对分为 3 种类型：

(1) 弱酸及其弱酸强碱盐，如 CH_3COOH-CH_3COONa；

(2) 弱碱及其弱碱强酸盐，如 $NH_3·H_2O$-NH_4Cl；

(3) 酸式盐与其次级盐，如 $NaHCO_3$-Na_2CO_3。

2. 缓冲溶液的缓冲原理

以 CH_3COOH-CH_3COONa 缓冲溶液为例来说明缓冲溶液的缓冲原理。

$$CH_3COOH \rightleftharpoons H^+ + CH_3COO^-$$

$$CH_3COONa \longrightarrow Na^+ + CH_3COO^-$$

在 CH_3COOH 溶液中加入 CH_3COONa 后，由于同离子效应使 CH_3COOH 的电离度降低，因此溶液中存在着大量 CH_3COO^- 离子及未电离的 CH_3COOH 分子。

当外加少量强酸时，溶液中的 CH_3COO^- 便与酸中的 H^+ 结合为 CH_3COOH 分子，使平衡向左移动，当新的平衡建立时，CH_3COOH 浓度略有增加，CH_3COO^- 浓度略有减少，溶液中的 H^+ 浓度改变很小，故将 CH_3COO^- 称之为抗酸成分；当外加少量强碱时，溶液中的 H^+ 便与碱中的 OH^- 离子结合为更难电离的 H_2O，使平衡向右移动，当再次达到平衡时，CH_3COOH 浓度略有减少，CH_3COO^- 离子浓度略有增加，溶液中的 OH^- 浓度基本不变，故将 CH_3COOH 称之为抗碱成分。

由以上分析不难看出，缓冲溶液之所以具有缓冲作用，是因为其体系中含有抗酸、抗碱两种成分。

当加入少量的水稀释溶液时，由于溶液中 CH_3COOH 浓度和 CH_3COO^- 浓度降低的倍数相等，故 H^+ 浓度仍无变化。

必须注意的是，缓冲溶液的缓冲作用是有限的，当大量的 OH^- 或 H^+ 进入时，溶液中抗碱成分或抗酸成分耗尽，其抗碱、抗酸的作用也随之消失。

另外，浓度较大的强酸、强碱溶液也有一定的缓冲作用，因为加少量的酸或碱，强酸、强碱浓度变化很小，所以溶液的 pH 可基本稳定。故高浓度的强酸溶液或高浓度的强碱溶液也可做缓冲溶液，且主要用于 pH≤2 的高酸度或 pH≥12 的高碱度时的缓冲体系。

3. 缓冲溶液的 pH 计算

1) 弱酸及其强碱盐组成的缓冲溶液

以 $CH_3COOH-CH_3COONa$ 缓冲溶液为例：

$$CH_3COOH \rightleftharpoons H^+ + CH_3COO^- \qquad K_a^\theta = \frac{[H^+][CH_3COO^-]}{[CH_3COOH]}$$

设 CH_3COOH 的浓度为 $c_{酸}$，CH_3COONa 的浓度为 $c_{盐}$，则有

$$CH_3COONa \longrightarrow Na^+ + CH_3COO^-$$

$$\begin{array}{cccc} & CH_3COOH & \rightleftharpoons & H^+ & + & CH_3COO^- \\ 起始浓度: & c_{酸} & & 0 & & c_{盐} \\ 平衡浓度: & c_{酸}-x \approx c_{酸} & & x & & c_{盐}+x \approx c_{盐} \end{array}$$

因为同离子效应，x 很小，所以 $c_{酸}-x \approx c_{酸}$，$c_{盐}+x \approx c_{盐}$。

溶液中：

$$K_a^\theta = \frac{[H^+][CH_3COO^-]}{[CH_3COOH]} = \frac{[H^+]c_{盐}}{c_{酸}}$$

$$[H^+] = K_a^\theta \cdot \frac{c_{酸}}{c_{盐}}$$

$$pH = pK_a^\theta - \lg \frac{c_{酸}}{c_{盐}} \qquad (4.8)$$

2) 弱碱与其强酸盐组成的缓冲溶液

以 $NH_3 \cdot H_2O - NH_4Cl$ 缓冲对为例：

$$NH_4Cl \longrightarrow NH_4^+ + Cl^-$$

$$NH_3 + H_2O \rightleftharpoons OH^- + NH_4^+$$

平衡浓度/$mol \cdot dm^{-3}$： $c_{碱}-x \approx c_{碱} \qquad x \qquad c_{盐}+x \approx c_{盐}$

$$K_b^\theta = \frac{[OH^-][NH_4^+]}{[NH_3]} = \frac{[OH^-]c_{盐}}{c_{碱}}$$

$$[OH^-] = K_b^\theta \times \frac{c_{碱}}{c_{盐}}$$

$$pOH = pK_b^\theta - \lg \frac{c_{碱}}{c_{盐}}$$

$$pH = 14 - pK_b^\theta + \lg \frac{c_{碱}}{c_{盐}} \qquad (4.9)$$

3) 酸式盐与其次级盐组成的缓冲溶液

以 $NaHCO_3 - Na_2CO_3$ 组成的缓冲溶液为例：

$$Na_2CO_3 \longrightarrow 2Na^+ + CO_3^{2-}$$

$$\text{NaHCO}_3 \longrightarrow \overset{2c_{\text{次级盐}}}{\text{Na}^+} + \overset{c_{\text{次级盐}}}{\text{HCO}_3^-}$$

$$\overset{c_{\text{酸式盐}}}{\text{HCO}_3^-} \rightleftharpoons \text{H}^+ + \overset{c_{\text{酸式盐}}}{\text{CO}_3^{2-}}$$

平衡浓度：$c_{\text{酸式盐}} - x \approx c_{\text{酸式盐}}$ x $c_{\text{次级盐}} + x \approx c_{\text{次级盐}}$

$$[\text{H}^+] = K_{a_2}^\theta \frac{c_{\text{酸式盐}}}{c_{\text{次级盐}}}$$

$$\text{pH} = \text{p}K_{a_2}^\theta - \lg \frac{c_{\text{酸式盐}}}{c_{\text{次级盐}}} \tag{4.10}$$

【例题 4.6】将 100 mL 浓度为 0.10 mol·L^{-1} 的 HCl 溶液与 300 mL 浓度为 0.10 mol·L^{-1} 的 NH$_3$·H$_2$O 溶液混合，求此混合溶液的 pH。已知 NH$_3$·H$_2$O 的 $K_b^\theta = 1.77 \times 10^{-5}$。

解：HCl 溶液与 NH$_3$·H$_2$O 溶液混合会发生中和反应：HCl + NH$_3$·H$_2$O ⟶ NH$_4$Cl + H$_2$O，由于 NH$_3$·H$_2$O 过量，HCl 完全反应，生成的 NH$_4$Cl 与反应剩余的 NH$_3$·H$_2$O 形成缓冲对(NH$_3$·H$_2$O-NH$_4$Cl)。

反应生成的 NH$_4$Cl 的浓度：$c_{\text{盐}} = \frac{100 \times 0.10}{300+100}$ mol·L^{-1} = 0.025 mol·L^{-1}；反应后剩余的 NH$_3$·H$_2$O 的浓度：$c_{\text{碱}} = \frac{300 \times 0.10 - 100 \times 0.10}{300+100}$ mol·L^{-1} = 0.05 mol·L^{-1}，因此

$$\text{pH} = 14 - \text{p}K_b^\theta + \lg \frac{c_{\text{碱}}}{c_{\text{盐}}}$$

$$= 14 - (-\lg 1.77 \times 10^{-5}) + \lg \frac{0.05}{0.025}$$

$$= 9.55$$

【例题 4.7】20 mL CH$_3$COOH 与 CH$_3$COONa 混合溶液，两者的浓度皆为 0.10 mol·L^{-1}。已知 CH$_3$COOH 的 $K_a^\theta = 1.75 \times 10^{-5}$。

求：(1)该缓冲溶液的 pH；

(2)加入 2.0 mL 浓度为 0.10 mol·L^{-1} 的 HCl 溶液后，溶液的 pH；

(3)加入 2.0 mL 浓度为 0.10 mol·L^{-1} 的 NaOH 溶液后，溶液的 pH。

解：(1)缓冲溶液的 pH，即

$$\text{pH} = \text{p}K_a^\theta - \lg \frac{c_{\text{酸}}}{c_{\text{盐}}}$$

$$= -\lg 1.75 \times 10^{-5} - \lg \frac{0.10}{0.10}$$

$$= 4.76$$

(2)加入 2.0 mL 浓度为 0.10 mol·L^{-1} 的 HCl 溶液后，则有

$$c_{\text{酸}} = \frac{0.10 \times 20 + 0.10 \times 2.0}{22} \text{ mol·L}^{-1} = \frac{2.2}{22} \text{ mol·L}^{-1}$$

$$c_{盐} = \frac{0.10 \times 20 - 0.10 \times 2.0}{22} \text{ mol} \cdot \text{L}^{-1} = \frac{1.8}{22} \text{ mol} \cdot \text{L}^{-1}$$

又达平衡后：$pH = pK_a^{\theta} - \lg \dfrac{c_{酸}}{c_{盐}}$，则有

$$pH = -\lg 1.75 \times 10^{-5} - \lg \frac{\frac{2.2}{22}}{\frac{1.8}{22}}$$

$$= 4.67$$

(3) 加入 2.0 mL 浓度为 0.10 mol·L^{-1} 的 NaOH 溶液后，则有

$$c_{酸} = \frac{0.10 \times 20 - 0.10 \times 2.0}{22} \text{ mol} \cdot \text{L}^{-1} = \frac{1.8}{22} \text{ mol} \cdot \text{L}^{-1}$$

$$c_{盐} = \frac{0.10 \times 20 + 0.10 \times 2.0}{22} \text{ mol} \cdot \text{L}^{-1} = \frac{2.2}{22} \text{ mol} \cdot \text{L}^{-1}$$

又达平衡后：$pH = pK_a^{\theta} - \lg \dfrac{c_{酸}}{c_{盐}}$，则有

$$pH = -\lg 1.75 \times 10^{-5} - \lg \frac{\frac{1.8}{22}}{\frac{2.2}{22}}$$

$$= 4.85$$

4) 缓冲溶液的缓冲能力和有效缓冲范围

缓冲溶液有一定的抗酸、抗碱能力，但其作用是有一定限度的。1922 年，范斯莱克(Vanslyke)提出了缓冲容量的概念，即衡量缓冲溶液缓冲能力大小的尺度。

缓冲容量的定义为：单位体积(1 L 或 1 ml)缓冲溶液的 pH 增大或减小 1 时所需加入强酸或强碱的物质的量(mol 或 mmol)。缓冲溶液的缓冲容量越大，其缓冲作用越强，即抗酸、抗碱、抗稀释能力越强。

对于一个给定的缓冲溶液来说，其缓冲容量的大小与缓冲溶液的总浓度及二组分的浓度比值有关：在二组分浓度比值一定时，缓冲溶液的总浓度较大则缓冲容量较大，反之总浓度较小则缓冲容量较小；当缓冲溶液的总浓度一定则缓冲组分浓度比值为 1 时缓冲溶液的缓冲能力最强。当缓冲组分浓度的比值过于悬殊则缓冲溶液会很快失去缓冲作用。因此，每个缓冲溶液都有一定的有效缓冲范围。

化学上规定，缓冲溶液的有效缓冲范围为：缓冲对的浓度比值从 1∶10 到 10∶1，由弱酸及其盐、酸式盐及其次级盐组成的缓冲溶液，有效缓冲范围为：$pH = pK_a^{\theta} \pm 1$；由弱碱及其盐组成的缓冲溶液，有效缓冲范围为：$pOH = pK_b^{\theta} \pm 1$。表 4.6 列出了一些常用缓冲溶液的组成、共轭酸碱对形式、pK_a^{θ} 和有效缓冲范围。

表 4.6　常用缓冲溶液的组成、共轭酸碱对形式、pK_a^θ 和有效缓冲范围

缓冲溶液组成	共轭酸碱对形式	pK_a^θ	有效缓冲范围
HCOOH-HCOONa	HCOOH-HCOO$^-$	3.75	2.75~4.75
CH$_3$COOH-CH$_3$COONa	CH$_3$COOH-CH$_3$COO$^-$	4.75	3.75~5.75
NaH$_2$PO$_4$-Na$_2$HPO$_4$	H$_2$PO$_4^-$-HPO$_4^{2-}$	7.21	6.21~8.21
Na$_2$B$_4$O$_7$	H$_3$BO$_3$-H$_4$BO$_4^-$	9.24	8.24~10.24
NH$_3$·H$_2$O-NH$_4$Cl	NH$_4^+$-NH$_3$	9.25	8.25~10.25
NaHCO$_3$-Na$_2$CO$_3$	HCO$_3^-$-CO$_3^{2-}$	10.25	9.25~11.25
Na$_2$HPO$_4$-Na$_3$PO$_4$	HPO$_4^{2-}$-PO$_4^{3-}$	12.66	11.66~13.66

5) 缓冲溶液的选择与配制

缓冲溶液是根据实际需要而配制的，用来控制溶液的酸碱度。配制原则和步骤如下：

(1) 选择适当的缓冲对，使缓冲对中弱酸的 pK_a^θ（或弱碱的 14-pK_b^θ）尽可能接近实际要求的 pH。

(2) 要有适当的总浓度。缓冲溶液的总浓度越大，抗酸成分和抗碱成分就越多，其缓冲容量也越大。但总浓度也不宜过大，一般控制在 0.05~0.2 mol·L^{-1}。

(3) 用缓冲公式计算并量(称)取所需抗酸、抗碱成分的用量，配制所需的 pH 的缓冲溶液。

【例题 4.8】配制 pH=4.4 的缓冲溶液 1.0 L，应在 1.0 L 浓度为 0.40 mol·L^{-1} 的 CH$_3$COOH 溶液中加入多少克固体 CH$_3$COONa(忽略溶液体积变化)？已知 CH$_3$COOH 的 K_a^θ = 1.75×10^{-5}，M_{CH_3COONa} = 82 g·mol^{-1}。

解：设 CH$_3$COONa 的浓度为 $c_{盐}$，而 $c_{酸}$ = 0.40 mol·L^{-1}。

$$pH = pK_a^\theta - \lg\frac{c_{酸}}{c_{盐}}$$

$$4.4 = 4.76 - \lg\frac{0.40}{c_{盐}}$$

$$\lg\frac{0.40}{c_{盐}} = 0.36，则 \frac{0.40}{c_{盐}} = 10^{0.36} = 2.30$$

$$c_{盐} = 0.17 \text{ mol·L}^{-1}$$

$$W = c·V·M_{CH_3COONa} = (0.17×1.0×82) \text{ g} = 14 \text{ g}$$

因此应加入 14 g CH$_3$COONa 固体。

【例题 4.9】若要用固体 NaH$_2$PO$_4$ 与固体 Na$_2$HPO$_4$ 配制 pH=7.0 的缓冲溶液，则两者的用量比为多少？$K_{a_2}^\theta$ = 6.23×10^{-8}。

解：在 NaH$_2$PO$_4$-Na$_2$HPO$_4$ 组成的缓冲溶液中，NaH$_2$PO$_4$ 作酸式盐酸存在，Na$_2$HPO$_4$ 作次级盐存在。

设所配成的缓冲溶液中，NaH_2PO_4 用 W_1 g，摩尔质量 $M_1 = 120$ g·mol^{-1}，浓度为 c_1；Na_2HPO_4 用 W_2 g，摩尔质量 $M_2 = 142$ g·mol^{-1}，浓度为 c_2。

由 $pH = pK_{a_2}^{\theta} - \lg \dfrac{c_1}{c_2}$，得

$$pH = -\lg(6.23 \times 10^{-8}) - \lg \dfrac{c_1}{c_2}$$

$$7.0 = 7.2 - \lg \dfrac{c_1}{c_2}$$

$$\lg \dfrac{c_1}{c_2} = 0.2$$

得

$$\dfrac{c_1}{c_2} = 10^{0.2} = 1.6$$

则

$$\dfrac{W_1}{W_2} = \dfrac{c_1 V M_1}{c_2 V M_2} = \dfrac{c_1 M_1}{c_2 M_2} = 1.35$$

所以 NaH_2PO_4 与 Na_2HPO_4 的用量比为 1.35∶1。

【例题 4.10】 配制 pH = 9.0 的缓冲溶液 1.0 L。问：

(1) 下面 3 对缓冲物质中选哪一对最合适？(2) 应如何配制？

① 2.0 mol·L^{-1} 的氨水与 1.0 mol·L^{-1} 的 NH_4Cl；② 固体 $NaHCO_3$ 与固体 Na_2CO_3；③ 1.0 mol·L^{-1} 的 Na_2HPO_4 与 1.0 mol·L^{-1} 的 Na_3PO_4。

解：(1) 3 对物质中：NH_3 的 $K_b^{\theta} = 1.8 \times 10^{-5}$，$14 - pK_b^{\theta} = 9.25$；$HCO_3^-$ 的 $K_{a_2}^{\theta} = 5.6 \times 10^{-11}$，$pK_{a_2}^{\theta} = 10.25$；$HPO_4^{2-}$ 的 $K_{a_3}^{\theta} = 2.2 \times 10^{-13}$，$pK_{a_3}^{\theta} = 12.7$。因此配制 pH = 9.0 的缓冲溶液选择①组最合适。

(2) 设需 2.0 mol·L^{-1} 的氨水 x mL，则所需 1.0 mol·L^{-1} 的 NH_4Cl 体积为 $(1\,000-x)$ mL。

由 $pH = 14 - pK_b^{\theta} + \lg \dfrac{c_{碱}}{c_{盐}}$，得

$$9.0 = 9.25 + \lg \dfrac{\dfrac{2.0x}{1\,000}}{\dfrac{1.0(1\,000-x)}{1\,000}}$$

$$\lg \dfrac{2.0x}{1\,000-x} = -0.25$$

$$\dfrac{2.0x}{1\,000-x} = 10^{-0.25} = 0.56$$

$$x = 218.8 \text{ mL}$$

$$1\,000 - x = 781.2 \text{ mL}$$

所以取 218.8 mL 浓度为 2.0 mol·L^{-1} 氨水与 781.2 mL 浓度为 1.0 mol·L^{-1} NH_4Cl 溶液，将两者混合即得 pH = 9.0 的缓冲溶液 1.0 L。

缓冲溶液在工农业生产、化学和生物等方面都有重要的应用。例如，金属器件进行电

镀时的电镀液中，常用缓冲溶液来控制一定的 pH。在土壤中由于含有 H_2CO_3-$NaHCO_3$、NaH_2PO_4-Na_2HPO_4、其他有机弱酸及其共轭碱所组成的复杂的缓冲体系，能使土壤维持一定的 pH，从而保证了植物的正常生长。人体的血液也依赖 H_2CO_3-$NaHCO_3$、NaH_2PO_4-Na_2HPO_4 等缓冲体系将 pH 维持在 7.4 附近。如果酸碱度突然发生改变，就会引起"酸中毒"或"碱中毒"，当 pH 的改变超过 0.5 时，就可能会导致生命危险。

4.2.4 盐类水解

用 pH 试纸分别测定相同浓度的 NaCl、CH_3COONa、$(NH_4)_2SO_4$ 溶液的 pH，结果显示：NaCl 溶液的 pH=7，显中性；CH_3COONa 溶液的 pH>7，显碱性；$(NH_4)_2SO_4$ 溶液的 pH<7，显酸性。CH_3COONa 和 $(NH_4)_2SO_4$ 本身并不能电离出 OH^-、H^+，但其水溶液却分别显示出碱性、酸性，这是由于盐的阴离子、阳离子与水解离出的 H^+、OH^- 结合生成弱电解质——弱酸、弱碱，使水的电离平衡发生移动，导致溶液中 H^+ 和 OH^- 的浓度不相等，从而表现出酸碱性。盐电离出的离子与水电离出的 H^+ 或 OH^- 结合生成弱酸或弱碱，从而使溶液的酸碱性发生改变的反应，称为盐的水解反应。

1. 一元弱酸强碱盐的水解

以 CH_3COONa 的水解为例，溶液中存在下列平衡：

$$CH_3COONa \rightleftharpoons Na^+ + CH_3COO^-$$

$$H_2O \rightleftharpoons OH^- + H^+$$

$$CH_3COO^- + H^+ \rightleftharpoons CH_3COOH$$

总反应为

$$CH_3COO^- + H_2O \rightleftharpoons CH_3COOH + OH^-$$

水解常数为

$$K_h^\theta = \frac{[CH_3COOH][OH^-]}{[CH_3COO^-]} \cdot \frac{[H^+]}{[H^+]} = \frac{K_w^\theta}{K_a^\theta} \tag{4.11}$$

【例题 4.11】计算 298 K 时，0.10 $mol \cdot L^{-1}$ 的 CH_3COONa 水溶液的 pH 和 CH_3COONa 的水解度 h（已知 CH_3COOH 的 $K_a^\theta = 1.74 \times 10^{-5}$）。

解：由题可知

$$CH_3COO^- + H_2O \rightleftharpoons CH_3COOH + OH^-$$

$$K_h^\theta = \frac{K_w^\theta}{K_a^\theta} = \frac{1.0 \times 10^{-14}}{1.74 \times 10^{-5}} = 5.7 \times 10^{-10}$$

由于 $\dfrac{c_{CH_3COONa}}{K_h^\theta} > 400$，可以用近似计算公式计算，即

$$[OH^-] = \sqrt{K_h^\theta \cdot c_{CH_3COONa}} = \sqrt{5.7 \times 10^{-10} \times 0.10} \text{ mol} \cdot L^{-1} = 7.6 \times 10^{-6} \text{ mol} \cdot L^{-1}$$

$$pOH = -\lg(7.6 \times 10^{-6}) = 5.12, \quad pH = 14 - 5.12 = 8.88$$

$$h = \frac{[OH^-]}{c_{CH_3COONa}} = \frac{\sqrt{K_h^\theta \cdot c_{CH_3COONa}}}{c_{CH_3COONa}} = \sqrt{\frac{K_h^\theta}{c_{CH_3COONa}}} \approx \sqrt{\frac{5.7 \times 10^{-10}}{0.10}} = 7.6 \times 10^{-3}\%$$

2. 一元弱碱强酸盐的水解

以 NH_4Cl 的水解为例，溶液中存在下列平衡：

$$NH_4Cl \Longleftrightarrow NH_4^+ + Cl^-$$

$$NH_4^+ + OH^- \Longleftrightarrow NH_3 \cdot H_2O$$

总反应为

$$NH_4^+ + H_2O \Longleftrightarrow NH_3 \cdot H_2O + H^+$$

水解常数为

$$K_h^\theta = \frac{[NH_3 \cdot H_2O][H^+]}{[NH_4^+]} \cdot \frac{[OH^-]}{[OH^-]} = \frac{K_w^\theta}{K_b^\theta} \tag{4.12}$$

同样，当 $\dfrac{c}{K_h^\theta} \geq 400$ 时，$[H^+] = \sqrt{K_h^\theta \cdot c}$，$h = \sqrt{\dfrac{K_h^\theta}{c}}$。

3. 一元弱酸弱碱盐的水解

以 CH_3COONH_4 溶液为例，水解反应方程式为：

$$NH_4^+ + CH_3COO^- + H_2O \Longleftrightarrow NH_3 \cdot H_2O + CH_3COOH$$

水解常数为

$$K_h^\theta = \frac{[NH_3 \cdot H_2O][CH_3COOH]}{[NH_4^+][CH_3COO^-]} \cdot \frac{[H^+][OH^-]}{[H^+][OH^-]} = \frac{K_w^\theta}{K_a^\theta \cdot K_b^\theta} \tag{4.13}$$

但如何判断溶液的酸碱性呢？

在 CH_3COONH_4 溶液中存在如下平衡：

$$NH_4^+ + OH^- \Longleftrightarrow NH_3 \cdot H_2O$$

$$CH_3COO^- + H^+ \Longleftrightarrow CH_3COOH$$

$$H_2O \Longleftrightarrow OH^- + H^+$$

在这些反应平衡中，有的生成物得到了质子，有的生成物失去了质子，得到质子的生成物有 H^+ 和 CH_3COOH，失去质子的生成物有 OH^- 和 $NH_3 \cdot H_2O$，质子的得失应该相等，即在溶液中应存在质子(得失)平衡，即

$$[H^+] + [CH_3COOH] = [OH^-] + [NH_3 \cdot H_2O] \tag{4.14}$$

其中

$$[CH_3COOH] = \frac{[CH_3COO^-][H^+]}{K_a^\theta}$$

$$[NH_3 \cdot H_2O] = \frac{K_w^\theta[NH_4^+]}{K_b^\theta[H^+]}$$

$$[OH^-] = \frac{K_w^\theta}{[H^+]}$$

将以上三式代入式(4.14)得

$$[H^+] + \frac{[CH_3COO^-][H^+]}{K_a^\theta} = \frac{K_w^\theta[NH_4^+]}{K_b^\theta[H^+]} + \frac{K_w^\theta}{[H^+]}$$

整理得

$$[H^+] = \sqrt{\dfrac{\dfrac{K_w^\theta}{K_b^\theta}[NH_4^+] + K_w^\theta}{1 + \dfrac{[CH_3COO^-]}{K_a^\theta}}} \quad (4.15)$$

式(4.15)是一元弱酸弱碱盐水溶液中[H^+]的精确计算公式。当[NH_4^+]不太小时，有 $\dfrac{K_w^\theta}{K_b^\theta} \cdot [NH_4^+] \gg K_w^\theta$；当[$CH_3COO^-$]不太小时，有 $\dfrac{[CH_3COO^-]}{K_a^\theta} \gg 1$，则

$$[H^+] \approx \sqrt{\dfrac{K_w^\theta \cdot [NH_4^+] \cdot K_a^\theta}{K_b^\theta \cdot [CH_3COO^-]}}$$

水解前，溶液中[CH_3COO^-] = [NH_4^+]，若水解后[CH_3COO^-] ≈ [NH_4^+]，则

$$[H^+] \approx \sqrt{K_w^\theta \dfrac{K_a^\theta}{K_b^\theta}} \quad (4.16)$$

式(4.16)是一元弱酸弱碱盐水溶液中[H^+]的近似计算公式。由此式可得到一元弱酸弱碱盐水溶液的pH计算公式，即

$$pH = -\lg[H^+] \approx -\lg\sqrt{K_w^\theta \dfrac{K_a^\theta}{K_b^\theta}} = 7 - \dfrac{1}{2}\lg\dfrac{K_a^\theta}{K_b^\theta} \quad (4.17)$$

由式(4.17)可知：

(1) 当 $K_a^\theta > K_b^\theta$ 时，溶液呈酸性；

(2) 当 $K_a^\theta < K_b^\theta$ 时，溶液呈碱性；

(3) 当 $K_a^\theta = K_b^\theta$ 时，溶液呈中性。

【例题 4.12】 计算 0.10 mol·L^{-1} NH$_4$CN 溶液的pH，各组分浓度及水解度。已知 $K_{a,HCN}^\theta = 4.9 \times 10^{-10}$，$K_{b,NH_3}^\theta = 1.8 \times 10^{-5}$。

解： 利用一元弱酸弱碱盐水溶液中[H^+]的近似计算公式，可得

$$[H^+] = \sqrt{K_w^\theta \dfrac{K_a^\theta}{K_b^\theta}} = \sqrt{1.0 \times 10^{-14} \times \dfrac{4.9 \times 10^{-10}}{1.8 \times 10^{-5}}} \text{ mol·L}^{-1} = 5.2 \times 10^{-10} \text{ mol·L}^{-1}$$

$$pH = -\lg(5.2 \times 10^{-10}) = 9.28$$

$$[OH^-] = \dfrac{K_w^\theta}{[H^+]} = 1.9 \times 10^{-5} \text{ mol·L}^{-1}$$

设平衡时，NH$_3$·H$_2$O 浓度为 x mol·L^{-1}，HCN 浓度为 y mol·L^{-1}，则

$$NH_4^+ + H_2O \rightleftharpoons NH_3 \cdot H_2O + H^+$$

$$0.10 - x \qquad\qquad x \qquad 5.2 \times 10^{-10}$$

$$\dfrac{[NH_3 \cdot H_2O][H^+]}{[NH_4^+]} = \dfrac{(5.2 \times 10^{-10})x}{0.10 - x} = \dfrac{K_w^\theta}{K_b^\theta} = \dfrac{1.0 \times 10^{-14}}{1.8 \times 10^{-5}}$$

$$x = 0.0515 \text{ mol·L}^{-1}$$

$$CN^- + H_2O \rightleftharpoons HCN + OH^-$$

$$0.10-y \qquad\qquad y \qquad 1.9\times10^{-5}$$

$$\frac{[HCN][OH^-]}{[CN^-]} = \frac{1.90\times10^{-5}y}{0.10-y} = \frac{K_w^\theta}{K_a^\theta} = \frac{1.0\times10^{-14}}{4.9\times10^{-10}}$$

$$y = 0.0517 \text{ mol} \cdot \text{L}^{-1}$$

结果表明，近似计算的假设（[$NH_3 \cdot H_2O$] = [HCN]）完全合理，相对误差只有 0.4%。盐的水解度应以水解程度小的离子为准进行计算，结果为

$$h = \frac{0.0515}{0.10}\times100\% = 51.5\%$$

4. 多元弱酸强碱盐的水解

以 Na_2S 的水解为例，水解平衡与水解常数为

$$S^{2-} + H_2O \rightleftharpoons HS^- + OH^- \qquad K_{h_1}^\theta = \frac{[HS^-][OH^-]}{[S^{2-}]} \cdot \frac{[H^+]}{[H^+]} = \frac{K_w^\theta}{K_{a_2}^\theta}$$

$$HS^- + H_2O \rightleftharpoons H_2S + OH^- \qquad K_{h_2}^\theta = \frac{[H_2S][OH^-]}{[HS^-]} \cdot \frac{[H^+]}{[H^+]} = \frac{K_w^\theta}{K_{a_1}^\theta}$$

当 $K_{a_1}^\theta \gg K_{a_2}^\theta$ 时，$K_{h_1}^\theta \gg K_{h_2}^\theta$，计算溶液 pH 及水解度时，可以只考虑第一步水解。

【例题 4.13】 计算 $0.10 \text{ mol} \cdot \text{L}^{-1}$ 的 Na_2S 溶液的 [S^{2-}]、pH、其他组分的浓度及其水解度。已知 $K_{a_1}^\theta = 5.7\times10^{-8}$，$K_{a_2}^\theta = 1.2\times10^{-15}$。

解：Na_2S 水解常数分别为

$$K_{h_1}^\theta = \frac{K_w^\theta}{K_{a_2}^\theta} = \frac{1\times10^{-14}}{1.2\times10^{-15}} = 8.33, \quad K_{h_2}^\theta = \frac{K_w^\theta}{K_{a_1}^\theta} = \frac{1\times10^{-14}}{5.7\times10^{-8}} = 1.75\times10^{-7}$$

由于 $K_{h_1}^\theta \gg K_{h_2}^\theta$，因此，在计算溶液 pH 时，可以只考虑第一步水解；又因为 $\frac{c}{K_{h_1}^\theta}$ 远远小于 400，所以，不能用近似计算公式。设平衡时溶液中 [HS^-] = x mol·L^{-1}，则有

$$S^{2-} + H_2O \rightleftharpoons HS^- + OH^-$$

$$0.10-x \qquad x \qquad x$$

$$\frac{x^2}{0.10-x} = K_{h_1}^\theta = 8.33$$

解得 $x = 0.0988 \text{ mol} \cdot \text{L}^{-1}$，即 [$HS^-$] = [$OH^-$] = $0.0988 \text{ mol} \cdot \text{L}^{-1}$；

则有 pH = 14.0 − pOH = 14.0 + lg[OH^-] = 14.0 + lg 0.0988 = 13.00。

考虑第二步水解，则有

$$HS^- + H_2O \rightleftharpoons H_2S + OH^-$$

由于 [HS^-] = [OH^-] = $0.0988 \text{ mol} \cdot \text{L}^{-1}$，所以 [$H_2S$] ≈ $K_{h_2}^\theta = 1.75\times10^{-7} \text{ mol} \cdot \text{L}^{-1}$，溶液中其他组分的浓度分别为：[$Na^+$] = $0.20 \text{ mol} \cdot \text{L}^{-1}$，[$H^+$] = $1.0\times10^{-13} \text{ mol} \cdot \text{L}^{-1}$，[$S^{2-}$] = $0.0012 \text{ mol} \cdot \text{L}^{-1}$，$Na_2S$ 的水解度 $h = 99\%$。

5. 多元弱酸酸式盐的水解

以 $NaHCO_3$ 水溶液为例，在溶液中存在下列平衡：

$$NaHCO_3 \Longrightarrow Na^+ + HCO_3^-$$

$$HCO_3^- \Longrightarrow H^+ + CO_3^{2-} \qquad K_{a_2}^\theta = 5.6 \times 10^{-11}$$

$$HCO_3^- + H_2O \Longrightarrow H_2CO_3 + OH^- \qquad K_{h_2}^\theta = \frac{K_w^\theta}{K_{a_1}^\theta} = 2.3 \times 10^{-8}$$

$$H_2O \Longrightarrow H^+ + OH^- \qquad K_w^\theta = 1.0 \times 10^{-14}$$

根据质子平衡可得

$$[H^+] + [H_2CO_3] = [CO_3^{2-}] + [OH^-] \tag{4.18}$$

其中

$$[H_2CO_3] = \frac{[H^+][HCO_3^-]}{K_{a_1}^\theta}$$

$$[CO_3^{2-}] = \frac{K_{a_2}^\theta [HCO_3^-]}{[H^+]}$$

$$[OH^-] = \frac{K_w^\theta}{[H^+]}$$

将以上三式代入式(4.18),得

$$[H^+] + \frac{[H^+][HCO_3^-]}{K_{a_1}^\theta} = \frac{K_{a_2}^\theta [HCO_3^-]}{[H^+]} + \frac{K_w^\theta}{[H^+]}$$

整理得

$$[H^+] = \sqrt{\frac{K_{a_2}^\theta [HCO_3^-] + K_w^\theta}{1 + \frac{[HCO_3^-]}{K_{a_1}^\theta}}} \tag{4.19}$$

同样,当 $K_{a_2}^\theta [HCO_3^-] \gg K_w^\theta$,$\frac{[HCO_3^-]}{K_{a_1}^\theta} \gg 1$(20倍以上)时,溶液中 $[H^+]$ 的近似计算公式为

$$[H^+] = \sqrt{K_{a_1}^\theta \cdot K_{a_2}^\theta} \tag{4.20}$$

【例题4.14】计算 $0.050\ mol \cdot L^{-1}$ 的 $NaHCO_3$ 溶液的 pH。已知 H_2CO_3 的 $K_{a_1}^\theta = 4.3 \times 10^{-7}$,$K_{a_2}^\theta = 5.6 \times 10^{-11}$。

解:$0.050\ mol \cdot L^{-1}\ NaHCO_3$ 溶液的浓度不算小,可以用近似计算公式,则

$$[H^+] = \sqrt{K_{a_1}^\theta \cdot K_{a_2}^\theta} = \sqrt{4.3 \times 10^{-7} \times 5.6 \times 10^{-11}}\ mol \cdot L^{-1} = 4.9 \times 10^{-9}\ mol \cdot L^{-1}$$

$$pH = -\lg[H^+] = -\lg(4.9 \times 10^{-9}) = 8.31$$

6. 影响盐类水解的因素

影响盐类水解的因素主要是外界因素,不考虑盐自身组成的影响。

1)盐浓度的影响

从盐浓度与水解度的关系 $h = \sqrt{\frac{K_h^\theta}{c}}$ 可知,盐溶液浓度越小,水解越强。例如,$SbCl_3$ 和

$SnCl_2$ 水溶液稀释时，水解生成 SbOCl 和 $Sn(OH)Cl$ 白色沉淀。

2）温度的影响

盐类水解是酸碱中和反应的逆反应，酸碱中和反应放热，因此盐类水解反应吸热。温度升高，盐类水解加强。例如，$Fe(NO_3)_3$ 溶液受到加热时，Fe^{3+} 水解加强，溶液颜色逐渐加深。

3）溶液酸碱度的影响

由于盐类水解会改变溶液的酸碱性，因此溶液的酸碱度反过来会直接影响盐类水解的程度。但因为不同的盐水解结果不同，所以溶液酸碱度对其影响也不同。例如

$$NH_4Cl + H_2O \rightleftharpoons NH_3 \cdot H_2O + H^+ + Cl^-$$

$$CH_3COONa + H_2O \rightleftharpoons Na^+ + CH_3COOH + OH^-$$

对于前一反应，溶液酸度增大，水解减弱；对于后一反应，溶液酸度增大，水解加强。

4.2.5 酸碱理论的发展

18世纪，人们就认识到酸是有酸味的物质，碱是有涩味并带有滑腻感的物质。随后，人们发现酸可以使蓝色石蕊变红，碱可以使红色石蕊变蓝，而且酸碱可以相互中和。但直到19世纪末，有关酸碱的理论才被提出，并逐步得到发展。

1. 阿仑尼乌斯酸碱电离理论

1887年，阿仑尼乌斯（S. Arrhenius）在其酸碱电离理论中提出了如下的酸碱概念：

(1) 酸：在水中电离出的正离子全部是 H^+ 的物质。

(2) 碱：在水中电离出的负离子全部是 OH^- 的物质。

根据阿仑尼乌斯的酸碱概念，酸碱中和反应的本质是：

$$H^+ + OH^- \rightleftharpoons H_2O$$

阿仑尼乌斯酸碱电离理论从化学组成上揭示了酸和碱的本质，简明扼要，使用方便，至今仍然为广大化学工作者所使用。但该理论有两点缺陷：其一是难以解释为什么有些物质虽然不能完全电离出 H^+ 或 OH^-，但却具有明显的酸碱性，如 NH_4Cl、$NaHSO_4$ 显酸性，Na_2CO_3、$NaNH_2$、Na_2S 显碱性；其二是将酸碱限制在水溶液中，不能应用于非水体系。

2. 富兰克林酸碱溶剂理论

1905年，富兰克林（E. C. Franklin）在阿仑尼乌斯酸碱电离理论的基础上提出了富兰克林酸碱溶剂理论。其中酸碱概念的定义如下：

(1) 酸：凡是能电离出溶剂正离子的物质。

(2) 碱：凡是能电离出溶剂负离子的物质。

例如，在液氨中存在如下的电离平衡：

$$NH_4Cl \rightleftharpoons NH_4^+ + Cl^-$$

$$NaNH_2 \rightleftharpoons Na^+ + NH_2^-$$

根据富兰克林酸碱溶剂理论，在液氨中 NH_4Cl 就是酸，而 $NaNH_2$ 就是碱。酸碱中和反应的本质是溶剂正离子和溶剂负离子结合生成溶剂分子。例如：

$$NH_4^+ + NH_2^- \rightleftharpoons 2NH_3$$

富兰克林酸碱溶剂理论将酸碱概念从水扩展到任意溶剂，明显提高了酸碱的适用性。但它仍然将酸碱概念限制在了溶剂中，这与阿仑尼乌斯酸碱电离理论相比，并没有本质上的提升。

3. 布朗斯特-劳瑞酸碱质子理论

1923 年，丹麦化学家布朗斯特(J. N. Brönsted)和英国化学家劳瑞(T. M. Lowrey)分别提出了酸碱质子理论，现称为布朗斯特-劳瑞酸碱质子理论。其中酸碱概念的定义如下：

(1) 酸：凡是能提供质子的分子或离子。

(2) 碱：凡是能接收质子的分子或离子。

例如：

$$酸 \rightleftharpoons H^+ + 碱$$
$$HCl \rightleftharpoons H^+ + Cl^-$$
$$CH_3COOH \rightleftharpoons H^+ + CH_3COO^-$$
$$NH_4^+ \rightleftharpoons H^+ + NH_3$$
$$H_2PO_4^- \rightleftharpoons H^+ + HPO_4^{2-}$$

可见，按照布朗斯特-劳瑞酸碱质子理论，每一个酸都与一个碱相互对应，这种对应关系称为共轭关系，相应的酸、碱称为共轭酸或共轭碱，它们合称为共轭酸碱对。需要注意的是，共轭酸碱之间仅相差一个质子 H^+。譬如，CO_3^{2-} 的共轭酸是 HCO_3^-，而非 H_2CO_3；H_3PO_4 的共轭碱是 $H_2PO_4^-$，而非 HPO_4^{2-} 或 PO_4^{3-}。

在布朗斯特-劳瑞酸碱质子理论中，酸碱反应的本质是酸碱之间质子的传递。例如：

$$HCl + NH_3 \rightleftharpoons NH_4^+ + Cl^-$$
$$强酸 + 强碱 \rightleftharpoons 弱酸 + 弱碱$$

酸碱的强弱决定于它们提供质子或接收质子的能力高低。

常见的酸由强到弱的排列次序为：$HClO_4 > H_2SO_4 \approx HCl \approx HNO_3 > H_3O^+ > H_3PO_4 > HNO_2 \approx H_2SO_3 > HF > CH_3COOH > H_2S > NH_4^+ > HCN > H_2O > HS^-$。

常见的碱由强到弱的排列次序为：$S^{2-} > PO_4^{3-} > OH^- > CN^- \approx CO_3^{2-} > NH_3 > CH_3COO^- > F^- > H_2O > SO_4^{2-} > NO_3^- \approx Cl^- > ClO_4^-$。

利用布朗斯特-劳瑞酸碱质子理论，既可以解释非水溶剂中无溶剂离子参与的酸碱反应，也可以解释溶液之外的酸碱反应，使酸碱理论的应用范围进一步得到扩展。

布朗斯特-劳瑞酸碱质子理论的缺陷是不能说明那些既不能提供质子也不能接收质子的物质的酸碱性。例如，Al^{3+} 和 BF_3 具有明显的酸性，但并不提供质子。

4. 路易斯酸碱电子理论

1923 年，美国化学家路易斯(G. N. Lewis)在其酸碱电子理论中提出了如下的酸碱概念：

(1) 酸：凡是能接收电子对的分子或离子，如 BF_3、Al^{3+}、Cu^{2+}、H_3BO_3 等。

(2) 碱：凡是能提供电子对的分子或离子，如 NH_3、Cl^-、OH^-、N_2H_4 等。

根据路易斯酸碱电子理论，所有的正离子都是酸；所有的负离子都是碱；而盐则是酸碱加合物。例如：

$$酸 + 碱 \rightleftharpoons 酸碱加合物$$

$$H^+ + HO^- \rightleftharpoons H_2O$$

$$Ag^+ + I^- \rightleftharpoons AgI$$

$$BF_3 + NH_3 \rightleftharpoons H_3N \rightarrow BF_3$$

路易斯酸碱电子理论将酸碱的概念扩展到了极为宽广的范畴，而且对化合物特别是配合物的形成和稳定性也给予一定的说明，应用范围很广。该理论的缺陷是酸碱概念过于笼统，特征不够明确，目前还难以定量处理。

4.3 沉淀溶解平衡

物质的溶解度有大有小，各不相同，绝对不溶解的物质是不存在的。通常所说的难溶物是指溶解度小于 0.01 g/100 g H_2O 的物质。任何难溶物质在水中总是或多或少会发生溶解，其中溶解在水中发生完全电离的难溶物称为难溶强电解质，如 AgCl、$BaSO_4$ 等都是常见的难溶强电解质。难溶强电解质的沉淀溶解平衡，是指一定温度下难溶强电解质饱和溶液中的离子与难溶物固体之间的多相动态平衡。

4.3.1 溶度积

1. 溶度积常数

在一定温度下，把难溶强电解质 AgCl 放入水中，则 AgCl 固体表面的 Ag^+ 和 Cl^- 因受到极性水分子的吸引，成为水合离子而进入溶液，这个过程称为溶解；同时，进入溶液的 Ag^+ 和 Cl^- 由于不断运动，其中有些接触到 AgCl 固体表面时，又会受固体表面正、负离子的吸引，重新析出回到固体表面上来，这个过程称为沉淀。当溶解和沉淀速率相等时，体系达到动态平衡，称为沉淀溶解平衡（此时溶液为饱和溶液），即

$$AgCl(s) \underset{沉淀}{\overset{溶解}{\rightleftharpoons}} Ag^+ + Cl^-$$

其平衡常数表达式为

$$K_{sp,AgCl}^{\theta} = [Ag^+][Cl^-]$$

其中：K_{sp}^{θ} 是难溶强电解质的沉淀溶解平衡常数，它反映了难溶强电解质的溶解能力，称为溶度积常数，简称溶度积。它表明在一定温度下，难溶强电解质的饱和溶液中，离子浓度方次的乘积是一个常数（浓度的方次等于相应离子的化学计量系数）。K_{sp}^{θ} 与其他化学平衡常数一样，只与难溶强电解质的本性和温度有关，与溶液中离子浓度的变化无关。

对于一般难溶强电解质 B_mA_n 来讲，在水中存在如下电离平衡（或称为沉淀-溶解平衡）：

$$B_mA_n \rightleftharpoons mB^{n+} + nA^{m-}$$
$$K_{sp}^{\theta} = [B^{n+}]^m [A^{m-}]^n \tag{4.18}$$

需要指出的是，只有在难溶电解质的饱和溶液中才会建立沉淀溶解平衡，其不饱和溶液和过饱和溶液中不存在沉淀溶解平衡；对于难溶电解质，无论其溶解度多么小，它的饱和溶液中总有达成沉淀溶解平衡的离子。任何沉淀反应，无论进行得多么完全，溶液中总还有沉淀物的组分离子，并且离子浓度方次的乘积等于其溶度积 K_{sp}^{θ}。

2. 溶度积与溶解度的关系

溶度积 K_{sp}^{θ} 从平衡常数角度描述难溶物溶解程度的大小，而溶解度 S 是指一定温度、压力下，一定量饱和溶液中溶质的量。若溶解度 S 的单位用 $mol \cdot L^{-1}$，则与溶度积 K_{sp}^{θ} 可直接进行换算。

不同类型的难溶强电解质，其溶度积与溶解度之间的定量关系不同，现分类讨论如下：

(1) BA 型电解质，有

$$BA \rightleftharpoons B^{n+} + A^{n-} \quad K_{sp}^{\theta} = [B^{n+}][A^{m-}] = S^2$$

如 $BaSO_4$、$AgCl$、CuS、HgS、$PbCrO_4$ 等。

(2) B_2A（或 BA_2）型电解质，有

$$B_2A \rightleftharpoons 2B^{n+} + A^{2n-} \quad K_{sp}^{\theta} = [B^{n+}]^2[A^{2n-}] = 4S^3$$

如 PbI_2、Ag_2S、Ag_2CrO_4 等。

(3) B_3A（或 BA_3）型电解质，有

$$B_3A \rightleftharpoons 3B^{n+} + A^{3n-} \quad K_{sp}^{\theta} = [B^{n+}]^3[A^{3n-}] = 27S^4$$

如 Ag_3PO_4、$Al(OH)_3$ 等。

(4) B_3A_2（或 B_2A_3）型电解质，有

$$B_3A_2 \rightleftharpoons 3B^{2+} + 2A^{3-} \quad K_{sp}^{\theta} = [B^{2+}]^3[A^{3-}]^2 = 108S^5$$

如 $Ca_3(PO_4)_2$、Sb_2S_3、Bi_2S_3 等。

【例题 4.15】298 K 时，$BaSO_4$ 的溶解度 $S = 2.4 \times 10^{-4}$ g/100 g H_2O，求 $BaSO_4$ 的溶度积。已知 $BaSO_4$ 的摩尔质量为 233 $g \cdot mol^{-1}$。

解：由于 $BaSO_4$ 的溶解度很小，因此将溶液的密度近似看作 1 $g \cdot mL^{-1}$。$BaSO_4$ 的摩尔溶解度可用体积摩尔浓度代替，近似为 $2.4 \times 10^{-4} \times 10/233 = 1.03 \times 10^{-5}$ $mol \cdot L^{-1}$，则

$$K_{sp}^{\theta} = (1.03 \times 10^{-5})^2 \approx 1.1 \times 10^{-10}$$

【例题 4.16】已知 298.15 K 时，$AgCl$、$AgBr$ 和 Ag_2CrO_4 的溶度积依次为 1.8×10^{-10}、5.2×10^{-13} 和 9.0×10^{-12}，分别求它们的溶解度，并比较它们的溶解度大小。

解：$AgCl$ 的饱和溶液存在如下平衡：

$$AgCl \rightleftharpoons Ag^+ + Cl^-$$

平衡浓度/($mol \cdot L^{-1}$)： $\quad\quad\quad S_1 \quad S_1$

$$S_1 = \sqrt{K_{sp,AgCl}^{\theta}} = \sqrt{1.8 \times 10^{-10}} = 1.3 \times 10^{-5} \text{ mol} \cdot L^{-1}$$

AgBr 的饱和溶液存在如下平衡：

$$AgBr \rightleftharpoons Ag^+ + Br^-$$

平衡浓度/(mol·L^{-1})：　　　　　　　　S_2　　S_2

$$S_2 = \sqrt{K_{sp,AgBr}^{\theta}} = \sqrt{5.2 \times 10^{-13}} = 7.2 \times 10^{-7} \text{mol·L}^{-1}$$

Ag_2CrO_4 的饱和溶液存在如下平衡：

$$Ag_2CrO_4 \rightleftharpoons 2Ag^+ + CrO_4^{2-}$$

平衡浓度/(mol·L^{-1})：　　　　　　　　$2S_3$　　S_3

$$S_3 = \sqrt[3]{K_{sp,Ag_2CO_4}^{\theta}/4} = \sqrt[3]{9.0 \times 10^{-12}/4} = 1.3 \times 10^{-4} \text{mol·L}^{-1}$$

溶解度由大到小排列顺序依次为：Ag_2CrO_4、AgCl、AgBr。

从以上例题可看出：

(1) 溶度积与溶解度可以用彼此之间的关系式进行相互换算；

(2) 相同类型的难溶强电解质，K_{sp}^{θ} 大的，溶解度也大；K_{sp}^{θ} 小的，溶解度也小。而不同类型的难溶强电解质就不能用 K_{sp}^{θ} 直接比较溶解度的大小，必须通过计算来判断。

另外，在进行 K_{sp}^{θ} 与 S 之间的相互换算时，应保证电解质电离出的离子仅仅以水合离子的形式存在，不能发生水解或其他反应。

3. 同离子效应和盐效应

难溶电解质的溶解度除与本身的溶度积、温度有关外，还受其他因素的影响。例如，在难溶电解质的饱和溶液中加入易溶强电解质，难溶电解质的溶解度会受到不同程度的影响，通常会产生两种效应，即同离子效应和盐效应。

1) 同离子效应

在难溶电解质的饱和溶液中，加入与其含有相同离子的易溶强电解质，难溶电解质的沉淀溶解平衡将向生成沉淀的方向移动，导致难溶电解质的溶解度降低，这种现象称为同离子效应。同离子效应的定量影响可通过平衡关系计算确定。

【例题 4.17】已知 298 K 时 $BaSO_4$ 的 $K_{sp}^{\theta} = 1.08 \times 10^{-10}$，计算 $BaSO_4$ 在浓度为 0.010 mol·L^{-1} 的 $BaCl_2$ 溶液中的溶解度。

解：设 $BaSO_4$ 的溶解度为 S，则有

$$BaSO_4 \rightleftharpoons Ba^{2+} + SO_4^{2-}$$

起始浓度/(mol·L^{-1})：　　　　　0.010　　　0

平衡浓度/(mol·L^{-1})：　　　　0.010 + S　　S

$$K_{sp} = [Ba^{2+}][SO_4^{2-}] = (0.010 + S)S$$

由于 K_{sp} 很小，溶液中 Ba^{2+} 主要来自 $BaCl_2$，所以

$$[Ba^{2+}] = (0.010 + S) \approx 0.010 \text{ mol·L}^{-1}$$

则　　　　　　　　　　$1.08 \times 10^{-10} = 0.010 \times S$

$$S = 1.08 \times 10^{-8} \text{ mol·L}^{-1}$$

2）盐效应

在难溶电解质的饱和溶液中加入与其不含相同离子的易溶强电解质，将使难溶电解质的溶解度增大，这种现象称为盐效应。

产生盐效应的主要原因是溶液中带电荷的离子增多，阴、阳离子的浓度增大，静电作用增强，难溶强电解质的沉淀离子会被带相反电荷的易溶强电解质离子所包围，沉淀离子受到约束，相互碰撞或与沉淀表面碰撞的几率明显降低，使沉淀过程变慢，难溶电解质的溶解速度暂时超过沉淀速度，平衡向沉淀溶解的方向移动。当达到新的平衡时，难溶电解质的溶解度就会增大。

在进行沉淀反应时，同离子效应和盐效应有时会同时存在，盐效应对难溶物溶解度的影响与同离子效应相比要小得多，因此可忽略盐效应，只考虑同离子效应的影响。

4. 溶度积规则

难溶电解质的沉淀溶解平衡是一种动态平衡，当溶液中难溶电解质离子浓度变化时，平衡就向一定方向移动，直至重新达到平衡。例如，当一定温度时，对于任意难溶电解质 B_mA_n 溶液来说，存在着如下关系式：

$$B_mA_n \rightleftharpoons mB^{n+} + nA^{m-}$$

其反应商（又称难溶电解质的离子积）Q_i 可表示为

$$Q_i = [B^{n+}]^m [A^{m-}]^n$$

其中：Q_i 表示任意状态下难溶电解质离子浓度方次的乘积，它随着溶液中有关离子浓度的变化而不同。Q_i 与 $K_{sp}^{\ominus}$ 表达形式相同，但两者的概念是完全不同的。$K_{sp}^{\ominus}$ 是平衡状态下难溶强电解质离子浓度方次的乘积，在一定温度下，是一常数；而 Q_i 是任意状态下难溶强电解质中各离子浓度方次的乘积，在一定温度下，其数值不定。换言之，$K_{sp}^{\ominus}$ 仅仅是 Q_i 的一个特例。

在任何给定的溶液中，$K_{sp}^{\ominus}$ 与 Q_i 相比较可能有以下 3 种情况：

（1）$Q_i = K_{sp}^{\ominus}$，溶液为饱和溶液，体系处于沉淀溶解平衡。

（2）$Q_i < K_{sp}^{\ominus}$，溶液为不饱和溶液，无沉淀析出，若溶液中有固体存在，平衡向沉淀溶解的方向移动，直至达到平衡（饱和溶液）状态为止。

（3）$Q_i > K_{sp}^{\ominus}$，溶液为过饱和溶液，平衡向生成沉淀的方向移动，溶液中有新的沉淀析出。

这就是溶度积规则，应用此规则，可以判断沉淀的生成和溶解。

4.3.2 沉淀的生成和溶解

1. 沉淀的生成

根据溶度积规则，在难溶强电解质的溶液中，若 $Q_i > K_{sp}^{\ominus}$，则可以生成沉淀。

1）加入沉淀剂

在含有某种离子的溶液中，加入某种沉淀剂，可与该离子生成难溶物。

【例题 4.18】向 30 mL 浓度为 0.020 mol·L^{-1} 的 Na$_2$SO$_4$ 溶液中加入同体积等浓度的 BaCl$_2$ 溶液,问有无沉淀生成?已知 $K_{sp,BaSO_4}^{\theta}=1.07\times10^{-10}$。

解:混合后,溶液中 Ba^{2+}、SO$_4^{2-}$ 离子的浓度为

$$[Ba^{2+}]=[SO_4^{2-}]=0.010 \text{ mol·L}^{-1}$$

$$Q_i=[Ba^{2+}][SO_4^{2-}]=1.0\times10^{-4}>K_{sp,BaSO_4}^{\theta}$$

根据溶度积规则,有 BaSO$_4$ 沉淀生成。

【例题 4.19】0.30 mol·L^{-1} 的 HCl 溶液中含有少量的 Cd^{2+} 离子,当向溶液中通入 H$_2$S 达饱和时(饱和 H$_2$S 水溶液浓度为 0.1 mol·L^{-1}),问 Cd^{2+} 离子能否沉淀完全?若将 Cd^{2+} 改为 Zn^{2+} 离子,则 Zn^{2+} 离子能否沉淀完全?已知 $K_{sp,CdS}^{\theta}=1.40\times10^{-29}$,$K_{sp,ZnS}^{\theta}=2.93\times10^{-25}$,$K_{a_1,H_2S}^{\theta}=1.3\times10^{-7}$,$K_{a_2,H_2S}^{\theta}=7.1\times10^{-15}$。

解:在 0.30 mol·L^{-1} 的 HCl 溶液中,H$_2$S 的电离平衡为

$$H_2S \rightleftharpoons 2H^+ + S^{2-}$$

$$K_{a_1}^{\theta} \cdot K_{a_2}^{\theta} = \frac{[H^+]^2[S^{2-}]}{[H_2S]}$$

$$1.3\times10^{-7}\times7.1\times10^{-15}=\frac{0.3^2\times[S^{2-}]}{0.1}$$

$$[S^{2-}]=1.02\times10^{-21} \text{ mol·L}^{-1}$$

根据溶度积规则,平衡时有

$$K_{sp,CdS}^{\theta}=[Cd^{2+}][S^{2-}]$$

$$[Cd^{2+}]=\frac{K_{sp}^{\theta}}{[S^{2-}]}=\frac{1.40\times10^{-29}}{1.02\times10^{-21}} \text{ mol·L}^{-1}=1.37\times10^{-8} \text{ mol·L}^{-1}<1.0\times10^{-5} \text{ mol·L}^{-1}$$

结果说明溶液中 Cd^{2+} 离子已沉淀完全。

注意:无机化学中规定,通过沉淀方法使溶液中某离子的浓度小于或等于 1.0×10^{-5} mol·L^{-1} 时,可以认为该离子已沉淀完全。

如将 Cd^{2+} 离子改为 Zn^{2+} 离子,则有

$$[Zn^{2+}]=\frac{K_{sp}^{\theta}}{[S^{2-}]}=\frac{2.93\times10^{-25}}{1.02\times10^{-21}} \text{ mol·L}^{-1}>1\times10^{-5} \text{ mol·L}^{-1}$$

因此 Zn^{2+} 离子不能沉淀完全。

【例题 4.20】在 1 L 含有 0.001 mol SO$_4^{2-}$ 的溶液中,加入 0.01 mol BaCl$_2$ 晶体,能否使 SO$_4^{2-}$ 沉淀完全?已知 $K_{sp,BaSO_4}^{\theta}=1.08\times10^{-10}$。

解:根据题意,[Ba^{2+}]=0.01 mol·L^{-1},[SO$_4^{2-}$]=0.001 mol·L^{-1},平衡时 Ba^{2+} 离子的浓度是 BaCl$_2$ 起始浓度减去与 SO$_4^{2-}$ 离子反应而消耗的 Ba^{2+} 浓度并加上生成 0.001 mol·L^{-1} BaSO$_4$ 沉淀电离出的极少的 Ba^{2+} 浓度。但由于 BaSO$_4$ 的溶度积很小,所以 BaSO$_4$ 电离出的 Ba^{2+} 浓度可以忽略不计,则有

$$[Ba^{2+}]_{平衡}=[Ba^{2+}]_{起始}-[Ba^{2+}]_{生成BaSO_4}+[Ba^{2+}]_{BaSO_4电离}$$

$$\approx 0.01-0.001 \text{ mol·L}^{-1}$$

$$= 0.009 \text{ mol} \cdot \text{L}^{-1}$$

根据
$$K_{sp}^{\theta} = [\text{Ba}^{2+}][\text{SO}_4^{2-}]$$
$$1.08 \times 10^{-10} = 0.009 \times [\text{SO}_4^{2-}]$$

得
$$[\text{SO}_4^{2-}] = 1.2 \times 10^{-8} \text{ mol} \cdot \text{L}^{-1} < 1.0 \times 10^{-5} \text{ mol} \cdot \text{L}^{-1}$$

故可认为溶液中的 SO_4^{2-} 离子沉淀完全。

2) 控制溶液的 pH

某些难溶的弱酸盐和难溶的氢氧化物,通过控制溶液的 pH,可以使其沉淀(或溶解)。

【例题 4.21】 计算欲使浓度为 $0.01 \text{ mol} \cdot \text{L}^{-1}$ 的 Fe^{3+} 开始沉淀和沉淀完全时的 pH。已知 $K_{sp,\text{Fe(OH)}_3}^{\theta} = 2.64 \times 10^{-39}$。

解:(1)开始沉淀时所需 pH。依题意有
$$\text{Fe(OH)}_3 \rightleftharpoons \text{Fe}^{3+} + 3\text{OH}^-$$

由
$$K_{sp,\text{Fe(OH)}_3}^{\theta} = [\text{Fe}^{3+}][\text{OH}^-]^3$$
$$2.64 \times 10^{-39} = 0.01 \times [\text{OH}^-]^3$$

得
$$[\text{OH}^-] = 6.42 \times 10^{-13} \text{ mol} \cdot \text{L}^{-1}$$

则
$$\text{pOH} = 13 - \lg 6.42 = 12.19, \quad \text{pH} = 14 - 12.19 = 1.81$$

(2)沉淀完全时所需 pH。依题意可知,当 $[\text{Fe}^{3+}] \leq 1.0 \times 10^{-5} \text{ mol} \cdot \text{L}^{-1}$ 时,Fe^{3+} 可视为沉淀完全。于是有

$$K_{sp,\text{Fe(OH)}_3}^{\theta} = [\text{Fe}^{3+}][\text{OH}^-]^3$$
$$2.64 \times 10^{-39} = 1.0 \times 10^{-5} \times [\text{OH}^-]^3$$
$$[\text{OH}^-] = 6.42 \times 10^{-12} \text{ mol} \cdot \text{L}^{-1}$$
$$\text{pOH} = 12 - \lg 6.42 = 11.19, \quad \text{pH} = 14 - 11.19 = 2.81$$

通过此例的计算可看出:

① 氢氧化物开始沉淀和沉淀完全不一定在碱性环境中;

② 不同难溶氢氧化物的 K_{sp}^{θ} 不同,化学反应方程式不同,它们沉淀所需的 pH 也不同,故可通过控制 pH 达到分离金属离子的目的。当然,上述计算仅仅是理论值,实际情况往往复杂得多。

2. 分步沉淀

在溶液中常常含有多种离子,当加入某种沉淀剂时,往往可以和多种离子生成难溶电解质。在这种情况下,离子的沉淀按什么顺序进行?接下来我们根据溶度积原理进行一定的计算以求得明确的答案。

【例题 4.22】 在含有 $0.01 \text{ mol} \cdot \text{L}^{-1}$ 的 Cl^- 和 I^- 的溶液中,逐滴加入 AgNO_3 溶液,问:

(1) AgCl 和 AgI 哪个先析出?

(2) 当后沉淀的离子开始生成沉淀时,先析出沉淀的离子是否已沉淀完全?

已知 298 K 时 $K_{sp,\text{AgCl}}^{\theta} = 1.77 \times 10^{-10}$,$K_{sp,\text{AgI}}^{\theta} = 8.51 \times 10^{-17}$。

解:(1)根据溶度积规则,可算出生成 AgCl 和 AgI 所需的最低 Ag^+ 浓度。

① AgCl 开始沉淀所需的最低 Ag^+ 浓度为

$$[Ag^+] = \frac{K^\theta_{sp,AgCl}}{[Cl^-]} = \frac{1.77 \times 10^{-10}}{0.01 \text{ mol} \cdot L^{-1}} = 1.77 \times 10^{-8} \text{ mol} \cdot L^{-1}$$

②AgI 开始沉淀所需的最低 Ag^+ 浓度为：

$$[Ag^+] = \frac{K^\theta_{sp,AgI}}{[I^-]} = \frac{8.51 \times 10^{-17}}{0.01 \text{ mol} \cdot L^{-1}} = 8.51 \times 10^{-15} \text{ mol} \cdot L^{-1}$$

计算结果表明，沉淀 I^- 所需要的 Ag^+ 浓度比沉淀 Cl^- 所需要的 Ag^+ 浓度小得多，所以 AgI 先析出。

(2)当 AgCl 开始沉淀时，溶液中$[Ag^+] \geqslant 1.77 \times 10^{-8}$ mol $\cdot L^{-3}$，此时溶液中残留的 I^- 浓度为

$$[I^-] = K^\theta_{sp,AgI}/[Ag^+] = 8.51 \times 10^{-17}/1.77 \times 10^{-8} \text{ mol} \cdot L^{-1} = 4.81 \times 10^{-9} \text{ mol} \cdot L^{-1} < 1.0 \times 10^{-5} \text{ mol} \cdot L^{-1}$$

因此当 Cl^- 开始生成沉淀时，I^- 已沉淀完全了。

【例题 4.23】若溶液中 Fe^{3+} 和 Mg^{2+} 的浓度都是 0.10 mol $\cdot L^{-1}$，加入氢氧化钠溶液(忽略溶液体积变化)，欲使 Fe^{3+} 沉淀完全而 Mg^{2+} 不生成沉淀，应将溶液的 pH 控制在什么范围？已知 $K^\theta_{sp,Fe(OH)_3} = 2.64 \times 10^{-39}$，$K^\theta_{sp,Mg(OH)_2} = 5.61 \times 10^{-12}$。

解：Fe^{3+} 离子沉淀完全时，溶液中 OH^- 浓度为

$$[OH^-] = \sqrt[3]{\frac{K^\theta_{sp,Fe(OH)_3}}{[Fe^{3+}]}} = \sqrt[3]{\frac{2.64 \times 10^{-39}}{1 \times 10^{-5}}} \text{ mol} \cdot L^{-1} = 6.42 \times 10^{-12} \text{ mol} \cdot L^{-1}$$

$pOH = -\lg[OH^-] = -\lg(6.42 \times 10^{-12}) = 11.19$，$pH = 14 - pOH = 14 - 11.19 = 2.81$

Mg^{2+} 离子开始沉淀时，溶液中 OH^- 浓度为

$$[OH^-] = \sqrt{\frac{K^\theta_{sp,Mg(OH)_2}}{[Mg^{2+}]}} = \sqrt{\frac{5.61 \times 10^{-12}}{0.10}} \text{ mol} \cdot L^{-1} = 7.49 \times 10^{-6} \text{ mol} \cdot L^{-1}$$

$pOH = -\lg[OH^-] = -\lg(7.49 \times 10^{-6}) = 5.13$，$pH = 14 - pOH = 14 - 5.13 = 8.87$

因此，把 pH 控制在 2.81~8.87 之间，就可使 Fe^{3+} 沉淀完全，而 Mg^{2+} 不生成沉淀仍留在溶液中，达到分离的目的。

利用分步沉淀原理，可使两种离子分离，而且两种沉淀的溶度积相差越大，分离就越完全。沉淀的先后次序，除与溶度积有关外，还与溶液中被沉淀离子的最初浓度有关。若溶液中有两种离子都能与沉淀剂生成沉淀物质，其中一种与沉淀剂生成的化合物溶度积虽然较大，但该离子在溶液中有较大的浓度，使其离子浓度乘积首先达到溶度积，则这种离子将首先沉淀。总之，分步沉淀的顺序并不是固定的，其决定因素是：沉淀物质的溶度积与被沉淀离子的浓度。

3. 沉淀的转化

有些沉淀不能利用酸碱反应、氧化还原反应和配位反应直接溶解，但可以将其转化为另一种沉淀溶解，这种由一种沉淀转化为另一种沉淀的过程称为沉淀的转化。

例如，锅炉中的锅垢的主要成分为 $CaSO_4$，由于锅垢的导热能力很小，阻碍传热，浪费燃料，还可能引起锅炉或蒸气管爆裂等事故，所以必须清除。但 $CaSO_4$ 不溶于水也不溶于酸，很难清除。此时若用溶液处理，则可使 $CaSO_4$ 转化为疏松且可溶于酸的 $CaCO_3$ 而除

去。$CaSO_4$ 转化为 $CaCO_3$ 的反应如下：

$$CaSO_4(s) \rightleftharpoons Ca^{2+} + SO_4^{2-}$$

$$Ca^{2+} + CO_3^{2-} \rightleftharpoons CaCO_3(s)$$

总反应为

$$CaSO_4(s) + CO_3^{2-} \rightleftharpoons CaCO_3(s) + SO_4^{2-}$$

总反应平衡常数为

$$K^\theta = \frac{[SO_4^{2-}]}{[CO_3^{2-}]} = \frac{[SO_4^{2-}][Ca^{2+}]}{[CO_3^{2-}][Ca^{2+}]} = \frac{K^\theta_{sp,CaSO_4}}{K^\theta_{sp,CaCO_3}} = \frac{4.93\times10^{-5}}{3.36\times10^{-9}} = 1.47\times10^4$$

沉淀转化反应的 K^θ 很大，说明反应向右的趋势很大，即 $CaSO_4$ 转化为 $CaCO_3$ 程度很大。应该指出，沉淀的转化是有条件的，由一种难溶电解质转化为另一种更难溶电解质是比较容易的，反之则比较困难，甚至不可能转化。

例如，AgCl 的溶度积比 AgI 的溶度积大很多（$K^\theta_{sp,AgCl} = 1.77\times10^{-10}$，$K^\theta_{sp,AgI} = 8.51\times10^{-17}$），因此要把 AgCl 转化为 AgI 非常容易，相反要把 AgI 转化为 AgCl 则非常困难，这一点从转化反应的平衡常数也可看出，即

$$AgI(s) + Cl^- \rightleftharpoons AgCl(s) + I^-$$

$$K^\theta = \frac{K^\theta_{sp,AgI}}{K^\theta_{sp,AgCl}} = \frac{8.51\times10^{-17}}{1.77\times10^{-10}} = 4.81\times10^{-7}$$

由于平衡常数非常小，因此实际上反应不能向右进行，实现转化也就不太可能。

总而言之，如果转化反应的平衡常数较大，转化就比较容易实现；如果转化反应平衡常数很小，则不可能转化；某些转化反应的平衡常数既不很大，又不很小，则在一定条件下转化也是可能的。

【例题4.24】 通过计算说明，用 1 L 浓度为多少的 Na_2CO_3 溶液才能将 0.10 mol 的 $CaSO_4$ 沉淀转化为 $CaCO_3$ 沉淀？已知 $K^\theta_{sp,CaSO_4}=2.5\times10^{-5}$，$K^\theta_{sp,CaCO_3}=8.7\times10^{-9}$。

解：

$$CaSO_4 + CO_3^{2-} \rightleftharpoons CaCO_3 + SO_4^{2-}$$

$$K^\theta = \frac{[SO_4^{2-}]}{[CO_3^{2-}]} = \frac{[K^\theta_{sp,CaSO_4}]}{[K^\theta_{sp,CaCO_3}]} = \frac{2.5\times10^{-5}}{8.7\times10^{-9}} = 2.9\times10^3$$

反应的平衡常数很大，可见沉淀转化相当完全。因此，欲使 0.10 mol 的 $CaSO_4$ 沉淀完全转化为 $CaCO_3$ 沉淀，所需 Na_2CO_3 的初始浓度也就是 $0.10\ mol\cdot L^{-1}$。

4. 沉淀的溶解

根据溶度积规则，要使沉淀溶解，必须降低溶液中的某种离子浓度，使 $Q_i < K^\theta_{sp}$，常用的方法有以下几种。

1）生成弱电解质

（1）生成弱酸，如 $CaCO_3$、ZnS、FeS 等，都可以溶解于稀盐酸中，原因就是难溶盐的阴离子生成了弱酸。例如：

$$FeS + 2HCl \rightleftharpoons FeCl_2 + H_2S\uparrow$$

（2）生成弱碱，如氢氧化镁可以溶解于氯化铵中，原因就是生成了弱碱氨水，即

$$Mg(OH)_2 + 2NH_4Cl \rightleftharpoons MgCl_2 + 2NH_3 \cdot H_2O$$

(3)生成水。所有难溶的金属氢氧化物在强酸性溶液中都有不同程度的溶解，原因是弱电解质水的生成。例如：

$$Cu(OH)_2 + 2H^+ \rightleftharpoons Cu^{2+} + 2H_2O \qquad CaCO_3 + 2H^+ \rightleftharpoons Cu^{2+} + H_2O + CO_2\uparrow$$

2) 发生氧化还原反应

例如，金属硫化物的溶解：MnS、ZnS、FeS 可以溶于稀盐酸；SnS、PbS 可以溶于浓盐酸；CuS、Ag_2S 不溶于盐酸，但可以溶于硝酸中；而 HgS 虽不溶于硝酸却能溶于王水中。即

$$PbS + 4HCl(浓) \rightleftharpoons H_2[PbCl_4] + H_2S\uparrow$$
$$3CuS + 8HNO_3 \rightleftharpoons 3Cu(NO_3)_2 + 2NO\uparrow + 3S\downarrow + 4H_2O$$
$$3HgS + 2HNO_3 + 12HCl \rightleftharpoons 3H_2[HgCl_4] + 2NO\uparrow + 3S\downarrow + 4H_2O$$

3) 生成配位化合物

例如，HgI_2 可以溶于 KI 溶液，HgS 可以溶于 Na_2S 溶液，AgCl、$Cu(OH)_2$ 可以溶于氨水。即

$$HgS + Na_2S \rightleftharpoons Na_2[HgS_2]$$
$$HgI_2 + 2KI \rightleftharpoons K_2[HgI_4]$$
$$AgCl + 2NH_3 \rightleftharpoons [Ag(NH_3)_2]Cl$$
$$Cu(OH)_2 + 4NH_3 \rightleftharpoons [Cu(NH_3)_4](OH)_2$$

习 题

4.1 在某温度下 0.50 $mol \cdot L^{-1}$ 的某一元弱酸溶液的电离度为 2%，试求此温度下该一元弱酸的电离平衡常数。

4.2 计算 298 K 时，0.050 $mol \cdot L^{-1}$ 的次氯酸(HClO)溶液中 H^+ 的浓度和次氯酸的电离度。

4.3 已知氨水溶液的浓度为 0.20 $mol \cdot L^{-1}$。求：

(1) 该溶液中 OH^- 的浓度及溶液的 pH；

(2) 在上述 100 mL 溶液中加入 1.07 g NH_4Cl 晶体(忽略溶液的体积变化)，所得溶液的 OH^- 浓度及 pH；

(3) 比较(1)、(2)的计算结果，说明了什么？

4.4 试计算 25℃ 时 0.10 $mol \cdot L^{-1}$ 的 H_2CO_3 溶液中的 H^+、HCO_3^-、CO_3^{2-} 浓度和 pH。

4.5 计算下列溶液的 pH：

(1) 0.20 $mol \cdot L^{-1}$ 的 NH_3 溶液；(2) 0.10 $mol \cdot L^{-1}$ 的 CH_3COONa 溶液；

(3) 0.10 $mol \cdot L^{-1}$ 的 CH_3COOH 溶液；(4) 0.10 $mol \cdot L^{-1}$ 的 NH_4Cl 溶液。

4.6 取 50 mL 浓度为 0.10 $mol \cdot L^{-1}$ 某一元弱酸溶液，与 20 mL 浓度为 0.10 $mol \cdot L^{-1}$ KOH 溶液相混合，将混合溶液稀释至 100 mL，测得此溶液的 pH 为 5.25，求此一元弱酸的电离平衡常数。

4.7 下列说法是否正确，为什么？

(1) 某一元酸越强，则其共轭碱越弱。

(2) 相同浓度的 HCl 和 CH_3COOH 溶液的 pH 相同，pH 相同的 HCl 和 CH_3COOH 溶液的浓度也相同。

(3) 高浓度的强酸和强碱溶液也是缓冲溶液。

(4) 难溶物的溶解度越大，其 K_{sp}^{θ} 值也越大。

4.8 往氨水中加入少量下列物质时，NH_3 的电离度和溶液的 pH 将发生怎样的变化？

(1) $NH_4Cl(s)$；(2) $NaOH(s)$；(3) HCl；(4) H_2O。

4.9 欲配制 pH 为 9 的缓冲溶液，选择下列哪一种弱酸及其共轭碱较合适？

(1) HCOOH，$K_a^{\theta}=1.77\times10^{-4}$；(2) CH_3COOH，$K_a^{\theta}=1.76\times10^{-5}$；(3) NH_4^+，$K_a^{\theta}=5.64\times10^{-10}$。

4.10 pH=7.00 的水溶液一定是中性水溶液吗？请说明原因。

4.11 已知常温下水的离子积常数 $K_w^{\theta}=1.0\times10^{-14}$，这是否意味着水的电离平衡常数 $K^{\theta}=1.0\times10^{-14}$？

4.12 判断下列过程中溶液 pH 的变化(假设溶液体积不变)，说明原因：

(1) 将 $NaNO_2(s)$ 加到 HNO_2 溶液中； (2) 将 $NaNO_3(s)$ 加到 HNO_3 溶液中；

(3) 将 $NH_4Cl(s)$ 加到氨水中； (4) 将 $NaCl(s)$ 加到 HAc 溶液中。

4.13 若用烧碱中和 pH 相同的盐酸和醋酸，烧碱用量是否相同？

4.14 已知 $0.010\ mol\cdot L^{-1}\ H_2SO_4$ 溶液的 pH=1.84，求 HSO_4^- 的电离平衡常数 $K_{a_2}^{\theta}$。

4.15 已知 $0.10\ mol\cdot L^{-1}$ HCN 溶液的电离度为 0.006 3%，求溶液的 pH 和 HCN 的电离平衡常数。

4.16 25℃时，求含 $0.10\ mol\cdot L^{-1}$ HCl 溶液和 $0.10\ mol\cdot L^{-1}\ H_2C_2O_4$ 溶液的混合溶液中 $HC_2O_4^-$、$C_2O_4^{2-}$ 浓度。

4.17 在 291 K，101 kPa 时，硫化氢在水中的溶解度是 2.61 体积/1 体积水。

(1) 求饱和 H_2S 水溶液的物质的量浓度；

(2) 求饱和 H_2S 水溶液中 H^+、HS^-、S^{2-} 的浓度和溶液的 pH；

(3) 当用盐酸将饱和 H_2S 水溶液的 pH 调至 2.00 时，溶液中 HS^- 和 S^{2-} 的浓度为多少？

4.18 欲用 $H_2C_2O_4$ 和 NaOH 配制 pH=4.19 的缓冲溶液，问需 $0.100\ mol\cdot L^{-1}$ 的 $H_2C_2O_4$ 溶液与 $0.100\ mol\cdot L^{-1}$ 的 NaOH 溶液的体积比为多少。

4.19 将 0.10 L 浓度为 $0.20\ mol\cdot L^{-1}$ 的 CH_3COOH 溶液和 0.050 L 浓度为 $0.20\ mol\cdot L^{-1}$ 的 NaOH 溶液混合，问混合后溶液的 pH 为多少？

4.20 在人体血液中，H_2CO_3-$NaHCO_3$ 缓冲对的作用之一是从细胞组织中迅速除去由于激烈运动产生的乳酸(表示为 HL)。

(1) 求 $HL + HCO_3^- \rightleftharpoons H_2CO_3 + L^-$ 的平衡常数 K^{θ}。

(2) 若血液中 $[H_2CO_3]=1.4\times10^{-2}\ mol\cdot L^{-1}$，$[HCO_3^-]=2.7\times10^{-2}\ mol\cdot L^{-1}$，求血液的 pH。

(3) 若运动时，1.0 L 血液中产生的乳酸为 5.0×10^{-3} mol，则血液的 pH 变为多少？

已知 298 K 时，H_2CO_3 的 $K_{a_1}^{\theta}=4.3\times10^{-7}$，$K_{a_2}^{\theta}=5.6\times10^{-11}$；HL 的 $K_a^{\theta}=1.4\times10^{-4}$。

4.21 通过计算说明，当两种溶液等体积混合时，下列哪组溶液可以用作缓冲溶液？

(1) $0.200\ mol\cdot L^{-1}$ 的 NaOH 溶液，$0.100\ mol\cdot L^{-1}$ 的 H_2SO_4 溶液；

(2) $0.100\ mol\cdot L^{-1}$ 的 HCl 溶液，$0.200\ mol\cdot L^{-1}$ 的 CH_3COONa 溶液；

(3) $0.100\ mol\cdot L^{-1}$ 的 NaOH 溶液，$0.200\ mol\cdot L^{-1}$ 的 HNO_2 溶液；

(4) $0.200\ mol\cdot L^{-1}$ 的 HCl 溶液，$0.100\ mol\cdot L^{-1}$ 的 $NaNO_2$ 溶液；

(5) $0.200\ mol\cdot L^{-1}$ 的 NH_4Cl 溶液，$0.200\ mol\cdot L^{-1}$ 的 NaOH 溶液。

4.22 在 20 mL 浓度为 $0.30\ mol\cdot L^{-1}$ 的 $NaHCO_3$ 溶液中，加入浓度为 $0.20\ mol\cdot L^{-1}$ 的 Na_2CO_3 溶液后，溶液的 pH 变为 10.00，求加入 Na_2CO_3 溶液的体积。

4.23 百里酚蓝（设为 H_2In）是二元弱酸指示剂（$K_{a_1}^{\theta}=2.24\times10^{-2}$，$K_{a_2}^{\theta}=6.31\times10^{-10}$），其中 H_2In 显红色，HIn^- 显黄色，In^{2-} 显蓝色。问：

(1) 百里酚蓝的 pH 变色范围为多少？

(2) 在 pH 分别为 1、4、12 的溶液中，百里酚蓝各显什么颜色？

4.24 根据质子得失平衡，推导 NaH_2PO_4 溶液 pH 近似计算公式。

4.25 写出下列物质的共轭酸：

S^{2-}，SO_4^{2-}，$H_2PO_4^-$，HSO_4^-，NH_3，NH_2OH，N_2H_4。

4.26 写出下列物质的共轭碱：

H_2S，HSO_4^-，$H_2PO_4^-$，H_2SO_4，NH_3，NH_2OH，HN_3。

4.27 根据酸碱质子理论，按由强到弱的顺序排列下列各碱：

NO_2^-，SO_4^{2-}，$HCOO^-$，HSO_4^-，CH_3COO^-，CO_3^{2-}，S^{2-}，ClO_4^-。

4.28 根据酸碱电子理论，按由强到弱的顺序排列下列各酸：

Li^+，Na^+，K^+，Be^{2+}，Mg^{2+}，Al^{3+}，B^{3+}，Fe^{2+}。

4.29 写出下列各溶解平衡的表达式：

(1) $Hg_2C_2O_4 \rightleftharpoons 2Hg^+ + C_2O_4^{2-}$；   (2) $Ag_2SO_4 \rightleftharpoons 2Ag^+ + SO_4^{2-}$；

(3) $Ca_3(PO_4)_2 \rightleftharpoons 3Ca^{2+} + 2PO_4^{3-}$；   (4) $Fe(OH)_3 \rightleftharpoons Fe^{3+} + 3OH^-$；

(5) $CaHPO_4 \rightleftharpoons Ca^{2+} + H^+ + PO_4^{3-}$。

4.30 根据粗略估计，按 $[Ag^+]$ 逐渐增大的次序排列下列饱和溶液。

$Ag_2SO_4(K_{sp}^{\theta}=6.3\times10^{-5})$，$AgCl(K_{sp}^{\theta}=1.8\times10^{-10})$，$Ag_2CrO_4(K_{sp}^{\theta}=2.0\times10^{-12})$，$AgI(K_{sp}^{\theta}=8.9\times10^{-17})$，$Ag_2S(K_{sp}^{\theta}=2\times10^{-49})$，$AgNO_3$。

4.31 解释下列事实：

(1) HgS 难溶于硝酸但易溶于王水；

(2) Ag_2S 易溶于硝酸但难溶于硫酸；

(3) PbS 在盐酸中的溶解度比在纯水中的大；

(4) Ag_3PO_4 在磷酸中的溶解度比在纯水中的大；

(5) $BaSO_4$ 在硝酸中的溶解度比在纯水中的溶解度大；

(6) AgCl 在纯水中的溶解度比在盐酸中的溶解度大。

4.32 回答下列两个问题：

(1)沉淀完全的含义是什么？沉淀完全是否意味着溶液中该离子的浓度为零？

(2)两种离子完全分离的含义是什么？欲实现两种离子的完全分离通常采取哪些方法？

4.33 根据下列给定条件求溶度积常数：

(1)298 K，$FeC_2O_4 \cdot H_2O$ 在 1 L 水中最多能溶解 0.10 g。

(2)298 K，$Ni(OH)_2$ 在 pH=9 的溶液中的溶解度为 1.6×10^{-6} mol·L^{-1}。

4.34 向浓度为 0.10 mol·L^{-1} 的 $MnSO_4$ 溶液中逐滴加入 Na_2S 溶液，通过计算说明 MnS 和 $Mn(OH)_2$ 何者先沉淀？已知 $K^{\theta}_{sp,MnS} = 4.65 \times 10^{-14}$，$K^{\theta}_{sp,Mn(OH)_2} = 2.06 \times 10^{-13}$。

4.35 试求 $Mg(OH)_2$ 在 1.0 L 浓度为 1.0 mol·L^{-1} 的 $NH_3 \cdot H_2O$ 溶液中的溶解度。

4.36 向含有 Mn^{2+} 和 Fe^{2+} 浓度均为 0.020 mol·L^{-1} 的溶液中通入 $H_2S(g)$ 达饱和(饱和 H_2S 溶液的浓度为 0.1 mol·L^{-1})，欲使两种离子完全分离，则溶液的 pH 应控制在什么范围？已知 $K^{\theta}_{sp,MnS} = 4.65 \times 10^{-14}$，$K^{\theta}_{sp,FeS} = 1.59 \times 10^{-19}$，$H_2S$ 的 $K^{\theta}_{a_1} = 1.3 \times 10^{-7}$，$K^{\theta}_{a_2} = 7.1 \times 10^{-15}$。

4.37 某混合溶液中含有阳离子的浓度及其氢氧化物的溶度积如下表所示。

阳离子	Mg^{2+}	Ca^{2+}	Cd^{2+}	Fe^{3+}
浓度/(mol·L^{-1})	6×10^{-2}	1×10^{-2}	2×10^{-3}	2×10^{-5}
K^{θ}_{sp}	1.8×10^{-11}	1.3×10^{-6}	2.5×10^{-14}	4×10^{-38}

向混合溶液中加入 NaOH 溶液使溶液的体积增大 1 倍时，恰好使 50% 的 Mg^{2+} 沉淀。求：

(1)此时溶液的 pH；(2)其他阳离子被沉淀的物质的量分数。

4.38 通过计算说明，分别用 Na_2CO_3 溶液和 Na_2S 溶液处理 AgI 沉淀，能否实现沉淀的转化？已知 $K^{\theta}_{sp,Ag_2CO_3} = 8.45 \times 10^{-12}$，$K^{\theta}_{sp,AgI} = 8.51 \times 10^{-17}$，$K^{\theta}_{sp,Ag_2S} = 1.09 \times 10^{-49}$。

4.39 在 1 L 浓度为 0.10 mol·L^{-1} 的 $ZnSO_4$ 溶液中，含有 0.010 mol 的 Fe^{2+} 杂质，加入过氧化氢将 Fe^{2+} 氧化为 Fe^{3+} 后，调节溶液 pH，使 Fe^{3+} 生成 $Fe(OH)_3$ 沉淀而除去，问如何控制溶液的 pH？已知 $K^{\theta}_{sp,Zn(OH)_2} = 4.12 \times 10^{-17}$，$K^{\theta}_{sp,Fe(OH)_3} = 2.64 \times 10^{-39}$。

4.40 常温下，欲在 1 L 醋酸溶液中溶解 0.10 mol MnS，则醋酸的初始浓度至少为多少？已知 $K^{\theta}_{sp,MnS} = 4.65 \times 10^{-14}$，$CH_3COOH$ 的 $K^{\theta}_{a} = 1.76 \times 10^{-5}$，$H_2S$ 的 $K^{\theta}_{a_1} = 1.3 \times 10^{-7}$，$K^{\theta}_{a_2} = 7.1 \times 10^{-15}$。

4.41 将 5.0×10^{-3} L 浓度为 0.20 mol·L^{-1} 的 $MgCl_2$ 溶液与 5.0×10^{-3} L 浓度为 0.10 mol·L^{-1} 的 $NH_3 \cdot H_2O$ 溶液混合时，有无 $Mg(OH)_2$ 沉淀生成？为了使溶液中不析出 $Mg(OH)_2$ 沉淀，在溶液中至少要加入多少克 $NH_4Cl(s)$(忽略溶液的体积变化)？已知 $K^{\theta}_{sp,Mg(OH)_2} = 5.61 \times 10^{-12}$，$K^{\theta}_{b,NH_3} = 1.8 \times 10^{-5}$。

第5章 氧化还原反应

从不同角度可以将化学反应分为不同类型，如沉淀反应、中和反应、分解反应和取代反应等。以反应过程中元素的氧化数变化为根据，则可将化学反应分为两种类型：一类是反应过程中没有电子的得失，这类反应叫作非氧化还原反应；另一类是反应过程中有电子的得失，这一类反应叫作氧化还原反应，其中失去电子的过程叫作氧化，得到电子的过程叫作还原。氧化还原反应在许多领域都有涉及，如燃烧、冶炼、各种化工产品的生产及生物化学等。

5.1 基本概念

5.1.1 氧化数

氧化还原反应的实质是反应物之间发生了电子转移或偏移，如金属 Zn 与 $CuSO_4$ 溶液的离子反应：

$$Cu^{2+}(aq) + Zn(s) \rightleftharpoons Zn^{2+}(aq) + Cu(s)$$

反应中电子从 Zn 转移到 Cu^{2+}。

又如氢气在氧气中的燃烧反应：

$$2H_2(g) + O_2(g) = 2H_2O(l)$$

尽管反应中氧和氢都没有完全获得或失去电子，但水分子中氢氧间的共用电子对会偏向氧的一方，这种反应同样属于氧化还原反应。

在氧化还原反应中，电子转移引起某些原子的价电子层结构发生变化，从而改变了这些原子的带电状态。为了描述原子带电状态的改变，表明元素被氧化的程度，氧化态的概念被提出了。元素的氧化态可用一定数值来表示，称为氧化数或氧化值。1970 年，国际纯粹与应用化学联合会(IUPAC)将氧化数定义为：某元素一个原子的电荷数，这个电荷数是人为地将成键电子指定给电负性较大的原子而求得的。

按照氧化数的定义，某元素的氧化数，可由以下经验规则求得。

(1) 单质中元素的氧化数为零。

(2) 一般化合物中，氢元素的氧化数为+1。但在活泼金属的氢化物(如 NaH、CaH_2

中,氢元素的氧化数为-1。

(3)一般化合物中,氧元素氧化数为-2。但在过氧化物(如 H_2O_2、BaO_2 等)中,氧元素的氧化数为-1;在超氧化物(如 KO_2)中,氧元素的氧化数为$-\frac{1}{2}$;在 OF_2 中,氧元素的氧化数为+2。

(4)所有元素的原子,其氧化数的代数和在多原子的分子中等于零;在多原子的离子中等于离子所带的电荷数。

利用此规则可以确定化合物中某元素的氧化数。

【例题 5.1】 求 MnO_4^- 中 Mn 元素的氧化数。

解:设 Mn 元素的氧化数为 x,因 H 元素的氧化数为+1,O 元素的氧化数为-2,则有

$$x+(-2)\times 4 = -1$$

$$x = +7$$

Mn 元素的氧化数为+7。

【例题 5.2】 求 C_3H_8 中 C 元素的氧化数。

解:设 C 元素的氧化数为 x,因 H 元素的氧化数为+1,则有

$$3x+8\times 1 = 0$$

$$x = -\frac{8}{3}$$

C 元素的氧化数为 $-\frac{8}{3}$。

5.1.2 氧化还原反应的类型

1. 分子间氧化还原反应

氧化数的升高与降低发生在不同种的分子或离子上,如:

$$2KI + 2FeCl_3 = I_2 + 2KCl + 2FeCl_2$$

$$H_2 + CuO \xrightarrow{\Delta} Cu + H_2O$$

2. 自氧化还原反应

氧化数的升高和降低发生在同一种分子内的不同元素的原子上,如:

$$2HgO \xrightarrow{\Delta} 2Hg + O_2\uparrow$$

3. 歧化反应

氧化数的升高与降低发生在同一种分子内的同种元素原子上,如:

$$Cl_2 + 2NaOH = NaCl + NaClO + H_2O$$

4. 多元素被氧化或多元素被还原时的氧化还原反应

多元素被氧化或多元素被还原,如:

$$4FeS_2 + 11O_2 \xrightarrow{\Delta} 2Fe_2O_3 + 8SO_2\uparrow$$

5.2 氧化还原反应方程式的配平

氧化还原反应一般比较复杂，涉及的物质比较多，除了氧化剂与还原剂外，还有酸、碱、水等介质参与，难以用一般的观察法配平。配平氧化还原反应方程式的方法很多，常用的有氧化数法、离子-电子法。

5.2.1 氧化数法

氧化数法配平氧化还原反应方程式的原则是：氧化剂中元素氧化数降低的总数等于还原剂中元素氧化数升高的总数。

下面用实例说明氧化数法的配平步骤。

【例题5.3】 配平化学反应方程式 $HClO_3 + P_4 \longrightarrow HCl + H_3PO_4$。

解：(1) 标出元素有变化的氧化数，计算出氧化数的升高与降低值。

$$\overset{+5}{H}ClO_3 + \overset{0}{P_4} \longrightarrow \overset{-1}{H}Cl + H_3\overset{+5}{P}O_4$$

上方：$-1-5=-6$
下方：$(5-0)\times 4 = 20$

(2) 找出氧化数升高值与降低值的最小公倍数，并在氧化剂与还原剂分子式前乘以适当系数，使氧化数升高值与降低值相等。

| 升高 | P | $(5-0)\times 4 = 20$ | $\times 3 = 60$ |
| 降低 | Cl | $-1-5=-6$ | $\times 10 = -60$ |

(3) 将找出的系数分别乘在相应的物质的分子式前面。

$$10HClO_3 + 3P_4 \longrightarrow 10HCl + 12H_3PO_4$$

(4) 检查反应方程式两边的氢氧原子数目，找出参加反应的水分子数。

步骤(3) 的氧化还原反应方程式中，右边氢原子比左边多，证明有水分子参加了反应，补进足够的水分子使两边的氢原子数相等。

$$10HClO_3 + 3P_4 + 18H_2O =\!=\!= 10HCl + 12H_3PO_4$$

最后检查两边氧原子个数，方程式已配平。

【例题5.4】 配平反应 $KClO_3 \longrightarrow KClO_4 + KCl$。

解：(1) 标出元素有变化的氧化数，计算出氧化数的升高与降低值。

$$\overset{+5}{K}ClO_3 \longrightarrow K\overset{+7}{Cl}O_4 + K\overset{-1}{Cl}$$

上方：$7-5=2$
下方：$-1-5=-6$

(2) 找出氧化数升高值与降低值的最小公倍数，并在氧化剂与还原剂分子式前乘以适当系数，使氧化数升高值与降低值相等，将找出的系数分别乘在相应物质的分子式前面。

升高　　Cl　　$7-5=2$　　$\times 3 = 6$

降低　　Cl　　$-1-5=-6$　　$\times 1 = -6$

$$4KClO_3 =\!= 3KClO_4 + KCl$$

(3) 检查反应方程式两边的原子个数，方程式已配平。

5.2.2 离子-电子法

离子-电子法配平的基本原则是：

(1) 反应中氧化剂得到的电子总数，必须等于还原剂失去的电子总数；

(2) 依据电荷守恒，方程式两边的离子电荷总数也应相等；

(3) 分别配平两个半化学反应方程式，使两边的原子数和电荷数都相等；

(4) 根据氧化剂所得到的电子总数和还原剂失去的电子总数必须相等的原则，在两个半化学反应方程式中乘以适当系数（由得失电子数的最小公倍数确定），然后两式相加，可得配平的离子反应方程式。

需要指出的是，反应物或生成物若为难溶物或难电离的物质，应写成分子形式而不能写成离子形式，如 $BaCO_3$（难溶物）、$H_2C_2O_2$（弱电解质）等。

下面用实例说明离子-电子法的配平步骤。

【例题 5.5】 配平化学反应方程式 $Fe^{2+} + Cl_2 \longrightarrow Fe^{3+} + Cl^-$。

解：(1) 写出两半反应式：

氧化反应　　$Fe^{2+} \longrightarrow Fe^{3+}$

还原反应　　$Cl_2 \longrightarrow Cl^-$

(2) 分别配平两个半反应式：

$$Fe^{2+} =\!= Fe^{3+} + e^-$$

$$2e^- + Cl_2 =\!= 2Cl^-$$

(3) 两个半反应式分别乘以相应系数，使得失电子数相等。

$Fe^{2+} =\!= Fe^{3+} + e^-$　　$\times 2$

$2e^- + Cl_2 =\!= 2Cl^-$　　$\times 1$

(4) 合并两个半反应式，即得配平的离子反应方程式。

$$2Fe^{2+} + Cl_2 =\!= 2Fe^{3+} + 2Cl^-$$

【例题 5.6】 配平化学反应方程式 $MnO_4^- + SO_3^{2-} \longrightarrow Mn^{2+} + SO_4^{2-}$（酸性介质）。

解：(1) 写出两半反应式：

氧化反应　　$SO_3^{2-} \longrightarrow SO_4^{2-}$

还原反应　　$MnO_4^- \longrightarrow Mn^{2+}$

(2) 分别配平两个半反应式：

$$5e^- + 8H^+ + MnO_4^- =\!= Mn^{2+} + 4H_2O$$

$$SO_3^{2-} + H_2O = SO_4^{2-} + 2H^+ + 2e^-$$

(3) 两个半反应式分别乘以相应系数，使得失电子数相等。

$$5e^- + 8H^+ + MnO_4^- = Mn^{2+} + 4H_2O \quad \Big| \times 2$$
$$SO_3^{2-} + H_2O = SO_4^{2-} + 2H^+ + 2e^- \quad \Big| \times 5$$

(4) 合并两个半反应式，即得配平的离子反应方程式。

$$2MnO_4^- + 5SO_3^{2-} + 6H^+ = 2Mn^{2+} + 5SO_4^{2-} + 3H_2O$$

注意：分别配平两个半反应式时，先配平半反应式箭头两侧的原子数，再配平两侧各种离子所带电荷总数；配平原子数时，先配平 H、O 以外的其他原子，再配平 H、O 原子；在酸性介质中的反应，在氧原子较多的一侧加适当数目的 H^+，而在另一侧加上相应数目的水分子，以配平两侧 H、O 原子数；在碱性介质中，在氧原子较多的一侧加适当数目的水分子，而在另一侧加上适当数目的 OH^-，以配平两侧 H、O 原子数；用加(或减)电子 e(每个电子带一个单位负电荷)的办法配平两侧的离子电荷总数。

【例题 5.7】 配平反应式 $ClO^- + Cr(OH)_4^- \longrightarrow Cl^- + CrO_4^{2-}$（碱性介质）。

解：(1) 写出两半反应式：

$$\text{氧化反应} \quad Cr(OH)_4^- \longrightarrow CrO_4^{2-}$$
$$\text{还原反应} \quad ClO^- \longrightarrow Cl^-$$

(2) 分别配平两个半反应式：

$$2e^- + H_2O + ClO^- = Cl^- + 2OH^-$$
$$Cr(OH)_4^- + 4OH^- \longrightarrow CrO_4^{2-} + 4H_2O + 3e^-$$

(3) 两个半反应式分别乘以相应系数，使得失电子数相等。

$$2e^- + H_2O + ClO^- = Cl^- + 2OH^- \quad \Big| \times 3$$
$$Cr(OH)_4^- + 4OH^- = CrO_4^{2-} + 4H_2O + 3e \quad \Big| \times 2$$

(4) 合并两个半反应式，即得配平的离子反应方程式。

$$2Cr(OH)_4^- + 3ClO^- + 2OH^- = 2CrO_4^{2-} + 3Cl^- + 5H_2O$$

5.3 原电池

电化学是研究化学能与电能之间相互转变的科学，这些转变都涉及氧化还原反应。例如，原电池、电解、电镀和化学能源等都属于电化学的范围。使化学能转变为电能的装置叫作原电池。

5.3.1 原电池的工作原理

原电池可以将化学能转变成电能。例如，将锌片插入 $CuSO_4$ 溶液中，锌片上的 Zn 原子失去电子成为 Zn^{2+} 而溶解；溶液中的 Cu^{2+} 得到电子成为金属 Cu 在锌片上析出，即发生氧化还原反应：

$$Cu^{2+} + Zn \rightleftharpoons Zn^{2+} + Cu$$

该反应中电子从锌原子转移给铜离子，但由于锌片和 $CuSO_4$ 溶液直接接触，使得 Zn 和 Cu^{2+} 之间电子的转移是直接进行的，观察不到电流的产生，化学能都以热的形式散失在环境之中。

如图 5.1 所示，在两个烧杯中分别放入 $ZnSO_4$ 和 $CuSO_4$ 溶液，在盛 $ZnSO_4$ 溶液的烧杯中插入锌片，在盛 $CuSO_4$ 溶液的烧杯中插入铜片，把两个烧杯中的溶液用盐桥连接起来，盐桥是一个装满 KCl 饱和溶液冻胶的 U 形管。这时串联在 Cu 极和 Zn 极之间的检流计的指针就会向一方偏转，这说明导线中有电流通过，同时铜片上有 Cu 析出。上述产生电流的装置即为由 Zn 极（Zn-$ZnSO_4$）和 Cu 极（Cu-$CuSO_4$）组成的原电池，简称为铜-锌原电池，也叫丹聂耳电池。

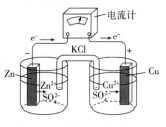

图 5.1　铜-锌原电池装置

上列装置产生电流的原因，是 Zn 失掉两个电子而形成 Zn^{2+} 离子，即

$$Zn \rightleftharpoons Zn^{2+} + 2e^-$$

Zn^{2+} 进入溶液，Zn 极上过多的电子经过导线流向 Cu 极，故锌片为负极。

在 Cu 极的表面，溶液中 Cu^{2+} 获得电子后变成金属铜析出，即

$$Cu^{2+} + 2e^- \rightleftharpoons Cu$$

故铜片为正极。

在原电池中，给出电子的一极称为负极，负极上发生氧化反应；接受电子的一极称为正极，正极上发生还原反应。一般来说，由两种金属电极构成的原电池中，较活泼的金属为负极，另一个金属为正极。

5.3.2　原电池符号

1. 氧化还原电对

从原则上讲，任何一个能自发进行的氧化还原反应，都可以组成原电池。原电池由两个半电池组成，如铜-锌原电池中锌和硫酸锌溶液形成锌半电池；铜和硫酸铜溶液形成铜半电池。半电池中所进行的氧化或还原反应称为半电池反应或电极反应，整个电池所进行的氧化还原反应叫电池反应。每一个半电池都由两类物质组成：一类是可作还原剂的物质（氧化数较低），称为还原态物质，如锌半电池中的 Zn（或铜半电池中的 Cu）；另一半是可作氧化剂的物质（氧化数较高），称为氧化态物质，如锌半电池中的 Zn^{2+}（或铜半电池中的 Cu^{2+}）。氧化态和相应的还原态物质能用来组成电对，通常称为氧化还原电对，并用"氧化态/还原态"表示，如锌半电池和铜半电池的电对分别为 Zn^{2+}/Zn 和 Cu^{2+}/Cu。

任何一个氧化还原电对原则上都可构成一个半电池，也表示一个半电池反应，其反应一般采用还原反应的形式表示，即

$$\text{氧化态} + ne^- \rightleftharpoons \text{还原态}$$

例如,电对 Zn^{2+}/Zn 和 Cu^{2+}/Cu 的半电池反应为

$$Zn^{2+} + 2e^- \rightleftharpoons Zn$$

$$Cu^{2+} + 2e^- \rightleftharpoons Cu$$

2. 原电池符号

为了简便起见,原电池装置可用符号来表示,如铜-锌原电池可表示为

$$(-) \quad Zn|ZnSO_4(c_1) \parallel CuSO_4(c_2)|Cu \quad (+)$$

书写原电池符号的规则如下:

(1)在半电池中,用"|"表示电极导体与电解质溶液之间的界面。

(2)原电池的负极写在左侧,正极写在右侧,并用"+""-"标明。正极与负极用盐桥连接,盐桥用"∥"表示,盐桥两侧是两个电极的电解质溶液。若溶液中同时存在几种离子,离子间用逗号隔开。

(3)溶液要注明浓度,气体要注明分压力。

(4)如果电极中没有电极导体,必须外加惰性电极导体,惰性电极导体通常是不活泼的金属(如铂)或石墨。

3. 电极类型

1)金属-金属离子电极

金属-金属离子电极是将金属棒插入此金属的盐溶液中构成的,它只有一个界面,如金属银与银离子组成的电极,简称银电极。

电极组成:$Ag(s) | Ag^+(c_1)$ 电极反应:$Ag^+ + e^- \rightleftharpoons Ag$

2)气体-离子电极

将气体物质通入其相应离子的溶液中,气体与其溶液中的阴离子组成平衡体系。例如,氯电极 Cl_2/Cl^-、氢电极 H^+/H_2 等由于气体不导电,需借助不参与电极反应的惰性电极(如铂或石墨)起导电作用,这样的电极叫作气体离子电极,简称气体电极。

电极反应:

$$Cl_2 + 2e^- \rightleftharpoons 2Cl^-$$

$$2H^+ + 2e^- \rightleftharpoons H_2$$

电极符号:

$$Pt(s) | Cl_2(p_{Cl_2}) | Cl^-(c)$$

$$Pt(s) | H_2(p_{H_2}) | H^+(c)$$

3)金属-金属难溶盐(或氧化物)-阴离子电极

金属-金属难溶盐(或氧化物)-阴离子电极是将金属表面涂覆该金属的难溶盐(或氧化物),然后没入含有该难溶物阴离子的溶液中而构成的电极,其优点是电极电势比较稳定,又容易制备,常用作参比电极。最常见的有氯化银电极、甘汞电极,以及氧化银、氧化汞电极,其中氯化银的电极反应和电极符号如下。

电极反应:$AgCl(s) + e^- \rightleftharpoons Ag(s) + Cl^-$ 电极符号:$Ag | AgCl(s) | Cl^-(c)$

4) 氧化还原电极

从广义上说,任何电极都包含氧化及还原作用,故都是氧化还原电极。但习惯上仅将其还原态不是金属的电极称为氧化还原电极,它是将惰性电极(如铂或石墨)浸入含有同一元素的两种不同氧化数的离子溶液中构成的。

如将石墨插入含有 Fe^{3+} 及 Fe^{2+} 的溶液中,即构成 Fe^{3+}/Fe^{2+} 电极。

电极反应:$Fe^{3+} + e^- \rightleftharpoons Fe^{2+}$ 电极符号:$C(石墨) | Fe^{3+}(c_1), Fe^{2+}(c_2)$

5.4 电极电势

5.4.1 标准电极电势

原电池能够产生电流的事实,说明在原电池的两极之间有电势差存在,也说明了每一个电极都有一个电势。如果能确定电极电势的绝对值,就可以定量地比较金属在溶液中的活泼性。但到目前为止,电极电势的绝对值都无法测量,不过我们能精确测量原电池的电动势。因此,可以选择某电极作为标准,人为地规定它的电极电势为零,而把其他电极与此标准电极组成的原电池的电动势的大小作为该电极的电极电势。

国际上规定标准氢电极为标准电极,并人为规定其电极电势为 0.000 V。将其他电极电势与此标准电极电势做比较,从而确定各电对的相对电极电势大小,这种方法正如确定海拔高度以海平面做基准一样。

标准氢电极是将铂片先镀上一层铂(称铂黑),然后放入 H^+ 浓度为 1 $mol \cdot L^{-1}$(严格地说应是活度为1)的稀 H_2SO_4 溶液中,然后在 298 K 时通入压力为 101.3 kPa 的纯净氢气,使铂黑吸附氢气达到饱和,形成氢电极,其电极反应和电极符号如下。

电极反应:$2H^+ + 2e^- \rightleftharpoons H_2$

电极符号:$Pt(s) | H_2(101.3 \text{ kPa}) | H^+(1 \text{ mol} \cdot L^{-1})$

将此标准氢电极的电极电势规定为零,即 $E^\theta_{H^+/H_2} = 0.000$ V。

标准氢电极与其他各种标准状态下的电极组成原电池,标准氢电极定在左边,即

$$(-) \quad 标准氢电极 \| 待测电极 \quad (+)$$

此电池的电动势为

$$\varepsilon^\theta = E^\theta_正 - E^\theta_负 = E^\theta_{待测} - E^\theta_{H^+/H_2}$$

因已指定 $E^\theta_{H^+/H_2} = 0.000$ V,所以:

$$\varepsilon^\theta = E^\theta_{待测}$$

式中:$E^\theta_{待测}$ 称为该电极的标准电极电势,其单位也是 V(伏)。

例如,铜半电池与标准氢电极组成原电池:

$$(-) \quad Pt | H_2(101.3 \text{ kPa}) | H^+(1 \text{ mol} \cdot L^{-1}) \| Cu^{2+}(1 \text{ mol} \cdot L^{-1}) | Cu \quad (+)$$

标准状态下,实验测得铜半电池与标准氢电极组成电池的电动势为 +0.337 V,测得的

原电池的电动势就等于铜电极的标准电极电势。

用同样方法可以得到其他各种电极的电极电势。将不同电极的标准电极电势，按照由小到大的顺序排列，可得到电对的标准电极电势表（见附录Ⅳ）。

关于标准电极电势和电极反应，需注意以下几点：

(1) E^{θ} 愈小的电对，其还原态物质愈易失去电子，是愈强的还原剂，其对应的氧化态物质愈难得到电子，是愈弱的氧化剂；反之，E^{θ} 愈大的电对，其氧化态物质愈易得到电子，是愈强的氧化剂，而其对应的还原态物质则愈难失去电子，是愈弱的还原剂。

(2) 标准电极电势的数值与电极反应的计量系数无关。例如，对于标准氢电极：

$$2H^+ + 2e^- \rightleftharpoons H_2 \quad E^{\theta} = 0.000 \text{ V}$$

$$H^+ + e^- \rightleftharpoons \frac{1}{2}H_2 \quad E^{\theta} = 0.000 \text{ V}$$

(3) 有些电对在不同的介质（酸碱）中，电极反应和 E^{θ} 是不同的，例如 ClO_3^-/Cl^- 在酸性溶液中电极反应和 E^{θ} 为：

$$ClO_3^- + 6H^+ + 6e^- \rightleftharpoons Cl^- + 3H_2O \quad E^{\theta} = 1.45 \text{ V}$$

在碱性溶液中电极反应和 E^{θ} 为：

$$ClO_3^- + 3H_2O + 6e^- \rightleftharpoons Cl^- + 6OH^- \quad E^{\theta} = 0.62 \text{ V}$$

显然，介质的酸碱性会影响电对的电极电势。

5.4.2 能斯特方程与影响电极电势的因素

标准电极电势是在标准状态下测定的，如果条件改变，则电对的电极电势也随之发生改变。电极电势的大小，首先取决于电极的本性，其次取决于溶液中离子的浓度（或气体的分压）、温度等。

电极电势与浓度的关系可用能斯特（Nernst）方程表示，设任意电极的电极反应为（298K）

$$氧化态 + ne^- \rightleftharpoons 还原态$$

则有

$$E = E^{\theta} + \frac{0.059}{n}\lg\frac{[氧化态]}{[还原态]}$$

其中：E 为电对在某一浓度（或分压力）时的电极电势；E^{θ} 为电对的标准电极电势；n 为电极反应中转移的电子数；$\frac{[氧化态]}{[还原态]}$ 表示参与电极反应的所有反应物浓度方次乘积与生成物浓度方次乘积之比，且浓度方次等于它们在电极反应中的系数。

纯固体、纯液体的浓度为常数，作1处理；离子浓度单位用 $mol \cdot L^{-1}$；气体用分压力（atm）表示。

下面举例说明能斯特方程的具体写法：

(1) $\quad Fe^{3+} + e^- \rightleftharpoons Fe^{2+} \quad E^\theta = 0.770 \text{ V}$

$$E = E^\theta + \frac{0.059}{1}\lg\frac{[Fe^{3+}]}{[Fe^{2+}]} = 0.770 + \frac{0.059}{1}\lg\frac{[Fe^{3+}]}{[Fe^{2+}]}$$

(2) $\quad Br_2(l) + 2e^- \rightleftharpoons 2Br^- \quad E^\theta = 1.065 \text{ V}$

$$E = E^\theta + \frac{0.059}{2}\lg\frac{1}{[Br^-]^2} = 1.065 + \frac{0.059}{2}\lg\frac{1}{[Br^-]^2}$$

(3) $\quad MnO_2 + 4H^+ + 2e^- \rightleftharpoons Mn^{2+} + 2H_2O \quad E^\theta = 1.228 \text{ V}$

$$E = E^\theta + \frac{0.059}{2}\lg\frac{[H^+]^4}{[Mn^{2+}]} = 1.228 + \frac{0.059}{2}\lg\frac{[H^+]^4}{[Mn^{2+}]}$$

(4) $\quad O_2 + 4H^+ + 4e^- \rightleftharpoons 2H_2O \quad E^\theta = 1.229 \text{ V}$

$$E = E^\theta + \frac{0.059}{4}\lg\frac{[H^+]^4 p_{O_2}}{1} = 1.229 + \frac{0.059}{4}\lg\frac{[H^+]^4 p_{O_2}}{1}$$

下面举例说明浓度对电极电势的影响。

【例题 5.8】 计算 Zn^{2+} 离子浓度为 $0.001 \text{ mol} \cdot L^{-1}$ 时，锌电极的电极电势(298K)。

解：锌电极的电极反应为：

$$Zn^{2+} + 2e^- \rightleftharpoons Zn$$

查表知：$E^\theta_{Zn^{2+}/Zn} = -0.762 \text{ V}$，则有

$$E_{Zn^{2+}/Zn} = E^\theta_{Zn^{2+}/Zn} + \frac{0.059}{2}\lg[Zn^{2+}] = \left(-0.762 + \frac{0.059}{2}\lg 0.001\right) \text{V} = -0.851 \text{ V}$$

【例题 5.9】 25℃，当 Cl^- 离子浓度为 $0.100 \text{ mol} \cdot L^{-1}$，$Cl_2$ 的分压力为 101.3 kPa 时，求所组成的氯电极的电极电势。

解：氯电极的电极反应为：

$$Cl_2 + 2e^- \rightleftharpoons 2Cl^-$$

查表知：$E^\theta_{Cl_2/Cl^-} = +1.358 \text{ V}$，则有

$$E_{Cl_2/Cl^-} = E^\theta_{Cl_2/Cl^-} + \frac{0.059}{2}\lg\frac{p_{Cl_2}}{[Cl^-]^2} = \left[1.358 + \frac{0.059}{2}\lg\frac{101.3/101.3}{(0.100)^2}\right] \text{V} = 1.417 \text{ V}$$

在许多电极反应中，H^+ 或 OH^- 的氧化数虽然没有变化，却参与了电极反应。当它们的浓度改变时，也会对电极电势产生影响。

【例题 5.10】 电极反应 $Cr_2O_7^{2-} + 14H^+ + 6e^- \rightleftharpoons 2Cr^{3+} + 7H_2O$ 中，$Cr_2O_7^{2-}$、Cr^{3+} 浓度均为 $1.0 \text{ mol} \cdot L^{-1}$，求当溶液的 pH=3 时，该电极的电极电势。

解：查表知：$E^\theta_{Cr_2O_7^{2-}/Cr^{3+}} = +1.33 \text{ V}$，则有

$$E_{Cr_2O_7^{2-}/Cr^{3+}} = E^\theta_{Cr_2O_7^{2-}/Cr^{3+}} + \frac{0.059}{6}\lg\frac{[Cr_2O_7^{2-}][H^+]^{14}}{[Cr^{3+}]^2} = \left(1.33 + \frac{0.059}{6}\lg\frac{1.0 \times 0.0010^{14}}{1.0^2}\right) \text{V} = 0.917 \text{ V}$$

5.4.3 电极电势的应用

1. 判断氧化剂和还原剂的相对强弱

根据电极电势的大小可以判断氧化剂和还原剂的相对强弱,电极电势的代数值越小,则该电对中还原态物质的还原性越强,其对应的氧化态物质的氧化性越弱;电极电势的代数值越大,则该电对中氧化态物质的氧化性越强,其对应的还原态物质的还原性也越弱。

【例题 5.11】下列三个电对中,在标准状态下哪个是最强的氧化剂?若其中 MnO_4^-/Mn^{2+} 改为在 pH=6.00 的条件下,它们的氧化性相对强弱次序将发生怎样的改变?已知:$E^\theta_{MnO_4^-/Mn^{2+}}$ = +1.507 V,$E^\theta_{Br_2/Br^-}$ = +1.066 V,$E^\theta_{I_2/I^-}$ = +0.535 V。

解:(1)在标准状态下可用 E^θ 的相对大小进行比较,E^θ 的相对大小次序为

$$E^\theta_{MnO_4^-/Mn^{2+}} > E^\theta_{Br_2/Br^-} > E^\theta_{I_2/I^-}$$

所以上述物质中 MnO_4^- 是最强的氧化剂,I^- 是最强的还原剂。

(2)MnO_4^- 离子溶液的 pH=6.00,即 $[H^+]=1.00\times10^{-6}$ mol·L^{-1},则有

$$E_{MnO_4^-/Mn^{2+}} = E^\theta_{MnO_4^-/Mn^{2+}} + \frac{0.059}{5}\lg\frac{[MnO_4^-][H^+]^8}{[Mn^{2+}]}$$

$$= \left[1.507 + \frac{0.059}{5}\lg\frac{1\times(1.00\times10^{-6})^8}{1}\right] V = 0.941 \text{ V}$$

此时,电极电势相对大小次序为

$$E^\theta_{Br_2/Br^-} > E_{MnO_4^-/Mn^{2+}} > E^\theta_{I_2/I^-}$$

所以,此时氧化性强弱次序为

$$Br_2 > MnO_4^-(pH=6.00) > I_2$$

2. 判断原电池的正负极,计算原电池的电动势 ε

组成原电池的两个电极,电极电势代数值较大的一个是原电池的正极,代数值较小的是负极。原电池的电动势等于正、负极的电极电势之差,即 $\varepsilon = E_{正极} - E_{负极}$。

【例题 5.12】已知原电池反应:

$$Zn + Cu^{2+}(3.00 \text{ mol·L}^{-1}) = Zn^{2+}(0.100 \text{ mol·L}^{-1}) + Cu$$

计算该原电池的电动势,并指出何者为正极,何者为负极。

解:先计算两电极的电极电势:

$$E_{Zn^{2+}/Zn} = E^\theta_{Zn^{2+}/Zn} + \frac{0.059}{n}\lg[Zn^{2+}]$$

$$= \left(-0.762 + \frac{0.059}{2}\lg 0.100\right) V = -0.791 \text{ V}$$

$$E_{Cu^{2+}/Cu} = E^\theta_{Cu^{2+}/Cu} + \frac{0.059}{n}\lg[Cu^{2+}] = \left(0.342 + \frac{0.059}{2}\lg 3.00\right) V = 0.356 \text{ V}$$

因为 $E_{Cu^{2+}/Cu} > E_{Zn^{2+}/Zn}$,所以铜电极为正极,锌电极为负极。

电池的电动势 $\varepsilon = E_{正极} - E_{负极} = E_{Cu^{2+}/Cu} - E_{Zn^{2+}/Zn} = [0.356-(-0.791)] V = 1.147 \text{ V}$。

3. 判断氧化还原反应进行的方向

氧化还原反应进行的方向,可以根据原电池的电动势进行判断。因为任何一个氧化还原反应都可以设计成原电池。原电池的电动势 $\varepsilon = E_{正极} - E_{负极}$,当 $\varepsilon > 0$ 时,反应正向进行;当 $\varepsilon < 0$ 时,反应逆向进行。

【例题 5.13】 判断 $2Fe^{3+} + 2I^- \rightleftharpoons 2Fe^{2+} + I_2$ 在标准状态下和当 $[Fe^{3+}] = 0.001 \text{ mol} \cdot L^{-1}$, $[I^-] = 0.001 \text{ mol} \cdot L^{-1}$, $[Fe^{2+}] = 1.000 \text{ mol} \cdot L^{-1}$ 时,反应方向如何?

解: (1) 在标准状态下:

① 还原剂: $I_2 + 2e^- \rightleftharpoons 2I^-$, $E^{\theta}_{I_2/I^-} = 0.535 \text{ V}$;

② 氧化剂: $Fe^{3+} + e^- \rightleftharpoons Fe^{2+}$, $E^{\theta}_{Fe^{3+}/Fe^{2+}} = 0.770 \text{ V}$。

$$\varepsilon^{\theta} = E^{\theta}_{(正)} - E^{\theta}_{(负)} = E^{\theta}_{Fe^{3+}/Fe^{2+}} - E^{\theta}_{I_2/I^-} = (0.770 - 0.535) \text{ V} = 0.235 \text{ V} > 0$$

所以反应正向进行,即 $2Fe^{3+} + 2I^- \rightleftharpoons 2Fe^{2+} + I_2$。

(2) 非标准状态下:

① 氧化剂: $E_{Fe^{3+}/Fe^{2+}} = E^{\theta}_{Fe^{3+}/Fe^{2+}} + \dfrac{0.059}{n}\lg\dfrac{[Fe^{3+}]}{[Fe^{2+}]} = \left(0.770 + \dfrac{0.059}{1}\lg\dfrac{0.001}{1}\right) \text{V} = 0.593 \text{ V}$;

② 还原剂: $E_{I_2/I^-} = E^{\theta}_{I_2/I^-} + \dfrac{0.059}{n}\lg\dfrac{1}{[I^-]^2} = \left(0.535 + \dfrac{0.059}{2}\lg\dfrac{1}{0.001^2}\right) \text{V} = 0.712 \text{ V}$。

$$\varepsilon = E_{正} - E_{负} = (0.593 - 0.712) \text{ V} = -0.119 \text{ V} < 0$$

所以反应逆向进行,即 $2Fe^{2+} + I_2 \rightleftharpoons 2Fe^{3+} + 2I^-$。

4. 计算氧化还原反应的平衡常数

对于一个氧化还原反应:$aA + bB \rightleftharpoons dD + eE$,组成原电池,其电动势

$$\varepsilon = E_{正} - E_{负}$$

当反应达平衡时 $\varepsilon = 0$,即 $E_{正} = E_{负}$,代入能斯特方程:

$$E^{\theta}_{正} + \dfrac{0.059}{n}\lg\dfrac{[A]^a}{[D]^d} = E^{\theta}_{负} + \dfrac{0.059}{n}\lg\dfrac{[E]^e}{[B]^b}$$

$$E^{\theta}_{正} - E^{\theta}_{负} = \dfrac{0.059}{n}\lg\dfrac{[E]^e}{[B]^b} - \dfrac{0.059}{n}\lg\dfrac{[A]^a}{[D]^d} = \dfrac{0.059}{n}\lg\dfrac{[E]^e[D]^d}{[B]^b[A]^a} = \dfrac{0.059}{n}\lg K^{\theta}$$

$$\varepsilon^{\theta} = \dfrac{0.059}{n}\lg K^{\theta}$$

$$\lg K^{\theta} = \dfrac{n\varepsilon^{\theta}}{0.059}$$

根据上式即可计算氧化还原反应的平衡常数。

【例题 5.14】 计算反应:$Zn + Cu^{2+}(1.00 \text{ mol} \cdot L^{-1}) \rightleftharpoons Zn^{2+}(1.00 \text{ mol} \cdot L^{-1}) + Cu$ 的平衡常数。

解: 查表知: $E^{\theta}_{Cu^{2+}/Cu} = 0.342 \text{ V}$, $E^{\theta}_{Zn^{2+}/Zn} = -0.762 \text{ V}$,则有

$$\varepsilon^{\theta} = E^{\theta}_{正} - E^{\theta}_{负} = [0.342 - (-0.762)] \text{ V} = 1.104 \text{ V}$$

$$\lg K^{\theta} = \dfrac{n\varepsilon^{\theta}}{0.059} = \dfrac{2 \times 1.104}{0.059} = 37.4$$

$$K^{\theta} = 2.5 \times 10^{37}$$

5.5 电解

对于一些不能自发进行的氧化还原反应，可以通过电解池，使用外加电能的方法迫使其反应进行，这种方法就是电解。电解装置如图5.2所示。

在电解池中，与直流电源的负极相连的一极叫阴极，与直流电源正极相连的一极叫阳极。一方面，电子从电源负极沿导线进入电解池的阴极；另一方面，电子又从电解池的阳极离去，沿导线流回电源正极。这样，电解液（或熔融液）中的正离子移向阴极，在阴极上得到电子，进行还原反应；负离子移向阳极，在阳极上可给出电子，进行氧化反应。

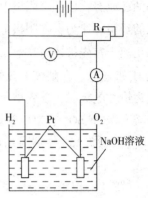

图5.2 电解装置

5.5.1 理论分解电压和超电势

1. 理论分解电压

电解某种给定的电解液时，需要对电解池施加一定的电压，通常把能使电解顺利进行的最低电压称为理论分解电压，简称分解电压。理论分解电压可以根据电解产物及溶液中有关离子浓度进行计算。但要使电解过程能正常进行，实际分解电压（现实条件下使电解发生的最低电压）总是比理论分解电压大得多。其原因除电阻所引起的电压降以外，主要是电极的极化。电极的极化包括浓差极化和电化学极化两个方面。

浓差极化是指电解过程中由于离子在电极上放电速率较快，但扩散速率较慢，使电极附近的离子浓度比溶液中其他区域低，结果形成了浓差电池，其方向与实际分解电压的方向相反。搅拌和升温可使浓差极化减小。

电化学极化是电解产物析出过程中某一步骤（如离子放电、原子结合成分子等）的速率慢，而引起电极电势偏离平衡电势（即理论电势）的现象。电化学极化是由电化学反应速率决定的。

2. 超电势

电解时，电解池的实际分解电压 $E_{实}$ 与理论分解电压 $E_{理}$ 之差（在消除因电阻所引起的电压降和浓差极化的情况下）称为超电势 $E_{超}$，即

$$E_{超} = E_{实} - E_{理}$$

电解生成物不同，超电势的大小也不同。一般金属的超电势较小，气体的超电势较大。

5.5.2 电解产物

如果电解的是熔融盐，电极用铂或石墨等惰性电极，则电极产物只能是熔融盐的正、负离子分别在阴、阳两极上进行还原和氧化所得到的产物。例如，电解熔融的 $CuCl_2$，在

阴极得到金属铜,在阳极得到氯气。

如果电解的是电解质水溶液,则情况较为复杂,在电解液中除了电解质的正、负离子外,还有水解离出来的 H^+ 和 OH^-。哪种离子先析出,需要综合考虑电极电势和超电势等因素,在阳极上首先进行氧化反应的是析出电势(考虑超电势后的实际电极电势)代数值较小的还原态物质;在阴极上进行还原反应的首先是析出电势代数值较大的氧化态物质。一般的经验规律为:在阴极上,被还原的一般是金属正离子 M^+ 或 H^+,且 $E^\theta_{M^{n+}/M} > E^\theta_{Al^{3+}/Al}$ 的金属正离子首先被还原;对于 $E^\theta_{M^{n+}/M} \leqslant E^\theta_{Al^{3+}/Al}$ 的金属正离子在水溶液中不能被还原,此时则是 H^+ 被还原。在阳极上首先被氧化的是金属阳极(Pt、Au 除外),$M - ne^- \longrightarrow M^{n+}$;当阳极为惰性电极时,首先被氧化的是溶液中的简单离子,一般被氧化的顺序为 S^{2-}、I^-、Br^-、Cl^- 等,对于 SO_4^{2-}、NO_3^- 等复杂离子很难被氧化,此时则是溶液中 OH^- 被氧化,产生氧气。

【例题 5.15】分别写出电解 Na_2SO_4 溶液,NaCl 溶液,$CuCl_2$ 溶液的电极反应、电解反应。

解:(1)电解 Na_2SO_4 溶液:

$$Na_2SO_4 \longrightarrow 2Na^+ + SO_4^{2-}$$
$$H_2O \rightleftharpoons H^+ + OH^-$$

①阴极(-): $2H^+ + 2e^- \rightleftharpoons H_2 \uparrow$;

②阳极(+): $2OH^- - 2e^- \rightleftharpoons H_2O + \frac{1}{2}O_2 \uparrow$;

③电解反应: $H_2O \xrightarrow{电解} H_2 \uparrow + \frac{1}{2}O_2 \uparrow$。

(2)电解 NaCl 溶液:

$$NaCl \longrightarrow Na^+ + Cl^-$$
$$H_2O \rightleftharpoons H^+ + OH^-$$

①阴极(-): $2H^+ + 2e^- \rightleftharpoons H_2 \uparrow$;

②阳极(+): $2Cl^- - 2e^- \rightleftharpoons Cl_2 \uparrow$;

③电解反应: $2NaCl + 2H_2O \xrightarrow{电解} H_2 \uparrow + 2NaOH + Cl_2 \uparrow$。

(3)电解 $CuCl_2$ 溶液:

$$CuCl_2 \longrightarrow Cu^{2+} + 2Cl^-$$
$$H_2O \rightleftharpoons H^+ + OH^-$$

①阴极(-): $Cu^{2+} + 2e^- \rightleftharpoons Cu$;

②阳极(+): $2Cl^- - 2e^- \rightleftharpoons Cl_2 \uparrow$;

③电解反应: $CuCl_2 \xrightarrow{电解} Cu + Cl_2 \uparrow$。

习 题

5.1 用氧化数法配平下列各化学反应方程式。

(1) $H_2O_2 + KI \longrightarrow I_2 + KOH$ (碱性介质)

(2) $FeSO_4 + H_2SO_4 + O_2 \longrightarrow Fe_2(SO_4)_3$

(3) $C + H_2SO_4(浓) \xrightarrow{\Delta} CO_2 + SO_2$

(4) $FeS + NO_3^- \longrightarrow Fe^{3+} + SO_4^{2-} + NO$ （酸性介质）

5.2　用离子-电子法配平下列各化学反应方程式。

(1) $ClO^- + Fe(OH)_3 \longrightarrow Cl^- + FeO_4^{2-}$ （碱性介质）

(2) $MnO_4^- + Fe^{2+} \longrightarrow Mn^{2+} + Fe^{3+}$ （酸性介质）

(3) $Cl_2 \longrightarrow ClO^- + Cl^-$ （碱性介质）

(4) $Cu_2S + NO_3^- \longrightarrow Cu^{2+} + SO_4^{2-} + NO$ （酸性介质）

(5) $Mn^{2+} + PbO_2 \longrightarrow MnO_4^- + Pb^{2+}$ （酸性介质）

(6) $MnO_4^- + NO_2^- \longrightarrow MnO_4^{2-} + NO_3^-$ （碱性介质）

5.3　配平下列氧化还原反应。

(1) $Cu + H_2SO_4(浓) \longrightarrow CuSO_4 + SO_2$

(2) $Cr_2O_7^{2-} + SO_3^{2-} \longrightarrow Cr^{3+} + SO_4^{2-}$ （酸性介质）

(3) $FeCl_3 + H_2S \longrightarrow FeCl_2 + HCl + S$

(4) $KMnO_4 + HBr \longrightarrow Br_2 + MnBr_2 + KBr$

(5) $AsO_4^{3-} + Fe^{2+} \longrightarrow Fe^{3+} + AsO_3^{3-}$ （酸性介质）

(6) $S^{2-} + ClO_3^- \longrightarrow Cl^- + S$ （碱性介质）

5.4　写出下列反应所构成的原电池的电极反应，电池符号，并计算原电池的标准电动势。

(1) $Sn^{2+} + 2Fe^{3+} \rightleftharpoons Sn^{4+} + 2Fe^{2+}$

(2) $Cu(s) + Cl_2(1\ atm) \rightleftharpoons Cu^{2+}(1\ mol \cdot L^{-1}) + 2Cl^-(1\ mol \cdot L^{-1})$

(3) $Zn(s) + 2Ag^+(1\ mol \cdot L^{-1}) \rightleftharpoons Zn^{2+}(1\ mol \cdot L^{-1}) + 2Ag(s)$

5.5　查出下列电对的标准电极电势，判断各组中哪一种物质是最强的氧化剂，哪一种是最强的还原剂？

(1) Zn^{2+}/Zn、Fe^{2+}/Fe、Ni^{2+}/Ni、Ag^+/Ag；

(2) Cl_2/Cl^-、Br_2/Br^-、I_2/I^-；

(3) Cr^{3+}/Cr、CrO_2^-/Cr、$Cr_2O_7^{2-}/Cr^{3+}$、$CrO_4^{2-}/Cr(OH)_3$；

(4) MnO_4^-/Mn^{2+}、MnO_4^-/MnO_2、MnO_4^-/MnO_4^{2-}。

5.6　根据 E^θ，判断下列反应进行的方向。

(1) $KMnO_4 + K_2SO_3 + H_2O \longrightarrow MnO_2 + K_2SO_4 + KOH$

(2) $I_2 + K_2SO_4 + H_2O \longrightarrow KI + H_2O_2 + H_2SO_4$

(3) $Pb + SnCl_4 \longrightarrow PbCl_2 + SnCl_2$

(4) $Cu + H^+ \longrightarrow Cu^{2+} + H_2$

(5) $Ni + Zn^{2+} \longrightarrow Ni^{2+} + Zn$

(6) $Fe^{3+} + Mn^{2+} + H_2O \longrightarrow MnO_2 + H^+ + Fe^{2+}$

5.7 求出下列电池的电动势，并写出电池反应方程式。

(1) Pt | Fe^{2+}(1 mol·L^{-1}), Fe^{3+}(0.000 1 mol·L^{-1}) ‖ I^-(0.0001 mol·L^{-1}) | I_2(s) | Pt

(2) Zn | Zn^{2+}(0.000 1 mol·L^{-1}) ‖ Zn^{2+}(0.01 mol·L^{-1}) | Zn

(3) Zn | Zn^{2+}(0.1 mol·L^{-1}) ‖ Cu^{2+}(0.1 mol·L^{-1}) | Cu

(4) Pt | Fe^{2+}(0.1 mol·L^{-1}), Fe^{3+}(0.1 mol·L^{-1}) ‖ MnO_4^-(0.1 mol·L^{-1}), H^+(1 mol·L^{-1}), Mn^{2+}(0.1 mol·L^{-1}) | Pt

(5) Al | Al^{3+}(0.02 mol·L^{-1}) ‖ Ni^{2+}(0.80 mol·L^{-1}) | Ni

(6) Fe | Fe^{2+}(0.1 mol·L^{-1}) ‖ H^+(1.00 mol·L^{-1}) | H_2(1 atm) | Pt

5.8 下列氧化还原反应能否自发向右进行？通过计算说明。如能自发向右进行，写出其原电池符号，并计算原电池的电动势。

(1) Pb^{2+}(1.00 mol·L^{-1}) + Sn ⟶ Pb + Sn^{2+}(1.00 mol·L^{-1})

(2) Pb^{2+}(0.01 mol·L^{-1}) + Sn ⟶ Pb + Sn^{2+}(1.00 mol·L^{-1})

5.9 在pH=3.0时，下列反应能否自发进行？试通过计算说明(除H^+外，其他物质均处于标准状态下)。

(1) $Cr_2O_7^{2-}$ + H^+ + Br^- ⟶ Br_2 + Cr^{3+} + H_2O

(2) MnO_4^- + H^+ + Cl^- ⟶ Cl_2 + Mn^{2+} + H_2O

5.10 已知原电池 Pt, H_2(100 kPa) | H^+(0.10 mol·L^{-1}) ‖ H^+(x mol·L^{-1}) | H_2(100 kPa), Pt 的电动势为0.016 V，求H^+的浓度x为多少？

5.11 已知 $E^{\theta}_{Cu^{2+}/Cu^+}$ = 0.153 V，$E^{\theta}_{Cu^+/Cu}$ = 0.522 V。求反应 $2Cu^+ \rightleftharpoons Cu + Cu^{2+}$ 在298 K时的平衡常数。游离Cu^+是否可以在水溶液中稳定存在？

5.12 将镍片置于0.1 mol·L^{-1}的硫酸镍溶液中和铜片置于0.2 mol·L^{-1}的硫酸铜溶液中组成原电池。写出该电池的符号，计算电池电动势，写出电池反应。

5.13 对于 Fe + Cu^{2+} $\rightleftharpoons$ Fe^{2+} + Cu 的反应，试问在标准状态下和当Cu^{2+}浓度为$1×10^{-6}$ mol·L^{-1}，Fe^{2+}浓度仍为1 mol·L^{-1}时，金属铁是否都能置换Cu^{2+}？

第6章 原子结构

丰富多彩的大千世界是由各种各样的物质所组成的,这些物质种类繁多,性质也千差万别。不同物质的性质差异是由于物质内部结构不同引起的,即物质的性质是结构的反映,分子结构和原子结构是物质内部结构的基础。由于物质发生化学反应时,原子核是不变的(除核化学反应外),因此要了解物质的性质及其变化,必须首先了解原子的内部结构,特别是核外电子的运动状态。

6.1 经典的原子模型

人类认识原子的历史是漫长的,也是无止境的。原子结构模型是科学家们对原子结构的形象描摹,每一种模型都代表了人类对原子结构认识的一个阶段。下面介绍的几种原子结构模型,简明形象地表示出了人类对原子结构认识逐步深化的过程。

6.1.1 古代原子模型

公元前400年左右,古希腊的德谟克利特(Demokritos)认为物质是由看不见的微粒构成的,并把这种微粒称作原子。但是这只是他的一种猜想,一种推理,没有实验根据,因而对物质结构的认识是朦胧的,属于萌芽时期。

到了1661年,波义耳建立了元素论,认为只有那些不能用化学方法再分割的简单物质才是元素。1789年,拉瓦锡对元素概念又进行了总结,提出元素是"化学分析所能达到的终点",丰富了波义耳的元素观,并发表了33种元素的元素表,但对元素的质量未进行测定和确认。因此,波义耳的元素论也称不上是准确、清晰、科学的概念,还有待进一步发展。

6.1.2 近代原子模型

随着科学实验的深入、技术的进步,以及一代又一代科学家的努力,人们对物质的认识渐渐明确起来,并发生了质的飞跃,产生了近代的原子论。原子论是由道尔顿于1803年提出的,其主要观点如下:

(1)一切元素都由不可再分的微粒构成,这种微粒叫作原子,原子在一切化学变化中保持它的不可再分性;

(2)同一元素的原子,各方面的性质,特别是质量,都完全相同,不同元素的原子质量不同,原子的相对质量(原子量)是每种元素的特征性质;

(3)不同元素化合时,这些元素的原子按简单的整数比相化合。

1897年,美国科学家汤姆森(Thomson)发现了电子,打开了人们认识原子内部结构的大门。1898年,汤姆森提出:原子是个带正电的球,带负电荷的电子在原子中像西瓜籽镶嵌在西瓜中一般分布。

美国科学家卢瑟福于1911年根据α粒子散射实验(见图6.1),利用牛顿力学原理,提出核式原子结构模型:原子由原子核与电子组成,原子核位于原子中心,半径为原子半径的1/100 000~1/10 000倍,它集中了原子的全部正电荷和几乎全部的质量;电子只占原子质量的微小部分,并在原子核的静电引力下在核外空间像行星环绕太阳运转一样运动。

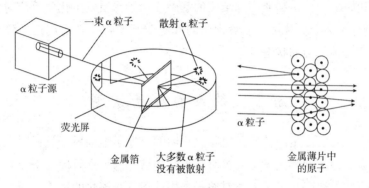

图6.1 α粒子散射实验示意

后来,经过其他学者的继续研究,确定了原子核由质子与中子所构成,质子数等于核外电子数。如今已证明,质子和中子由更小的微粒夸克构成。

卢瑟福的核式结构模型正确地指出了原子核的存在,很好地解释了α粒子散射实验,但是却无法解释原子的稳定性及氢原子线状光谱现象。按照经典物理学理论,核外电子受到原子核的库仑引力的作用,不可能是静止的,而是以一定的速度绕核运动。既然电子在运动,它的电磁场就在变化,而变化的电磁场会激发电磁波。也就是说,电子将把自己绕核转动的能量以电磁波的形式辐射出去,最后失去能量一头栽在原子核上,因此电子绕核转动这个系统是不稳定的。但是事实却恰恰相反,原子是个很稳定的系统。另一方面,电子绕核越转能量越小,它离原子核就越来越近,转得也就越来越快,这个变化是连续的。也就是说,人们应该可看到原子辐射的各种频率(波长)的光,即原子光谱应该是连续的,而实际上人们看到的原子光谱却是分立的线状光谱。这些矛盾说明,尽管经典物理学理论可以很好地应用于宏观物体,但它不能用于解释原子世界的现象,引入新观念是必要的。

6.1.3 现代原子模型

现代实验进一步表明,核外电子的运动很特别,它不像行星绕着太阳旋转一样有固定的轨道,而是既像声波、水波一样具有波动性,又像子弹一样具有粒子性。目前的原子模型是经过大量科学家的不断努力建立起来的,在该模型中,电子永不停歇地绕核高速运动。为了描述电子的运动规律,用电子云表示电子在原子周围单位区域出现几率的大小,将这种几率分布用图像表示时,以浓淡程度表示几率密度的大小,其形象如同电子在原子核周围形成的云雾团,这就是现代原子结构的"电子云"模型,如图6.2所示。

图 6.2　1 s 电子云

6.2　氢原子光谱和玻尔理论

6.2.1　氢原子光谱

1853年,瑞典物理学家埃格斯特朗(Angstrom)在一个抽成真空,两端焊有两个电极的玻璃管内,装入高纯的低压氢气,然后在两个电极上施加高压,使氢原子在电场的激发下发光,经过三棱镜或光栅分光后在投影屏或底片上可以得到不连续的线状光谱,如图6.3所示。

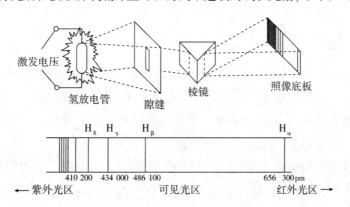

图 6.3　氢原子光谱和实验示意

实际上,任何原子被电火花、电弧或其他方法激发时,都能够发出一系列具有一定频率(或波长)的光谱线,这些光谱线称为此原子的线状光谱,它和太阳光或白色光通过棱镜分光后得到的连续分布的彩色光谱(连续光谱)不同。实验表明,相同元素的原子发出的线状光谱都是一样的,而不同元素的原子发出的光谱则各不相同。因此,原子光谱是各个原子的特征光谱。

1890年,瑞典物理学家里德堡(J. R. Rydberg)将氢原子光谱各谱线的变化规律归纳成一通式——里德堡公式,即

$$\bar{\nu} = R_H \left(\frac{1}{n_1^2} - \frac{1}{n_2^2} \right) \tag{6.1}$$

式中：$\bar{\nu}$ 为波数(即波长的倒数 $\frac{1}{\lambda}$)；R_H 称为里德堡常数，其数值为 $1.097 \times 10^5 \text{ cm}^{-1}$；$n_1$、$n_2$ 为正整数。

6.2.2 量子论

1900年，德国物理学家普朗克(M. Planck)为了解释黑体辐射，提出了量子论。1905年，德国物理学家爱因斯坦(A. Einstein)为了解释光电效应，提出了光子学说，从而建立了量子理论，其基本论点如下：

(1)微观粒子的能量是量子化的，不连续，是某一最小值的整数倍，这一最小值为一个光量子的能量，表示为

$$E = h\nu \tag{6.2}$$

式中：h 为普朗克常数(6.626×10^{-34} J·s)，ν 为电磁波的频率，E 为光子的能量，就像电量的最小单位是一个电子的电量一样。

(2)微观粒子的状态发生变化时，会吸收或发射电磁波，其频率为

$$\nu = \frac{E_2 - E_1}{h} \tag{6.3}$$

式中：E_2、E_1 分别为电子处于较高能级轨道和较低能级轨道的能量，h 为普朗克常数，ν 为电磁波的频率。

6.2.3 玻尔理论

在解释氢原子的线状光谱问题上，经典电磁理论、卢瑟福的核式原子结构模型与原子光谱实验的结果存在着尖锐的矛盾，适用于宏观物体的经典理论受到了小小原子的挑战。20世纪初，理论上的一些突破为解释氢原子的线状光谱做了铺垫，那就是普朗克的能量量子化理论(量子论)和爱因斯坦的光子学说。

1913年，丹麦物理学家玻尔(Bohr)综合了普朗克的量子论、爱因斯坦的光子学说及卢瑟福的核式原子结构模型，提出了玻尔理论，并建立了玻尔原子模型。玻尔理论主要包括以下3点假设。

(1)轨道假设。原子中，电子仍然绕核做围周运动，但是只能在符合一定条件的特定的轨道上运动。这些条件就是轨道的角动量 mvr 必须等于 $\frac{h}{2\pi}$ 的整数倍，即

$$L = n\frac{h}{2\pi}$$

式中：L 代表电子运动轨道的角动量 ($L = Pr = mvr$)，h 为普朗克常数，π 为圆周率，n 为正整数，叫量子数。

电子在这些轨道上运动时，既不吸收能量，也不放出能量，因此这些轨道称为稳定轨道。

(2) 定态假设。电子在不同轨道上运动时具有不同的能量,其运动时所处的能量状态称为能级。由于电子的运动轨道是量子化的,因此原子只能处于一系列不连续的确定的能量状态之中。玻尔推算出氢原子的能级公式为

$$E = -\frac{13.6}{n^2}$$

在正常状态下,原子处于最低能级,这时电子在离核最近的轨道上运动,这种状态叫基态,其他状态称为激发态。

(3) 跃迁假设。电子从某一轨道跳跃到另一轨道的过程称为电子的跃迁,处于激发态的电子不稳定,可以跃迁到离核较近的轨道上,此时原子会辐射一定频率的光子,光子的能量由这两种定态的能量差 ΔE 决定,其能量是量子化的,即

$$\Delta E = 13.6 \left(\frac{1}{n_1^2} - \frac{1}{n_2^2} \right) \tag{6.4}$$

根据玻尔理论,在通常情况下,氢原子中的电子在特定的轨道上运动,这时它不会放出能量,也不会吸收能量。因此,氢原子既不会发出原子光谱,也不会因为电子坠入原子核而自发毁灭。但是当氢原子受到放电等能量激发的时候,核外电子会获得能量从基态跃迁到激发态。处于激发态的电子极不稳定,它会迅速回到能量较低的轨道,并以光子的形式放出能量,放出光子的能量等于两个轨道的能量之差。由于轨道的能量是量子化的,所以其不同轨道的能量差也是不连续的,从而放出的光子的频率是不连续的。这样玻尔理论就成功地解释了原子的稳定性和氢原子的线状光谱,计算得到氢原子的能级所对应的光谱波长和实验结果也十分吻合。

6.3 原子的量子力学模型

玻尔原子模型成功地解释了氢原子和类氢离子的光谱现象,时至今日其有关原子轨道的概念仍然有用。但该原子模型存在着严重的局限性,它不能解释多电子原子光谱和氢原子光谱的精细结构(在精密的分光镜下氢原子每一条光谱均分裂成两条波长相差甚微的谱线)等实验事实,更不能应用于进一步研究化学键的形成。其根本原因在于,该模型是建立在经典力学基础上的,认为电子在核外运动就像行星围绕着太阳转,这不符合微观粒子运动特点。随着科学的发展,玻尔原子模型便被量子力学原子模型所替代。

6.3.1 微观粒子的运动特征

1. 微观粒子的波粒二象性

人们对微观粒子(微粒)的波粒二象性的认识,是借鉴了对光的本质的认识。光不仅具有波动性,而且具有粒子性。在光的传播过程中(如干涉、衍射和偏振等)突出表现为波动

性；在光与实物相作用时(如原子发射光谱、光电效应等)又突出表现为粒子性。光的这种波动性和粒子性的矛盾统一，称之为光的波粒二象性。

德布罗意认为实物微粒除了具有粒子性外，也具有波的性质。波粒二象性是微观粒子的共性，是具有普遍意义的，故联系光的波动性和粒子性的关系式也适用于实物微粒，即当实物微粒以大小为 $P(P=mv)$ 的动量运动时，伴随有波长为 λ 的物质波，并满足

$$\lambda = \frac{h}{P} = \frac{h}{mv}$$

式中：m 是粒子的质量，v 是粒子运动速度，P 是粒子的动量。

上式即为德布罗意关系式，微观粒子在运动过程中体现出的波称为德布罗意波或物质波。

1927 年，戴维森(Davison)和革末(Germer)的电子衍射实验证实了德布罗意的假设。如图 6.4 所示，当高速电子流穿过金属薄膜，得到一系列明暗相间的环纹，这些环纹正像单色光通过小孔发生衍射的现象一样。从实验所得的衍射图样可以计算电子波的波长，结果表明动量和波长之间的关系的确符合德布罗意关系式。如图 6.5 所示，电子的衍射原理说明电子和光一样，既有粒子性又有波动性，因此电子衍射实验证明了德布罗意关于微观粒子波粒二象性的假设和物质波的关系式是正确的。

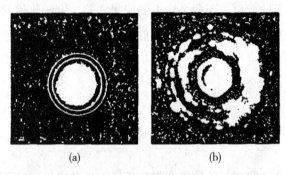

图 6.4　高速电子流通过金属薄膜的衍射图像

(a)电子通过铝箔的衍射图像；(b)电子通过石墨的衍射图像

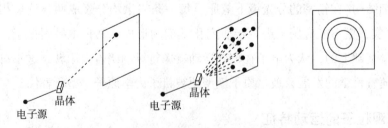

图 6.5　电子衍射示意

此后，人们采用了电子、原子、中子、氢原子和氦原子等粒子流进行实验，也同样观测到这种现象，充分证明了实物微粒具有波动性。

2. 测不准关系

在电子衍射实验当中,电子通过的小孔直径 d 越小,所得衍射角越大,即电子通过小孔时的空间坐标越确定,则电子动量的不确定量就越大。1927 年,德国物理学家海森堡(Heisenberg)提出了著名的测不准原理,即具有波性的微观粒子在空间中的运动没有轨道而是只有几率分布,微观粒子的坐标和动量(或速度)不能同时确定,其运动遵循测不准原理,表达式为

$$\Delta x \Delta P \geqslant \frac{h}{2\pi}$$

式中:Δx 为坐标 x 的不确定度(测定值与平均值的差),ΔP 为动量 P 的不确定度,h 为普朗克常数。

上式表明,当粒子的坐标确定得愈精确(Δx 越小),其动量就愈不确定(ΔP 越大)。因此,位置和动量不能同时确定,测不准关系证实了微观粒子不存在像宏观粒子那样的运动轨道,这也是微观粒子的运动特征。

测不准原理并不意味着微观粒子的运动是无规律可循或不可认知的,只是说明不能把微观粒子的运动像宏观物体运动那样用经典力学来处理。实际上,测不准原理正是反映了微观粒子的波粒二象性,是对微观粒子运动规律认识的深化。

3. 微观粒子运动的统计性

1926 年,德国的物理学家玻恩(Born)提出了物质波的统计解释,他认为在空间某一点波的强度(波的振幅的绝对值的平方)和粒子出现的几率密度(单位体积的几率)成正比。

通过电子衍射实验,人们发现:用较强的电子流通过晶体,在较短时间内可得到电子衍射图像,但是如果让电子一个一个地通过晶体,结果发现,当一个电子到达后,在底片上出现一个感光点,这体现了电子的粒子性。随着时间的增加,在底片上会出现较多的感光点,这些点并未重合,也无规律性,但当时间足够长时,在底片上也会得到完整的衍射图像,这显示了电子的波动性。由此可见,电子等物质的波动性是大量微粒运动所表现出来的性质,是微粒行为统计性的结果。

从电子衍射图像可知,衍射强度大的区域,电子出现的几率大,衍射强度小的区域,电子出现的几率小。即空间任何一点波的强度和微粒(电子)在该处出现的几率成正比,所以物质波是具有统计性的几率波。

以上介绍的微观粒子的特征,说明研究微观粒子的运动状态不能用经典的牛顿力学理论。

6.3.2 薛定谔方程

由于微观粒子具有波动性,因此其运动规律服从波动方程,波动方程的解 Ψ 就称为波函数。根据波函数即可计算得知电子的能量、动量、角动量等,且波函数的平方表示电子的几率密度。所以说,核外电子的运动状态可用波函数进行描述。对微观粒子来讲,它

是在三维空间运动,因此它的运动状态必须用三维空间伸展的波来描述,即这种波函数是空间坐标(x、y、z)的函数。波函数可通过量子力学的基本方程——薛定谔方程求得。

1. 薛定谔方程

1926年,奥地利科学家薛定谔以实物微粒的波粒二象性为基础提出了一个描述微观粒子运动的基本方程——薛定谔方程,即

$$\frac{\partial^2 \Psi}{\partial x^2} + \frac{\partial^2 \Psi}{\partial y^2} + \frac{\partial^2 \Psi}{\partial z^2} + \frac{8\pi^2 m}{h^2}(E - V)\Psi = 0$$

式中:E是体系总能量;V是体系的势能;m是微粒的质量;$\frac{\partial^2 \Psi}{\partial x^2}$是微积分中的符号,它表示$\Psi$对$x$的二阶偏导数,$\frac{\partial^2 \Psi}{\partial y^2}$、$\frac{\partial^2 \Psi}{\partial z^2}$有类似的意义。对氢原子来说,$\Psi$是描述氢原子核外电子运动状态的波函数,读作"颇赛",也称为原子轨道或原子轨函。

关于波函数Ψ的注意事项有以下几点。

(1) 波函数Ψ是包含量子数n,l,m的空间三维坐标的函数。

(2) 每一波函数Ψ对应一固定的能量E,对氢原子和类氢离子来讲,$E = -13.6\frac{Z^2}{n^2}$,其中Z代表原子核所带的正电荷。类氢离子是指原子核外只有一个电子的离子,如He^+,Li^{2+}等。

(3) 波函数Ψ虽然代表了电子的运动状态,但只是一种数学函数式,其本身无确切的物理意义,但$|\Psi|^2$表示原子核外空间某处单位体积内电子出现的几率,称为几率密度,其空间图像即为电子云。

解出薛定谔方程中的波函数Ψ和E,就可以了解电子的运动状态和能量的高低。解薛定谔方程时,为了方便起见,将直角坐标(x,y,z)换算成球极坐标(r,θ,φ),它们之间的变换关系如图6.6所示,P为空间中的一点。

经坐标变换后以直角坐标描述的波函数$\Psi(x, y, z)$转化为以球极坐标描述的波函数$\Psi(r, \theta, \varphi)$,在数学上又可将$\Psi(r, \theta, \varphi)$分解为两部分,即

$$\Psi(r, \theta, \varphi) = R(r)Y(\theta, \varphi)$$

式中:R是电子离核距离r的函数,称为波函数的径向部分;Y则是角度(θ,φ)的函数,称为波函数的角度部分。

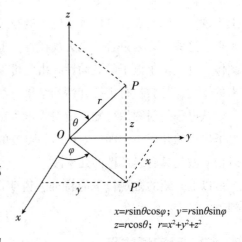

图6.6 球极坐标与直角坐标的关系

2. 波函数和原子轨道

薛定谔方程有很多的解，为了使所求的解具有特定的物理意义，必须引入 3 个量子数，它们的取值范围如下：

(1) 主量子数 $n = 1, 2, 3, \cdots, \infty$；

(2) 角量子数 $l = 0, 1, 2, \cdots, n-1$，共可取 n 个数值；

(3) 磁量子数 $m = 0, \pm 1, \pm 2, \cdots, \pm l$，共可取 $2l+1$ 个数值。

用一组 3 个量子数解薛定谔方程，可得波函数的径向部分 $R_{nl}(r)$[①]和角度部分 $Y_{lm}(\theta, \varphi)$[②]的解。两者相乘，可得到一个波函数的数学函数式。例如，对氢原子而言，用 $n = 1$，$l = 0$，$m = 0$ 解薛定谔方程可得

$$R_{nl}(r) = R_{10}(r) = 2\left(\frac{1}{a_0}\right)^{3/2} e^{\frac{-r}{a_0}}$$

$$Y_{lm}(\theta, \varphi) = Y_{00}(\theta, \varphi) = \sqrt{\frac{1}{4\pi}}$$

$$\Psi_{100}(r, \theta, \varphi) = R_{10}(r) Y_{00}(\theta, \varphi) = \sqrt{\frac{1}{\pi a_0^3}} e^{\frac{-r}{a_0}}$$

式中：a_0 称为玻尔半径，其值为 52.9 pm。

由上可知，波函数可用一组量子数来描述它。量子力学中，把 3 个量子数都有确定值的波函数称为原子轨道（简称轨道）。如 $n = 1$，$l = 0$，$m = 0$ 所描述的波函数 $\Psi_{1,0,0}$ 称为 1s 原子轨道（简称 1s 轨道）。因此，波函数和原子轨道是同义词。要注意，这里原子轨道的含义不同于宏观物体的运动轨道，也不同于玻尔所说的固定轨道，它是指电子的一种空间运动状态。

6.3.3 几率密度和电子云

波函数 Ψ 本身虽不能与任何可以观察的物理量相联系，但波函数的平方 $|\Psi|^2$ 却可以反映电子在核外某处单位体积内出现的几率大小，即该处的几率密度。

我们知道，电子和光子一样具有波粒二象性，所以可与光波的情况做比较。从光的波动性分析，在光的衍射图中最亮的地方，光振动的振幅最大，即光的强度与振幅的平方成正比；从光的粒子性来考虑，光强度最大的地方的光子密度最大，即光的强度与光子密度成正比。若将波动性和粒子性统一起来，则光的振幅平方与光子密度成正比。对于电子亦有类似的结论，即电子波的波函数平方 $|\Psi|^2$ 与电子出现的几率密度成正比。因而认为波函数的平方 $|\Psi|^2$ 可用来反映电子在核外某处单位体积内出现的几率大小，即几率密度。

---

① 波函数的径向部分只与主量子数 n 和角量子数 l 有关，故下标只需用两个量子数表示，即 $R_{nl}(r)$。

② 波函数的角度部分只与角量子数 l 和磁量子数 m 有关，故下标只需用两个量子数表示，即 $Y_{lm}(\theta, \varphi)$。

我们常把电子在核外出现的几率密度的大小用小黑点的疏密来表示，电子出现几率大的区域用密集的小黑点表示，电子出现几率密度小的区域用稀疏的小黑点表示。这样得到的图像叫作电子云，它是电子在核外空间各处出现几率密度大小的形象化描述。氢原子1s电子的几率密度随着离核半径的关系如图6.7所示。

由此可见，r越小，电子离核越近，出现的几率密度越大；r越大，电子离核越远，则几率密度越小。

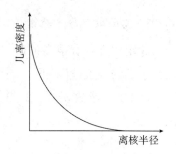

图6.7　氢原子1s电子的几率密度与离核半径的关系

6.3.4　4个量子数

解薛定谔方程必须先确定3个量子数n、l、m，对于三维运动的电子来说，用这3个量子数就可以描述其运动状态。但进一步的实验和研究发现，电子还可作自旋运动，因此还需要第4个量子数——自旋量子数m_s来描述。这样，描述核外电子的一种运动状态共需要用4个量子数。现将4个量子数的重要意义综述如下。

1. 主量子数 n

主量子数n决定电子在核外出现几率最大区域离核的平均距离。n也称为电子层。

对多电子原子而言，n是决定电子能量高低的主要因素；对于氢原子(类氢离子)则是唯一因素。氢原子核外只有一个电子，能量只由主量子数n决定，n相同的原子轨道能量相同。n越小，电子离核的平均距离越近，能量越低；n越大，电子离核的平均距离越远，能量越高。

主量子数的取值是从1开始的正整数，即$n=1,2,3,\cdots$。目前已知的最复杂的原子，其电子层也不超过7层。光谱学上n值常被称为电子层，且用代号K，L，M，N，…表示，即

n	1	2	3	4	5	6	…
电子层	K	L	M	N	O	P	…

2. 角量子数 l

角量子数描述原子轨道和电子云的形状，在多电子原子中与主量子数一起决定电子的能量。

l可以取从0到$(n-1)$的整数。每个l的取值表示一类原子轨道和电子云的形状，其数值常用光谱符号s，p，d，f表示：

l值	0	1	2	3	4	…
l值符号	s	p	d	f	g	…

$l=0$即为s电子，电子云的形状呈球形对称；$l=1$即为p电子，电子云呈哑铃形；$l=$

2 即为 d 电子，电子云呈花瓣形；f 电子的电子云形状更为复杂。

当 n 的取值相同，l 的取值不同时，则同一电子层又形成若干电子亚层。也就是说，同一电子层的电子能量还稍有差别。l 取值越大，能量越高，即 s 亚层的电子能量最低，p、d、f 亚层的电子能量依次升高。

3. 磁量子数 m

磁量子数 m 用于描述原子轨道和电子云在空间的伸展方向。

若给定 l 值，则 m 可取 0，±1，±2，…，±l，共 $2l+1$ 个数值。当 $l=0$ 时，$m=0$，即 s 电子云只有一种空间取向；当 $l=1$ 时，$m=+1$，0，-1，因此 p 电子云可有 3 种取向，沿直角坐标 x，y，z 轴的方向伸展，分别称为 p_x，p_y，p_z；当 $l=2$ 时，$m=+2$，+1，0，-1，-2，因此 d 电子云可有 5 种取向，即 d_{z^2}，d_{xz}，d_{yz}，d_{xy}，$d_{x^2-y^2}$。

我们常把 n、l 和 m 都确定的电子运动状态称为一个（条）原子轨道，所以 s 亚层只有 1 个原子轨道；p 亚层有 3 个原子轨道；d 亚层有 5 个原子轨道；f 亚层有 7 个原子轨道，如表 6.1 所示。同一亚层的原子轨道虽然空间的取向可以不同，但不影响电子的能量，即磁量子数与能量无关。因此，l 相同的几个原子轨道能量是等同的，这样的原子轨道统称为等价轨道或简并轨道。例如，l 相同的 3 个 p 轨道，5 个 d 轨道，7 个 f 轨道，都是等价轨道。

表 6.1　量子数和原子轨道

n 值	电子层符号	l 值	原子轨道	m 值		原子轨道数
1	K	0	1s	0	1	1
2	L	0	2s	0	1	4
		1	2p	+1, 0, −1	3	
3	M	0	3s	0	1	9
		1	3p	+1, 0, −1	3	
		2	3d	+2, +1, 0, −1, −2	5	
4	N	0	4s	0	1	16
		1	4p	+1, 0, −1	3	
		2	4d	+2, +1, 0, −1, −2	5	
		3	4f	+3, +2, +1, 0, −1, −2, −3	7	

4. 自旋量子数 m_s

量子数 n、l、m 由氢原子波动方程解出，与实验相符合，但用高分辨率光谱仪得到的氢原子光谱大多数谱线其实是由靠得很近的两条谱线组成的，这一现象用前 3 个量子数是不能解释的，由此引入了第 4 个量子数——自旋量子数 m_s。自旋量子数 m_s 决定电子在空间的自旋运动状态，因为电子的自旋只有两个相反的方向，故自旋量子数 m_s 只有两个取值：$+\dfrac{1}{2}$ 和 $-\dfrac{1}{2}$。每一个取值表示电子的一种自旋状态，常用向上的箭头"↑"和向下的箭头"↓"形象地表示，习惯上说成顺时针或逆时针方向自旋。

综上所述，一个原子轨道由 n、l、m，共 3 个量子数确定，一个电子由 n、l、m、m_s，共 4 个量子数来描述它的运动状态，即电子在核外空间的运动状态可以用 4 个量子数来确定。

6.3.5 原子轨道和电子云的角度分布图

1. 原子轨道的角度分布图

原子轨道除用数学函数式描述外，通常还可用相应的图形来表示。

如果我们得到了 $R(r)$ 和 $Y(\theta,\varphi)$ 的确定函数式，就可从径向部分和角度部分来画原子轨道的图形。其中，原子轨道的角度分布图对研究化学键的形成和分子构型很有用处，且该分布图是波函数角度部分 $Y(\theta,\varphi)$ 随 θ 和 φ 变化所作的图像。

例如，由薛定谔方程解得所有 s 原子轨道波函数的角度部分 Y_s 为 $\sqrt{\dfrac{1}{4\pi}}$，它是一个与角度 (θ,φ) 无关的常数，所以它的角度分布图是一个以半径为 $\sqrt{\dfrac{1}{4\pi}}$ 的球面。

又如，所有 p_z 原子轨道波函数的角度部分为 $Y_{p_z}=\sqrt{\dfrac{3}{4\pi}}\cos\theta$，$Y_{p_z}$ 值与 θ 的关系如表 6.2 所示。

表 6.2　Y_{p_z} 值与 θ 的关系

θ	0°	30°	60°	90°	120°	150°	180°
$\cos\theta$	1.00	0.866	0.500	0	−0.500	−0.866	−1.000
Y_{p_z}	0.489	0.423	0.244	0	−0.244	−0.423	−0.489

如图 6.8 所示，从原点引出与 z 轴成 θ 角的直线，并令直线的长度等于相应的 Y_{p_z} 值，连接所有直线的端点，再把所得到图形绕 z 轴旋转 360°，所得空间曲面即为 p_z 原子轨道的角度分布图。此图形在 xy 平面上，$Y_{p_z}=0$，即角度分布值等于零，这样的平面叫作节面。必须指出，图中节面上下的正负号仅表示 Y 值是正值还是负值，并不代表电荷。

其他原子轨道的角度分布图也可根据各自的函数值（如 $Y_{p_x}=\sqrt{\dfrac{3}{4\pi}}\sin\theta\cos\varphi$，$Y_{p_y}=\sqrt{\dfrac{3}{4\pi}}\sin\theta\cos\varphi$）用类似方法作图。s、p、d 轨道的角度分布图如图 6.9 所示。

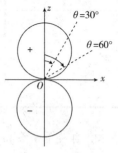

图 6.8　p_z 轨道的角度分布图

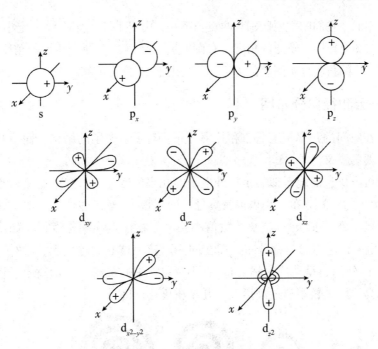

图 6.9　s、p、d 轨道的角度分布图

2. 电子云的角度分布图

电子云是电子在核外空间出现的几率密度分布的形象化描述，几率密度大小可用 $|\Psi|^2$ 来表示，若以 $|\Psi|^2$ 作图，则可以得到电子云图像。根据 $|\Psi|^2$ 的角度部分 Y^2 随 θ、φ 变化的情况作图，就得到电子云的角度分布图(见图 6.10)。电子云的角度分布图与相应的原子轨道

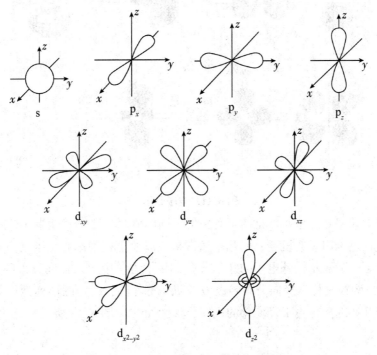

图 6.10　s，p，d 电子云的角度分布图

的角度分布图相似，它们的主要区别有两点：第一，由于 $Y<1$，所以 Y^2 一定小于 Y，因而电子云的角度分布图要比原子轨道的角度分布图"瘦"些；第二，原子轨道的角度分布图有正、负之分，而电子云的角度分布图全部为正，这是由于 Y^2 总为正值。

6.3.6 电子云和径向分布图

核外电子在空间的几率密度分布和几率分布，对了解原子的结构、性质和原子间的成键过程具有重要的意义。

电子云图可形象直观地近似表示核外电子的几率密度分布。图中用很多小黑点的疏密程度来表示 $|\Psi|^2$ 的空间分布：小黑点密集处，表示该点 $|\Psi|^2$ 数值大，电子在该点几率密度高；小黑点稀疏处，表示该点 $|\Psi|^2$ 数值小，电子在该点几率密度低，如图 6.11 所示。图 6.11 中 1s 电子云呈球形对称分布，即在同一以核为球心的球面上，$|\Psi|^2$ 处处相等（Ψ 值也相等，即 1s 轨道也呈球形对称分布）；小黑点在中心最密，表示离原子核越近，电子的几率密度越高，随离核距离逐渐增大，几率密度逐渐降低。

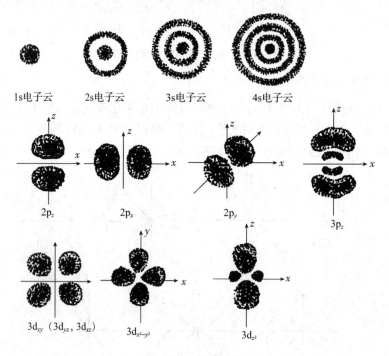

图 6.11 电子云图

核外电子的几率和几率密度是两个有关但不同的概念：几率密度指在核外空间某点附近单位微体积内电子出现的机会，而几率通常指在以原子核为球心、半径为 r 的薄球壳中电子出现的机会。为表示核外电子的几率分布，量子力学中引入径向分布函数 D 的概念，以薄球壳半径 r 为横坐标、径向分布函数 D 为纵坐标作图，所得图形称为径向分布图，表示电子出现的几率随薄球壳半径变化的规律，如图 6.12、图 6.13 所示。

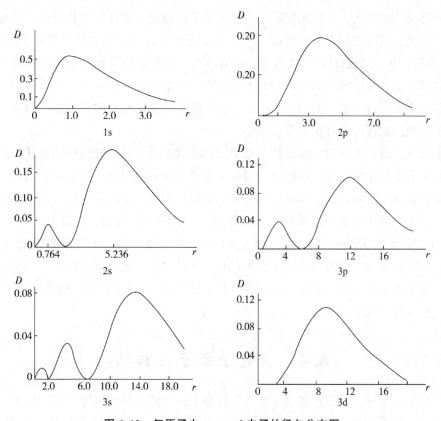

图 6.12 氢原子中 s、p、d 电子的径向分布图

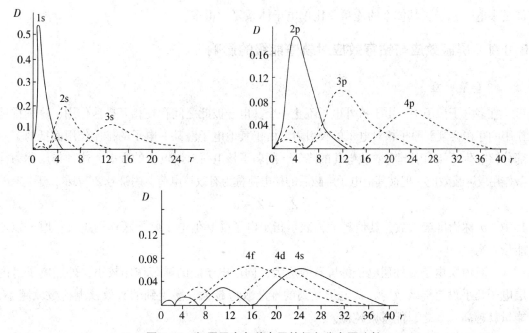

图 6.13 氢原子中各种电子的径向分布图比较

氢原子中 1s 电子的径向分布图在 $r=a_0$ 处（$a_0=53$ pm）有一极大值，表示 1s 电子在半径为 a_0 的薄球壳中出现的几率最大。从 1s 电子云图可知，离原子核越近，电子的几率密

度越大,且随距离增大,几率密度减小。但离原子核越近,薄球壳体积越小,离原子核越远,体积越大,两者乘积必有一极值,该极值出现在 $r=a_0$ 处(称为玻尔氢原子半径)。从图 6.13 可见,$D-r$ 曲线有 $(n-l)$ 个极值;n 值越大,主峰离原子核越远,说明原子轨道基本是分层排布的;外层电子的径向分布图在离原子核很近处出现小峰,表示外层电子有穿透到内部的现象,且 n 值相同但 l 值越小,小峰离原子核越近,即穿透能力越强,这对多电子原子内轨道能级高低有很重要的影响。

综上所述,量子力学对氢原子核外电子的运动状态有了一个较清晰的描述:由于薛定谔方程有无数个可能的解 Ψ,所以电子可在无数条能量确定的原子轨道中运动;每条原子轨道由量子数 n、l、m 决定,形状、伸展方向各异,但 n、l 相同的原子轨道为简并轨道;基态氢原子中,电子运动于能量最低的 1s 轨道,有两种自旋状态,能量为 -2.179×10^{-18} J;1s 电子的几率密度随离原子核距离的增大而减小,在半径为 53 pm 的薄球壳内,电子出现的几率最大。根据 Ψ,还可计算出电子的动量、角动量等一系列重要数据,与实验测得数据吻合;量子力学的氢原子模型,合理地解释了原子光谱在磁场中的分裂现象和谱线的精细结构等。这说明量子力学的基本假设是正确的。

6.4 多电子原子的结构

近代量子力学原子模型的发展,使人们摆脱了玻尔原子模型固定轨道的束缚,更清楚地了解了原子结构内部核外电子运动的状态。目前发现的一百多种元素中,除了氢原子外都是多电子原子,其体系的能量要比单电子体系复杂得多。

6.4.1 屏蔽效应与钻穿效应对轨道能级的影响

1. 屏蔽效应

在多电子原子中,由于核外电子不止一个,电子彼此之间存在相互排斥作用,这种排斥作用的存在会削弱原子核对电子的吸引力。由于其他电子对某一电子的排斥作用而抵消了一部分核电荷,从而引起有效核电荷的降低,削弱了核电荷对该电子的吸引,这种作用称为屏蔽作用或屏蔽效应,把被其他电子屏蔽后的核电荷称为有效核电荷,用符号 Z^* 表示,于是有

$$Z^* = Z - \sigma$$

其中:σ 称为屏蔽常数,其值越大,表示指定电子受其他电子的屏蔽作用越大,原子轨道能量越高。

一般内层电子对外层电子的屏蔽效应大,同层电子间的屏蔽作用较小,外层电子对内层电子几乎没有屏蔽效应。某电子受到的屏蔽效应越大,感受到的有效核电荷数就越小,能量就越高;反之,能量就越低。

从电子的径向分布图可看出:n 不同、l 相同的原子轨道中,n 值越大,电子出现几率最大的空间区域离原子核越远;电子基本是分层排布的,多电子原子中 l 相同、n 不同的电子,n 越大,所受屏蔽作用越强,能量越高,即在同一原子中有 $E_{1s}<E_{2s}<E_{3s}<\cdots E_{ns}$;$E_{2p}$

$<E_{3p}<E_{4p}<\cdots E_{np}$；$E_{3d}<E_{4d}<E_{5d}<\cdots E_{nd}$；$E_{4f}<E_{5f}<E_{6f}<\cdots E_{nf}$；等等。

2. 钻穿效应

研究表明，对于在 n 较大的轨道上运动的电子（如 3s、3p 电子），其出现几率最大的运动区域离原子核较远，但在离原子核较近的运动区域也有机会出现。外层电子也有可能钻到内层，出现在离原子核较近的地方，离原子核越近，能量则越低。人们把外层电子钻到内层空间靠近原子核从而使轨道能量降低的现象，称为钻穿效应。钻穿效应可能导致能级交错现象。

对于 n 相同、l 不同的原子轨道，由于 l 越小，径向分布图中出现的小峰越接近原子核，即电子钻穿到原子核附近的机会越多，回避其他电子对它的屏蔽的能力越强，故能量越低。因此，在同一原子中有 $E_{2s}<E_{2p}$；$E_{3s}<E_{3p}<E_{3d}$；$E_{4s}<E_{4p}<E_{4d}<E_{4f}$；等等。

当主量子数和角量子数都不同时，我国化学家徐光宪归纳出用该轨道的 $(n+0.7l)$ 值来判断：$(n+0.7l)$ 值越小，能级越低。例如，4s 和 3d 原子轨道，它们的 $(n+0.7l)$ 值分别为 4.0 和 4.4，因此 $E_{4s}<E_{3d}$。这种 n 值大的亚层的能量反而比 n 值小的亚层的能量低的现象称为能级交错。

多电子原子内原子轨道的能级顺序，可用鲍林原子轨道近似能级图表示，如图 6.14 所示，将原子轨道按 ns、$(n-2)f$、$(n-1)d$、np 规律分为 7 个能级组。高能级组的能量高于低能级组，同组内原子轨道能量接近，一般按自左至右顺序能量逐渐升高，但真实原子中电子的实际能量可能与鲍林原子轨道近似能级图中的能量不同。鲍林原子轨道近似能级图往往只适用于空轨道，是电子在原子轨道中填充的主要依据，实际电子的能量分布更符合科顿（Cotton）的原子轨道能级图。

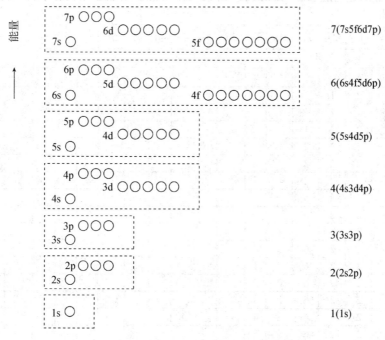

图 6.14 鲍林原子轨道近似能级图

6.4.2 基态多电子原子内核外电子排布

根据量子力学原理并结合大量光谱实验结果可得,原子核外电子排布服从以下3个原则。

(1)泡利不相容原理:在同一原子中没有4个量子数完全相同的电子,即在同一原子轨道中,最多可容纳两个自旋相反的电子。由此可计算出,s、p、d、f 轨道最多可容纳电子数分别为 2、6、10、14,即每一电子层中最多可容纳 $2n^2$ 个电子。

(2)能量最低原理:在不违背泡利不相容原理的前提下,电子在各原子轨道的排布方式应使整个原子的能量处于最低状态。

(3)洪特规则:电子在简并轨道中分布,总是尽可能以自旋相同的方式分别占有不同的原子轨道。例如,当 5 条 3d 轨道中仅含有 3 个电子时,3 个电子将分别进入 3 条 d 轨道中,且三者自旋方向相同,即

$$\underline{\uparrow}\ \underline{\uparrow}\ \underline{\uparrow}\ \underline{}\ \underline{}$$

电子的这种排布方式,避免了同一原子轨道中两个电子间的斥力,使整个原子能量较低,所以洪特规则实际属于能量最低原理。作为洪特规则的补充,简并轨道在全空(p^0、d^0、f^0)、全满(p^6、d^{10}、f^{14})、半满(p^3、d^5、f^7)时较稳定。

根据以上原则,随原子序数的增加,按 ns、$(n-2)f$、$(n-1)d$、np 顺序,即按能级组顺序将电子依次填入各原子轨道,最后将各原子轨道按主量子数递增的顺序调整,即可得到各基态原子内核外电子的排布(见表 6.3)。

表 6.3 基态原子内核外电子的排布

周期	原子序数	元素符号	电子层															
			1s	2s	2p	3s	3p	3d	4s	4p	4d	4f	5s	5p	5d	5f	6s	6p	6d	7s
1	1	H	1																	
	2	He	2																	
2	3	Li	2	1																
	4	Be	2	2																
	5	B	2	2	1															
	6	C	2	2	2															
	7	N	2	2	3															
	8	O	2	2	4															
	9	F	2	2	5															
	10	Ne	2	2	6															
3	11	Na	2	2	6	1														
	12	Mg	2	2	6	2														
	13	Al	2	2	6	2	1													
	14	Si	2	2	6	2	2													
	15	P	2	2	6	2	3													
	16	S	2	2	6	2	4													
	17	Cl	2	2	6	2	5													
	18	Ar	2	2	6	2	6													

续表

周期	原子序数	元素符号	电子层															
			1s	2s	2p	3s	3p	3d	4s	4p	4d	4f	5s	5p	5d	5f	6s	6p	6d	7s
4	19	K	2	2	6	2	6		1											
	20	Ca	2	2	6	2	6		2											
	21	Sc	2	2	6	2	6	1	2											
	22	Ti	2	2	6	2	6	2	2											
	23	V	2	2	6	2	6	3	2											
	24	Cr	2	2	6	2	6	5	1											
	25	Mn	2	2	6	2	6	5	2											
	26	Fe	2	2	6	2	6	6	2											
	27	Co	2	2	6	2	6	7	2											
	28	Ni	2	2	6	2	6	8	2											
	29	Cu	2	2	6	2	6	10	1											
	30	Zn	2	2	6	2	6	10	2											
	31	Ga	2	2	6	2	6	10	2	1										
	32	Ge	2	2	6	2	6	10	2	2										
	33	As	2	2	6	2	6	10	2	3										
	34	Se	2	2	6	2	6	10	2	4										
	35	Br	2	2	6	2	6	10	2	5										
	36	Kr	2	2	6	2	6	10	2	6										
5	37	Rb	2	2	6	2	6	10	2	6			1							
	38	Sr	2	2	6	2	6	10	2	6			2							
	39	Y	2	2	6	2	6	10	2	6	1		2							
	40	Zr	2	2	6	2	6	10	2	6	2		2							
	41	Nb	2	2	6	2	6	10	2	6	4		1							
	42	Mo	2	2	6	2	6	10	2	6	5		1							
	43	Tc	2	2	6	2	6	10	2	6	5		2							
	44	Ru	2	2	6	2	6	10	2	6	7		1							
	45	Rh	2	2	6	2	6	10	2	6	8		1							
	46	Pd	2	2	6	2	6	10	2	6	10									
	47	Ag	2	2	6	2	6	10	2	6	10		1							
	48	Cd	2	2	6	2	6	10	2	6	10		2							
	49	In	2	2	6	2	6	10	2	6	10		2	1						
	50	Sn	2	2	6	2	6	10	2	6	10		2	2						
	51	Sb	2	2	6	2	6	10	2	6	10		2	3						
	52	Te	2	2	6	2	6	10	2	6	10		2	4						
	53	I	2	2	6	2	6	10	2	6	10		2	5						
	54	Xe	2	2	6	2	6	10	2	6	10		2	6						
	55	Cs	2	2	6	2	6	10	2	6	10		2	6			1			

续表

周期	原子序数	元素符号	电子层														
			1s	2s	2p	3s	3p	3d	4s	4p	4d	4f	5s	5p	5d	5f	6s	6p	6d	7s
6	56	Ba	2	2	6	2	6	10	2	6	10		2	6			2			
	57	La	2	2	6	2	6	10	2	6	10		2	6	1		2			
	58	Ce	2	2	6	2	6	10	2	6	10	1	2	6	1		2			
	59	Pr	2	2	6	2	6	10	2	6	10	3	2	6			2			
	60	Nd	2	2	6	2	6	10	2	6	10	4	2	6			2			
	61	Pm	2	2	6	2	6	10	2	6	10	5	2	6			2			
	62	Sm	2	2	6	2	6	10	2	6	10	6	2	6			2			
	63	Eu	2	2	6	2	6	10	2	6	10	7	2	6			2			
	64	Gd	2	2	6	2	6	10	2	6	10	7	2	6	1		2			
	65	Tb	2	2	6	2	6	10	2	6	10	9	2	6			2			
	66	Dy	2	2	6	2	6	10	2	6	10	10	2	6			2			
	67	Ho	2	2	6	2	6	10	2	6	10	11	2	6			2			
	68	Er	2	2	6	2	6	10	2	6	10	12	2	6			2			
	69	Tm	2	2	6	2	6	10	2	6	10	13	2	6			2			
	70	Yb	2	2	6	2	6	10	2	6	10	14	2	6			2			
	71	Lu	2	2	6	2	6	10	2	6	10	14	2	6	1		2			
	72	Hf	2	2	6	2	6	10	2	6	10	14	2	6	2		2			
	73	Ta	2	2	6	2	6	10	2	6	10	14	2	6	3		2			
	74	W	2	2	6	2	6	10	2	6	10	14	2	6	4		2			
	75	Re	2	2	6	2	6	10	2	6	10	14	2	6	5		2			
	76	Os	2	2	6	2	6	10	2	6	10	14	2	6	6		2			
	77	Ir	2	2	6	2	6	10	2	6	10	14	2	6	7		2			
	78	Pt	2	2	6	2	6	10	2	6	10	14	2	6	9		1			
	79	Au	2	2	6	2	6	10	2	6	10	14	2	6	10		1			
	80	Hg	2	2	6	2	6	10	2	6	10	14	2	6	10		2			
	81	Tl	2	2	6	2	6	10	2	6	10	14	2	6	10		2	1		
	82	Pb	2	2	6	2	6	10	2	6	10	14	2	6	10		2	2		
	83	Bi	2	2	6	2	6	10	2	6	10	14	2	6	10		2	3		
	84	Po	2	2	6	2	6	10	2	6	10	14	2	6	10		2	4		
	85	At	2	2	6	2	6	10	2	6	10	14	2	6	10		2	5		
	86	Rn	2	2	6	2	6	10	2	6	10	14	2	6	10		2	6		

续表

周期	原子序数	元素符号	1s	2s	2p	3s	3p	3d	4s	4p	4d	4f	5s	5p	5d	5f	6s	6p	6d	7s
7	87	Fr	2	2	6	2	6	10	2	6	10	14	2	6	10		2	6		1
	88	Ra	2	2	6	2	6	10	2	6	10	14	2	6	10		2	6		2
	89	Ac	2	2	6	2	6	10	2	6	10	14	2	6	10		2	6	1	2
	90	Th	2	2	6	2	6	10	2	6	10	14	2	6	10		2	6	2	2
	91	Pa	2	2	6	2	6	10	2	6	10	14	2	6	10	2	2	6	1	2
	92	U	2	2	6	2	6	10	2	6	10	14	2	6	10	3	2	6	1	2
	93	Np	2	2	6	2	6	10	2	6	10	14	2	6	10	4	2	6	1	2
	94	Pu	2	2	6	2	6	10	2	6	10	14	2	6	10	6	2	6		2
	95	Am	2	2	6	2	6	10	2	6	10	14	2	6	10	7	2	6		2
	96	Cm	2	2	6	2	6	10	2	6	10	14	2	6	10	7	2	6	1	2
	97	Bk	2	2	6	2	6	10	2	6	10	14	2	6	10	9	2	6		2
	98	Cf	2	2	6	2	6	10	2	6	10	14	2	6	10	10	2	6		2
	99	Es	2	2	6	2	6	10	2	6	10	14	2	6	10	11	2	6		2
	100	Fm	2	2	6	2	6	10	2	6	10	14	2	6	10	12	2	6		2
	101	Md	2	2	6	2	6	10	2	6	10	14	2	6	10	13	2	6		2
	102	No	2	2	6	2	6	10	2	6	10	14	2	6	10	14	2	6		2
	103	Lr	2	2	6	2	6	10	2	6	10	14	2	6	10	14	2	6	1	2
	104		2	2	6	2	6	10	2	6	10	14	2	6	10	14	2	6	2	2
	105		2	2	6	2	6	10	2	6	10	14	2	6	10	14	2	6	3	2
	106		2	2	6	2	6	10	2	6	10	14	2	6	10	14	2	6	4	2
	107		2	2	6	2	6	10	2	6	10	14	2	6	10	14	2	6	5	2

能级交错是一个很重要的现象。在 19 号和 20 号元素 K、Ca 的基态原子中,电子分布为 $1s^22s^22p^63s^23p^64s^1$ 和 $1s^22s^22p^63s^23p^64s^2$。电子不进入 3d 轨道而进入 4s 轨道,原因在于 3d、4s 轨道在同一能级组,能量本相差不大,而 4s 轨道穿透能力强于 3d 轨道,从而使 4s 轨道能量大大降低。类似的能级交错现象还出现在 37、38 号元素,55、56 号元素中。但必须注意:能级交错现象是随核电荷递增,填充电子次序上的交错,并不意味着先填能级的能量一定比后填能级的能量低。

副族元素基态原子最外层电子一般为 ns^2,但 24、42、29、47、79 号等元素为 ns^1,这是因为原子轨道在半满、全满状态较稳定。另有些不规则的排布不好理解,有待人们对微观世界的进一步认识。

元素原子核外电子分布的情况可用电子分布式表示,如钛(Ti)原子有 22 个电子,其电子分布情况应为:$1s^22s^22p^63s^23p^64s^23d^2$,但在书写电子分布式时,要将 3d 轨道放在 4s 轨道前面,与同层的 3s,3p 轨道一起,即钛原子的电子分布式为:$1s^22s^22p^63s^23p^63d^24s^2$ 或 $[Ar]3d^24s^2$,$[Ar]$ 称为原子实,这个原子实的电子分布与 Ar 原子的电子分布完全相同。

又如 Cr($Z=24$),其电子分布式为 $[Ar]3d^54s^1$ 而不是 $[Ar]3d^44s^2$;Cu($Z=29$),其电子分布式为 $[Ar]3d^{10}4s^1$ 而不是 $[Ar]3d^94s^2$。

以上是根据光谱实验得到的结果，表6.3中还有类似的情况，这些都是洪特规则的特例。由于化学反应中通常只涉及价层电子的改变，所以一般不必写出完整的电子分布式，只需写出价层电子分布情况即价层电子构型(又称价电子构型)即可。对主族元素，价电子构型即为最外层电子，如氯原子，价电子构型为$3s^23p^5$；对副族元素价电子构型则是指最外层 s 电子和次外层 d 电子的分布形式，如钛原子和铬原子的价层电子构型分别为 $3d^24s^2$ 和 $3d^54s^1$。

应该指出，当原子失去电子成为正离子时，往往是失去离原子核最远的最外层电子。例如，Mn 原子的电子分布式为 $1s^22s^22p^63s^23p^63d^54s^2$，其价电子构型为 $3d^54s^2$，则 Mn^{2+} 的外层电子构型为 $3s^23p^63d^5$，而不是 $3s^23p^63d^34s^2$。

6.5 原子结构与元素周期律

至今，人类已发现一百多种元素，随着原子序数的递增，原子结构(价电子构型、原子半径、作用于外层电子的有效核电荷)呈现周期性变化，造成元素性质的周期性变化，人们把这个变化规律称为元素周期律。著名的元素周期表科学、形象地反映了元素性质随原子序数递增而呈现的周期性变化规律。

6.5.1 元素周期表的结构

1. 区

根据原子核外电子最后填入电子的亚层的不同，元素周期表中的元素被分为 s、p、d、ds、f 共 5 个区，如图 6.15 所示，元素的分区与价电子构型的关系如表 6.4 所示。

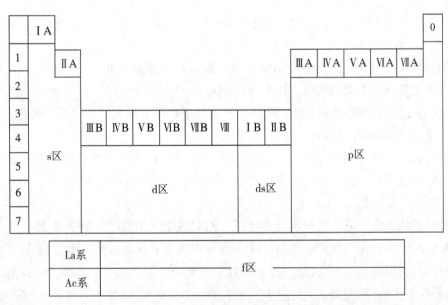

图 6.15 元素周期表中元素的分区

表 6.4 元素的分区与价电子构型的关系

分区	最后填入电子的亚层	价电子构型	元素所属族
s	s	$ns^{1\sim 2}$	ⅠA、ⅡA族
p	p	$ns^2np^{1\sim 6}$	Ⅲ~ⅦA族,0族
d	d	$(n-1)d^{1\sim 9}ns^{1\sim 2}$	Ⅲ~ⅦB族、Ⅷ族
ds	d	$(n-1)d^{10}ns^{1\sim 2}$	ⅠB、ⅡB
f	f	$(n-2)f^{0\sim 14}(n-1)d^{0\sim 2}ns^2$	镧(La)系和锕(Ac)系

显然, s 区元素容易失去 1 个或 2 个价电子形成 +1 或 +2 价离子, 表现出典型的金属性, 它们都是比较活泼的金属元素(氢元素除外)。p 区元素大多容易得到电子, 表现出非金属性, 大都是非金属元素。d 区和 ds 区元素合称为过渡元素, 其电子层结构的差别主要在次外层的 d 轨道上(ds 区元素原子次外层 d 轨道为全充满结构), 且性质比较相似, 都是金属元素, 故又称过渡金属元素。f 区元素包括镧系元素和锕系元素, 称为内过渡元素, 又称稀土元素。

2. 周期

周期是根据能级组划分的,即元素的价电子构型每重复一次从 ns^1 到 ns^2np^6 的变化(第 1 周期除外),称为一个周期。元素周期表中,同一周期的元素具有相同的电子层数:从左到右,最外层电子的填充从 ns^1 开始到 np^6 结束。元素所在的周期序数等于元素原子核外电子层数,并与原子外层电子所处的最高能级组序数一致。周期与原子结构中最高能级组的关系如表 6.5 所示。

表 6.5 周期与原子结构中最高能级组的关系

周期序数	最高能级组序数	能级组内所含原子轨道	最多填充电子数	元素种数	周期类型	起止原子序数
1	1	1s	2	2	特短周期	1~2
2	2	2s, 2p	8	8	短周期	3~10
3	3	3s, 3p	8	8	短周期	11~18
4	4	4s, 3d, 4p	18	18	长周期	19~36
5	5	5s, 4d, 5p	18	18	长周期	37~54
6	6	6s, 4f, 5d, 6p	32	32	特长周期	55~86
7	7	7s, 5f, 6d(未完)	未填满	未完全发现	不完全周期	87~未完

由此可见, 周期序数=最高能级组序数=最外层电子的主量子数(或电子层数)。各周期包含元素的数目等于相应能级组中原子轨道所能容纳的电子总数。第 1~6 周期包含的元素数目依次为 2、8、8、18、18、32; 第 7 周期的元素尚未完全发现, 但可以预测该周期包含 32 种元素, 最末一种为 118 号元素, 是一种稀有气体元素。

3. 族

族是根据价电子构型划分的，同族元素具有相似的价电子构型。元素周期表中，18 个纵行的元素构成 16 个族，包括 7 个主族和 7 个副族，0 族，Ⅷ族(含 3 列)。主族与副族元素在原子结构上的区别在于主族元素基态原子的内电子层原子轨道或全满、或全空，而副族元素(除ⅠB、ⅡB)最外层有两个(或一个)s 电子，而次外层 d 轨道、次次外层 f 轨道(镧系、锕系)均未完全充满。通常称除镧系、锕系外的副族元素为过渡元素，并分别称 4、5、6 周期的过渡元素为第一、第二和第三系列过渡元素，镧系和锕系元素称为内过渡元素。

s 区、p 区元素为主族(A 族)元素，d 区、ds 区、f 区是副族(B 族)元素。主族元素、副族元素族序数与元素原子价电子构型的关系如表 6.6 所示。

表 6.6 族序数与元素原子价电子构型的关系

族		价电子构型	族序数
主族	ⅠA ~ ⅡA ⅢA ~ ⅦA	$ns^{1~2}$ $ns^2 np^{1~5}$	等于最外层电子数
副族	ⅠB ~ ⅡB ⅢB ~ ⅦB 镧系、锕系	$(n-1)d^{10}ns^{1~2}$ $(n-1)d^{1~5}ns^{1~2}$ $(n-2)f^{0~14}(n-1)d^{0~2}ns^2$	等于最外层电子数 等于最外层电子数+次外层 d 轨道上的电子数 都属于第ⅢB 族
0		$ns^2 np^6$	0 族
Ⅷ		$(n-1)d^{6~8}ns^2$	Ⅷ族

6.5.2 元素重要性质的周期性变化

原子的电子层结构随着核电荷数的递增呈现周期性变化，与电子层结构有关的元素基本性质，如有效核电荷 Z^*、原子半径 r、电离能 I、电子亲和能 E、电负性 X 和氧化数等，随着原子序数的递增，也呈现出周期性的变化。

1. 有效核电荷

有效核电荷 Z^* 随原子序数的增加而增加并呈周期性的变化。同一周期的主族元素，从左到右随着原子序数的增加其 Z^* 有明显的增加，而副族元素的 Z^* 增加不明显；同族元素从上到下虽然核电荷增加得较多，但上、下相邻两元素的原子依次增加一个电子内层，使屏蔽作用增大，结果使有效核电荷增加不明显。

2. 原子半径

电子在核外一定的空间范围内运动，是按概率分布的，这种分布没有明确的界限，所以原子的准确半径是无法测定的。通常所说的原子半径 r，是根据原子不同的存在形式来定义的，常用的有以下 3 种。

(1) 金属半径。把金属晶体看成由球状的金属原子紧密堆积而成，相邻两个原子彼此互相接触，其原子核间距离的一半称为该金属原子的金属半径。

(2) 共价半径。同种元素的两个原子以共价单键结合时，其原子核间距离的一半，称为该元素原子的共价单键半径，简称共价半径。

(3) 范德华半径。在分子晶体中，分子间以范德华力相结合，相邻分子间两个非键结合的同种原子，其原子核间距的一半，称为范德华半径。

通常讨论原子的半径，所采用的是共价半径。原子半径的大小不仅与电子层数目有关，还与作用于最外层电子的有效核电荷强弱有关。

①同一周期元素原子半径的变化。

短周期：在同一短周期中，从左到右由于增加的电子同在最外层，电子层数不变，而原子的有效核电荷逐渐增大，对核外电子的吸引力逐渐增强，故原子半径依次变小。而最后一个稀有气体的原子半径突然增大，这是由于稀有气体的原子半径采用范德华半径所致。

长周期：在同一长周期中，从左到右，原子半径的变化总体趋势与短周期相似，也是依次变小的。但对于过渡元素原子半径的变化，由于所增加的电子填充在次外层的 d 轨道上，对决定原子半径大小的屏蔽效应大，原子的有效核电荷有所降低，对核外电子的吸引力有所下降，不过核电荷的增加还是占主导的。因此，过渡元素的原子半径依次变小的幅度很缓慢，但电子填充至 d^{10} 全满的稳定状态时，对核外电子的屏蔽效应更强，故原子半径有所变大。例如，第 4 周期过渡元素：Co(116 pm)、Ni(115 pm)、Cu(117 pm)、Zn(125 pm)。

②同一族元素原子半径的变化。

主族元素：从上至下，电子层逐渐增加所起的作用大于有效核电荷增加的作用，所以原子半径逐渐增大。

副族元素：从上至下原子半径的变化趋势总体上与主族元素相似，但原子半径增大不很明显，其主要原因是受内过渡元素镧系收缩的影响。由于内过渡元素新增加的电子填充在 $(n-2)f$ 轨道上，基本可完全屏蔽增加的核电荷对最外层电子的引力，使有效核电荷增加得更缓慢，原子半径变小幅度更小，相邻元素原子半径平均只减小约 1 pm。这也使得上下两元素的原子半径非常接近，性质相似，分离困难。

3. 元素的电离能

元素的一个基态气态原子失去 1 个电子形成气态+1 价离子时所需的能量称为元素的第一电离能 I_1，元素气态+1 价离子失去 1 个电子形成+2 价离子时所需的能量称为元素的第二电离能 I_2。类似地，可定义第三、第四电离能等。电离能总是正值，其 SI 单位为 $J \cdot mol^{-1}$，常用 $kJ \cdot mol^{-1}$。元素的电离能是非常重要的数据，可用来定量说明元素的气态原子失去电子的能力，比较元素的金属性强弱。元素的第一电离能数据见附录Ⅶ。

同周期主族元素自左至右，由于作用于最外层电子的有效核电荷依次增大、原子半径依次减小，故第一电离能明显增大，元素从强金属性逐渐变化为强非金属性，如图 6.16 所示。例如，第 2 周期元素，由 Li～F，第一电离能明显增大，到稀有气体达最高值。其中，从 Be～B 和从 N～O 的数据反常，是由于 Be 和 N 元素原子 2p 轨道为全空和半满较稳定结构所致。类似的现象还出现在第 3 周期 Mg～Al、P～S 等处。

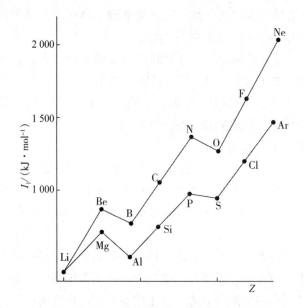

图 6.16 第 2、3 周期元素第一电离能的变化规律

同一主族元素自上至下，虽然有效核电荷增大，但原子半径的增大对第一电离能的影响更为显著，故第一电离能降低，元素的金属性自上至下增强。

副族元素的电离能变化幅度小，且不规则。例如，镧以后的第 6 周期元素的原子半径与同族第 5 周期元素的原子半径非常接近，而核电荷增加很多，因此第 6 周期镧以后各元素的电离能反比第 5 周期同族大。

4. 元素的电子亲合能

元素的一个基态气态原子获得一个电子生成气态的 -1 价离子时所放出的能量称为元素的第一电子亲合能 E_1，按习惯，E_1 总取正值。气态的 -1 价离子获得一个电子生成气态 -2 价离子时所吸收的能量称为元素的第二电子亲合能 E_2，按习惯，E_2 总取负值，表示电子进入负离子时需吸收能量。电子亲合能的 SI 单位为 $J \cdot mol^{-1}$，一些元素的电子亲合能数据见附录Ⅷ。

元素的电子亲合能数据越大，表示元素的气态原子获得电子生成负离子的倾向越大，即非金属性越强。电子亲合能的周期性变化规律与电离能的变化规律相似，具有大的电离能的元素一般也具有大的电子亲合能。但第 2 周期元素的电子亲合能却低于同族第 3 周期元素的电子亲合能，如 F 低于 Cl，这是由于第 2 周期元素原子半径较小，电子间斥力较大而造成的。第Ⅱ和第Ⅴ主族元素的数据反常，与 p 轨道全满、半满结构有关。电子亲合能数据不易准确测定，且数据不全，故其重要性不如电离能。

5. 元素的电负性

电负性 X 是指原子在分子中对成键电子吸引能力的相对大小，电负性越大，原子对成键电子的吸引能力越强。电负性的概念最早是由鲍林(Pauling)在 1932 年提出的，同时他指定氟的电负性最大，其电负性为 4.0，通过依次比较可求得其他元素的电负性值(见附录Ⅸ)。元素周期表中，电负性数据呈现如下规律性的变化。

(1) 金属元素的电负性较小，非金属元素的电负性较大。电负性可作为判断元素金属性的重要参数，$X=2$ 是近似地标志金属和非金属的界限。

(2) 同一周期元素从左到右，主族元素电负性依次增加，过渡元素的电负性变化不大。主族元素从上到下电负性递减，副族元素从上到下电负性递增。电负性大的元素集中在元素周期表右上角，而电负性小的元素集中在左下角。

(3) 电负性差别大的元素之间的化学键以离子键为主，电负性相同或相近的元素相互以共价键结合。电负性数据还是研究键型变异的重要参数，由于键型变异，在化合物中会出现一系列过渡性的化学键。

6. 元素的氧化数

图 6.17 给出了主族元素的氧化数，可以看出在元素周期表中 P 区元素的最高氧化数等于族序数 N，最低氧化数等于 $(8-N)$。其中不少元素能形成多种氧化态的化合物，如氮元素有 -3，-2，-1，0，$+1$，$+2$，$+3$，$+4$，$+5$ 等氧化数，不同的氧化数的同种原子有着不同的化学性质。

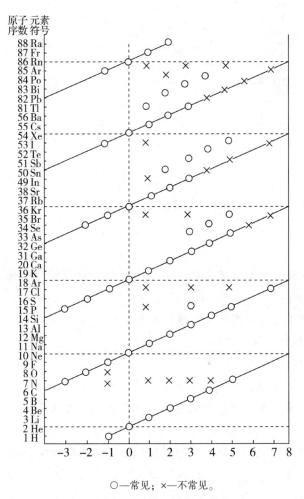

○—常见；×—不常见。

图 6.17　主族元素的氧化数

图 6.18 给出了过渡金属元素的氧化数，可以看出过渡金属原子可在化学反应中丢失两个外层 s 电子和全部未成对电子，普遍都有变价。而且负价罕见，多数情况下最高氧化数就等于其所在族数。第一过渡系从铬(Cr)开始的后半部分元素，处于高氧化数时不太稳定。对某个过渡金属元素而言，处于最低氧化数时，易形成离子键；处于最高氧化数时，易形成共价键。例如，钛的卤化物 $TiCl_2$、$TiCl_3$ 为离子晶体，而 $TiCl_4$ 为分子型晶体。

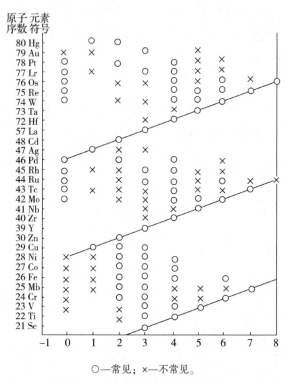

○—常见；×—不常见。

图 6.18 过渡金属元素的氧化数

习 题

6.1 电子等微观粒子有别于宏观物体的两个特性：物理量量子化、波粒二象性，分别可由_____和_____实验证明。

6.2 氢原子的可见光谱中有一条谱线，是电子从 $n=4$ 跳回到 $n=2$ 的原子轨道时放出的辐射能所产生的，试计算该谱线的波长。

6.3 判断下列叙述是否正确：
(1) 电子具有波粒二象性，故每个电子都既是粒子，又是波；
(2) 电子的波性，是大量电子运动表现出的统计性规律的结果；
(3) 波函数 ψ，即电子波的振幅；
(4) 波函数 ψ，即原子轨道，是描述电子空间运动状态的数学函数式。

6.4 量子力学中用_____来描述微观粒子运动状态，并用其绝对值的平方表示_____。

6.5 下列的电子运动状态是否存在？为什么？

(1) $n=2$, $l=2$, $m=0$, $m_s=+\frac{1}{2}$。

(2) $n=3$, $l=2$, $m=2$, $m_s=+\frac{1}{2}$。

(3) $n=4$, $l=1$, $m=-3$, $m_s=+\frac{1}{2}$。

(4) $n=3$, $l=2$, $m=0$, $m_s=+\frac{1}{2}$。

6.6 对下列各组原子轨道，填充合适的量子数：

(1) $n=?$, $l=2$, $m=0$, $m_s=+\frac{1}{2}$；

(2) $n=2$, $l=?$, $m=-1$, $m_s=-\frac{1}{2}$；

(3) $n=4$, $l=2$, $m=0$, $m_s=?$；

(4) $n=2$, $l=0$, $m=?$, $m_s=+\frac{1}{2}$。

6.7 用 4 个量子数描述基态 P 原子最外层各个电子的运动状态。

6.8 某元素基态原子，在 $n=4$ 的原子轨道中仅有 2 个电子，则该原子 $n=3$ 的原子轨道中含有电子数为( )。

A) 8 个　　B) 18 个　　C) 8~18 个　　D) 8~32 个

6.9 在 He^+ 离子中，3s、3p、3d、4s 原子轨道能量自低至高排列顺序为_____，在 K 原子中，顺序为_____，Mn 原子中，顺序为_____。

6.10 Fe、Mn、Cu、Zn 等，均为生物必需的营养元素，而 Hg、As、Cd、Cr 等为有毒元素。写出上述元素基态原子内核外电子的排布，并说明它们在元素周期表中的位置。

6.11 第四电子层中所包含的原子轨道是_____，第四能级组中所包含的原子轨道是_____。

6.12 元素周期表中，周期是依_____划分的，族是依_____划分的。主族元素与副族元素原子结构上的区别在于_____。

6.13 已知 M^{3+} 的 3d 轨道上有 3 个电子，M 在元素周期表中位于第_____周期，第_____族，_____区，它的最高氧化数为_____，对应的化合物有_____。

6.14 已知某元素的基态原子有 6 个价电子处在 $n=3$，$l=2$ 的能级上，则该原子的原子序数为_____，在元素周期表中的第_____周期，第_____族，价电子构型为_____，价电子层上共有_____个单电子。

6.15 当主量子数 $n=3$ 时，共有_____个能级，分别是_____、_____、_____能级，每个能级分别有_____、_____、_____个原子轨道，这些原子轨道分别能容纳_____、_____、_____个电子，该电子层最多可容纳_____个电子。

6.16 填充下表。

原子序数	电子分布式	价电子构型	周期	族	区
28					
	$1s^22s^22p^5$				
		$4d^55s^1$			
			6	ⅡB	

6.17 已知某些元素原子的价电子构型分别为：

(1)$3s^2$； (2)$2s^22p^4$； (3)$3d^34s^2$； (4)$4d^{10}5s^2$。

试指出它们在周期系中处于哪一个区、哪一周期、哪一族以及最高正氧化数各为多少？

6.18 第4周期某元素，其原子失去3个电子，在$l=2$的原子轨道内电子半充满，试推断该元素的原子序数、价电子构型，并指出位于元素周期表中哪一族？是什么元素？

6.19 若某元素最外层仅有一个电子，该电子的量子数为：$n=4, l=0, m=0, m_s=+\frac{1}{2}$，问：

(1)符合上述条件的元素可以有几个？原子序数各为多少？

(2)写出相应元素的电子分布式，并指出其在元素周期表中所处的位置(周期、族、区)。

6.20 写出下列各种离子的核外电子分布式：

(1)Mn^{2+}； (2)Ti^{4+}； (3)Fe^{3+}； (4)Cd^{2+}； (5)Cu^{2+}； (6)Co^{2+}。

6.21 判断下列各对原子哪个半径较大，并查书后附录核对是否正确：

H与He；Ba与Sr；Sc与Ca；Cu与Ni；Y与La；Ti与Zr；Zr与Hf。

6.22 已知4种元素的原子的价电子构型如下：

(1)$2s^2$； (2)$2s^22p^1$； (3)$2s^22p^3$； (4)$2s^22p^4$。

其中第一电离能最大的是_____，最小的是_____。

第7章 化学键和分子结构

分子是保持物质化学性质的最小微粒,是物质参与化学反应的基本单元,其性质决定于分子的内部结构,通常包括化学键和分子的空间构型两个方面。分子由原子构成,构成分子的原子种类、数目及空间构型不同,分子的性质也就不同。分子中的原子不是简单的堆积,它们的结合呈现一定的规律,且彼此之间存在着某种较强的相互作用。通常将分子或晶体中直接相邻的原子(或离子)之间的强烈的相互作用力称为化学键。根据原子间相互作用的方式不同,化学键可分为离子键、共价键和金属键,而原子在空间的排列方式就是分子结构。

化学键和分子结构的联系十分紧密,化学键是本质,分子结构则是表现形式。随着科学的发展,人们对物质中原子(或离子)之间的强相互作用力的认识逐渐加深,从而建立起了不同的化学键理论。

7.1 离子键理论

19世纪末、20世纪初,人们发现稀有气体具有特殊的稳定性,从而认识到8电子构型是一种稳定的外层电子构型。德国化学家柯塞尔(W. Kossel)解释了$NaCl$,$CaCl_2$,CaO等化合物的形成,并由此建立了离子键理论。

7.1.1 离子键的形成

离子键是靠正、负离子间的静电引力结合的化学键。按照近代离子键理论,离子键的形成原理是:当活泼金属原子(主要是ⅠA族和ⅡA族)和活泼非金属原子(主要是ⅥA族和ⅦA族)的O、S、Cl)在一定条件下互相接近时,为了建立稳定的电子结构而达到能量最低的状态,发生了电子的转移(由金属原子到非金属原子)形成正、负离子,当正、负离子间的吸引和排斥作用达到平衡时,便结合形成离子键。

离子键形成的主要条件是:元素的电负性相差较大,一般认为$\Delta X \geqslant 1.7$的典型金属和非金属原子间才能形成离子键。例如,钠的电负性为1.01,氯的电负性为2.83,$\Delta X = 1.82$,所以氯化钠是离子键结合的晶体化合物。

7.1.2 离子键的特点

离子键的特点主要表现在以下几个方面。

(1) 离子键没有方向性。由于离子键靠离子间的静电作用力形成，而静电力场分布是球形对称的，因此只要条件许可，它可在空间任何方向与带相反电荷的离子相互吸引。

(2) 离子键没有饱和性。由于离子所带电荷的分布呈球形对称，在空间各个方向的静电效应相同，可以从任何一个方向吸引带相反电荷的离子，因此只要空间条件许可，每个离子均可能吸引尽量多的异号离子直接成键结合。但一个离子周围所结合的异号离子数目不是任意的，而是以一定的比例结合。如 NaCl 晶体，每个 Na^+ 周围吸引 6 个 Cl^-，每个 Cl^- 周围吸引 6 个 Na^+，因此，在离子化合物的晶体中，没有单个的分子，其化学式只表示阴、阳离子的数目比。

与一个离子相邻的相反电荷离子的数目(即配位数)，取决于正离子和负离子的半径比 $r_正/r_负$。一般 AB 型离子半径比与晶体构型间的关系如表 7.1 所示。

表 7.1 一般 AB 型离子半径比与晶体构型间的关系

半径比 $r_正/r_负$	一般构型	配位数	实例
0.225 ~ 0.414	ZnS 型	4	BeO、BeS、MgTe 等
0.414 ~ 0.732	NaCl 型	6	KCl、KBr、AgF、MgO、CaS 等
0.732 ~ 1.00	CsCl 型	8	CsBr、TiCl、NH_4Cl 等

(3) 键的离子性与元素的电负性有关。离子键的本质是库仑力，离子所带电荷越多、离子间距离越小，则离子键越强。据此可得，CsF 应具有最强的离子键。但近代化学实验和量子化学的计算指出，即使在典型的离子化合物中，离子间的作用力也不完全是静电作用，仍有原子轨道重叠的成分，即离子键中也有部分共价性，如 CsF 中有 8% 的共价性。两个成键原子的电负性差值越大，键的离子性成分越高，用 $\Delta X = 1.7$ 作为判断离子键和共价键的分界只是一种近似，如氟和氢的 $\Delta X = 1.78$，但 H—F 键仍是共价键。

7.1.3 离子的特征

离子化合物的性质由离子的特征决定，离子的主要特征包括离子的电荷、电子构型和半径。

1. 离子的电荷

离子的电荷是原子在形成离子化合物的过程中失去或得到的电子数。离子键的本质是正、负离子之间的静电作用力，故离子所带的电荷数越多，离子键的静电作用力就越强，离子键的强度越大，化合物越稳定。例如，MgO 的熔点(2 800℃)明显高于 NaCl 的熔点(801℃)。离子电荷的不同往往带来性质上的不同，如 Fe^{2+} 和 Fe^{3+}，尽管是同种原子形成的离子，但 Fe^{2+} 离子在水溶液中是浅绿色的，具有还原性；Fe^{3+} 离子在水溶液中是黄棕色的，具有氧化性。

2. 离子的电子构型

简单阴离子(如 F^-、Cl^-、O^{2-}、S^{2-} 等)通常有稳定的 8 电子构型,但简单阳离子则有下列 5 种外层电子构型:

(1) 2 电子构型($1s^2$),如 Li^+、Be^{2+} 等;

(2) 8 电子构型(ns^2np^6),如 Na^+、Mg^{2+}、Al^{3+}、Sc^{3+}、Ti^{4+} 等;

(3) 9~17 电子构型($ns^2np^6nd^{1\sim9}$),如 Mn^{2+}、Fe^{3+}、Co^{2+}、Ni^{2+} 等 d 区元素的离子;

(4) 18 电子型($ns^2np^6nd^{10}$),如 Cu^+、Ag^+、Zn^{2+}、Cd^{2+}、Hg^{2+} 等 ds 区元素的离子及 Sn^{4+}、Pb^{4+} 等 P 区高氧化态金属正离子;

(5) 18+2 电子型 $[(n-1)s^2(n-1)p^6(n-1)d^{10}ns^2]$,如 Sn^{2+}、Pb^{2+}、Sb^{3+}、Bi^{3+} 等 P 区低氧化态金属正离子。

离子的电子构型的不同对离子化合物性质的影响较大,如 NaCl 和 AgCl 尽管都是由 Cl^- 与 +1 价离子形成的化合物,但由于 Na^+ 和 Ag^+ 的电子构型不同,从而有 NaCl 易溶于水,AgCl 难溶于水的差异。此外,Ag^+ 形成配位化合物的能力比 Na^+ 强得多。

3. 离子的半径

同原子半径一样,离子的半径也难于确定,同一离子的半径会因推算方法和所用晶体的不同而不同。在 AB 型离子晶体中处于平衡位置的正负离子,可近似认为是相互接触的圆球,于是核间距 R 等于($r_{正}+r_{负}$)。由于离子形成时作用于外层电子的有效核电荷的改变,对于同一元素形成的离子一般有 $r_{正}<r_{原子}<r_{负}$,且随电荷数的增大,离子半径减小,如 $r(S^{2-})>r(S)>r(S^{4+})>r(S^{6+})$,$r(Fe^{3+})<r(Fe^{2+})$ 等。

元素周期表中离子半径的变化规律与原子半径的变化大致相同,即同主族电荷数相同的离子,离子半径随电子层数的增加而增大,如 $r(F^-)<r(Cl^-)<r(Br^-)<r(I^-)$,$r(Mg^{2+})<r(Ca^{2+})<r(Sr^{2+})<r(Ba^{2+})$ 等;同周期元素的离子当电子构型相同时,随有效电荷数的增加,阳离子半径减小,阴离子半径增大,如 $r(Na^+)>r(Mg^{2+})>r(Al^{3+})$,$r(F^-)<r(O^{2-})<r(N^{3-})$ 等。

离子半径的大小近似反映了离子的相对大小,是分析离子化合物物理性质的重要依据之一。对于同种构型的离子晶体,离子电荷数越大,其半径越小,正负离子间引力越大,晶格能越大,化合物的熔点、沸点一般越高。

7.2 共价键理论

离子键理论解释了许多离子型化合物的形成和性质特点,却无法说明同种元素的原子或电负性相近的元素的原子之间的成键问题。

1916 年,路易斯(G. N. Lewis)根据稀有气体原子最外层 8 电子稳定结构的事实,认为原子间可通过共用电子对的形式使每个原子都具有稳定的八隅结构,并由此结合为分子。这种原子间通过共用电子对而形成的化学键称为共价键。

路易斯提出的共价键概念解释了一些简单非金属原子形成分子的过程,但未能阐明共价键的本质和特性,更无法解释 PCl_5、SF_6 等众多含有非 8 电子构型原子的分子的结构。

1927 年,德国化学家海特勒(Heitler)和伦敦(London)运用量子力学原理处理 H_2 分子形成过程中能量及电子云密度的变化,后又经鲍林(Pauling)等人的发展和补充,建立起现代共价键的价键理论。该理论进一步阐明了共价键的本质,比之路易斯提出的共价键概念,可解释更多的实验现象。

7.2.1 共价键的形成及本质与特征

海特勒和伦敦运用量子力学方法处理 H_2 分子的形成,研究两个氢原子相互接近过程中系统能量 E 与核间距 R 的关系,结果如图 7.1 所示(图中实线为计算值,虚线为测量值)。若两个氢原子中的电子自旋方向相同,两氢原子相互靠近时,系统的能量变化如曲线 a,即越靠近,能量越高(与两个氢原子单独存在时相比),不能形成 H_2 分子。若两个氢原子中的电子自旋方向相反,则两氢原子相互靠近时,系统的能量变化如曲线 b,在核间距为 87pm(实验值为 74pm,图中为 R_0)处有一最低点,能量比两个氢原子单独存在时低,且两氢原子核间电子云密度增大,即两氢原子的原子轨道发生了重叠,如此便形成了稳定的 H_2 分子。原子间是通过共用自旋方向相反的电子对使能量降低而形成共价键。所以,共价键的本质是波函数的叠加。

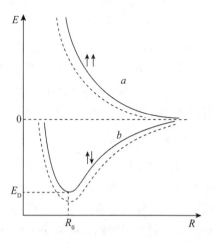

图 7.1　H_2 分子形成时能量变化

1. 价键理论要点

应用量子力学研究 H_2 分子的结果,可推广到其他分子体系,从而发展为价键理论,其要点如下。

(1)电子配对原理。两原子接近时,自旋方向相反的未成对价电子可以配对成键,如果原子的未成对电子自旋方向相同,或者电子均已经配对成键,则不能形成共价键。共价键可以是共价单键,如 H—H;也可以是共价双键,如 C=C;还可以是共价三键,如 N≡N。

(2)原子轨道的最大重叠原理。形成共价键时,成键电子的原子轨道重叠越多,两个原子核间电子云密度越大,所形成的共价键越牢固。最大重叠原理决定了两个原子要沿着电子云密度重叠最大的方向去成键,如 HCl 分子形成时,H 原子的 1s 轨道与 Cl 原子的 3p 轨道只有"头碰头"重叠时,才发生最大有效重叠而成键,其他方向重叠时,均不能成键。

2. 共价键的特征

共价键具有以下两点特征。

(1)共价键的饱和性。原子形成共价键的数目取决于它具有的未成对电子的数目,即一个原子有几个未成对电子,便只能与几个自旋相反的电子配对成键,这就是共价键的饱和性。例如,氮原子有 3 个未成对电子,便只可与 3 个氢原子的自旋方向相反的未成对电子配对，形成 3 个共价单键，结合为 NH_3 分子。

(2) 共价键的方向性。除 s 轨道是球形对称外，p、d、f 轨道在空间都有一定的伸展方向，根据原子轨道的最大重叠原理，在形成共价键时，只有沿着一定方向才能够使原子轨道达到最大重叠，此时形成的共价键才最牢固，这就决定了共价键必然具有一定的方向性。

3. 共价键的类型

由于未成对电子占据在形状不同的原子轨道中，所以原子成键时，重叠方式不同，会形成不同类型的共价键。

(1) σ 键。成键轨道沿着两原子核连线方向以"头碰头"方式重叠所形成的共价键叫 σ 键。图 7.2 为 H_2、Cl_2 和 HCl 分子中原子间 σ 键的形成，该键的特点是成键轨道重叠部分沿键轴呈圆柱形对称。形成 σ 键时，成键原子轨道沿键轴方向达到了最大程度的重叠，故 σ 键的键能大，稳定性高。

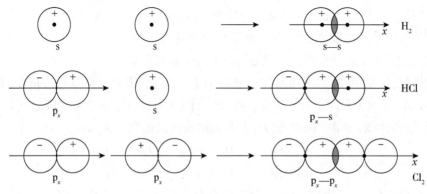

图 7.2 σ 键的形成

(2) π 键。成键轨道沿两原子核连线方向以"肩并肩"方式重叠所形成的共价键叫 π 键，其特点是原子轨道重叠部分通过一个键轴的平面呈镜面反对称。π 键的电子云分布，呈两个长圆形的"冬瓜"而垂直于键轴的上下（或前后）。图 7.3 为 N_2 分子中 π 键的形成，当两 N 原子中的 p_x 轨道重叠形成 σ 键后，相互平行的两个 p_y 及两个 p_z 轨道，只能以所谓"肩并肩"的方式重叠，形成 π 键。由于 π 键不像 σ 键那样集中在两原子核的连线上，原子核对 π 键中电子的束缚力较小，电子流动性较大，所以 π 键通常没有 σ 键牢固，容易断裂。含有双键与三键的化合物（如烯烃、炔烃），因 π 键较易断裂，故容易参加化学反应。

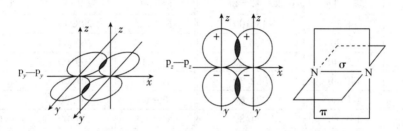

图 7.3 N_2 分子中 π 键的形成

由此可见，如果两原子间以共价单键结合，此键必为 σ 键，两原子间也只能形成一个

σ键；若以共价多重键结合，即两原子间有双键或三键的情况才有π键，π键不能单独存在。多原子分子的立体构型主要由σ键的方向决定。

4. 键参数

化学键的性质可以用一些物理量来描述，如键长、键角、键能等，这些物理量称为键参数。

(1) 键长：分子中成键原子的两核间的距离叫键长。例如，氢分子中的两个氢原子的核间距为74.2 pm，则H—H键的键长就是74.2 pm。键长一般可用电子衍射、X射线衍射等实验方法测定，也可用量子力学近似方法求算。键长越短，化学键越牢固。

(2) 键角：分子中相邻两键间的夹角叫作键角。分子的空间构型与分子的键角和键长有关，键角是反映分子空间构型的重要因素之一，可通过X射线衍射等实验测定以及量子力学近似计算得到。

(3) 键能：以能量标志化学键强弱的物理量称键能。不同类型的化学键有不同的键能，如离子键的键能是晶格能，金属键的键能是内聚能等。现只讨论共价键的键能，一般来说，键能越大，表示键越牢固，由该键构成的分子也越稳定。

一般规定，在298 K，100 kPa下，将断裂1 mol键所需要的能量称为键能(E)，其单位为 kJ·mol^{-1}。对于双原子分子来说，在上述温度和压力下，将1 mol理想气态分子离解为气态原子所需要的能量称离解能(D)，此离解能就是键能。例如：

$$H_2(g) \longrightarrow 2H(g) \qquad D_{H-H} = E_{H-H} = 436.00 \text{ kJ·mol}^{-1}$$

$$N_2(g) \longrightarrow 2N(g) \qquad D_{N\equiv N} = E_{N\equiv N} = 941.69 \text{ kJ·mol}^{-1}$$

对于多原子分子，要断裂其中的键使其成为单个原子，需要多次离解，因此离解能不等于键能，而是取多次离解能的平均值作为键能。例如：

$$H_2O(g) \longrightarrow H(g) + OH(g) \qquad D_1 = 498 \text{ kJ·mol}^{-1}$$

$$OH(g) \longrightarrow H(g) + O(g) \qquad D_2 = 428 \text{ kJ·mol}^{-1}$$

则O—H键的键能 $E_{O-H} = \dfrac{498+428}{2} \text{kJ·mol}^{-1} = 463 \text{ kJ·mol}^{-1}$。

表7.2列出了一些共价键键能的数据。

表7.2 一些化学键的键长和键能数据

共价键	键长/pm	键能/(kJ·mol^{-1})	共价键	键长/pm	键能/(kJ·mol^{-1})
H—H	74.20	436.00	Br—Br	228.40	190.16
H—F	91.80	565±4	I—I	266.60	148.95
H—Cl	127.40	431.20	C—H	109.00	411±7
H—Br	140.80	362.30	N—H	101.00	386±8
H—I	160.80	294.60	C—C	154.00	345.60
F—F	141.80	154.80	C=C	134.00	602±21
Cl—Cl	198.80	239.70	C≡C	120.00	835.10

7.2.2 杂化轨道理论

价键理论成功地解释了共价键的形成、特征及类型等问题，但是在解释分子的空间构型时，理论推测与实验数据往往不相符合。例如，按价键理论，形成 H_2O 分子时，氧原子的两个相互垂直的 2p 轨道可与两个氢原子形成两个 σ 键，故两个 O—H 键键角应为 90°，而实测结果键角为 104.5°。为了合理解释分子的空间构型，美国化学家鲍林于 1931 年提出了杂化轨道理论，从而补充和发展了价键理论。

1. 杂化轨道理论的基本要点

在形成分子的过程中，为了增强原子轨道有效重叠程度，增强成键能力，原子倾向于将其中能量相近、不同类型的原子轨道混杂起来组合成新的原子轨道。由原子轨道形成杂化轨道的过程称轨道杂化，这种混杂的原子轨道叫杂化轨道。很多分子中的共价键就是靠中心原子的杂化轨道与其他原子的原子轨道重叠形成的。杂化轨道理论的基本要点如下。

(1) 只有能量相近的原子轨道才能进行杂化。杂化只有在形成分子的过程中才会发生，而孤立的原子是不可能发生杂化的。

(2) 杂化轨道成键时，要满足化学键间的最小排斥原理。键与键间排斥力的大小决定于键的方向，即决定于杂化轨道间的夹角，故杂化轨道的类型与分子的空间构型有关。

(3) 杂化轨道的成键能力比原来未杂化的轨道的成键能力强，形成的化学键的键能大。由于杂化后原子轨道的形状发生变化，电子云分布集中在某一方向上，因此比未杂化的 s、p、d 轨道的电子云分布更为集中，重叠程度更大，成键能力更强。它们与其他原子中的原子轨道成键时一般以"头碰头"重叠形成 σ 键，或者安排孤对电子，组成分子的骨架。

(4) n 个原子轨道杂化形成 n 个杂化轨道，即杂化轨道的数目等于参加杂化的原子轨道的总数。

2. 杂化轨道的类型

根据参加杂化的原子轨道的种类和数量的不同，可将杂化轨道分为多种类型。例如，由 ns、np 轨道可形成 sp、sp^2、sp^3 杂化轨道；由 $(n-1)$d、ns、np 轨道可形成 dsp^2、dsp^3、d^2sp^3 等杂化轨道；由 ns、np、nd 轨道可形成 sp^3d、sp^3d^2 等杂化轨道。

(1) sp 杂化

sp 杂化是一条 ns 与一条 np 轨道进行杂化，所得两条 sp 杂化轨道夹角为 180°，呈直线形，每条 sp 杂化轨道均含有 1/2 的 s 轨道成分和 1/2 的 p 轨道成分，未参加杂化的两条 np 原子轨道均与它们垂直。

图 7.4 为 sp 杂化及直线形 $BeCl_2$ 分子的形成。可见，当 Be 原子和 Cl 原子形成 $BeCl_2$ 分子时，基态 Be 原子 $2s^2$ 轨道上的一个电子激发到 2p 轨道上，一个 s 轨道和一个 p 轨道杂化形成两个 sp 杂化轨道，这两个杂化轨道分别与两个 Cl 原子的 p 轨道形成 sp—p σ 键，构成直线形 $BeCl_2$ 的骨架结构。

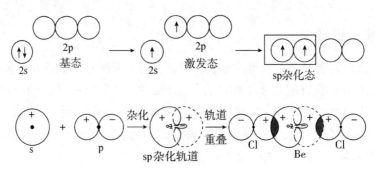

图 7.4 BeCl₂ 分子的形成过程示意

$ZnCl_2$、$CdCl_2$、$HgCl_2$、$Hg(CH_3)_2$ 等的中心原子都是以 sp 杂化轨道成键形成的直线形分子。

乙炔分子中的 C 原子是采用 sp 杂化轨道成键的,两个 C 原子以 sp 杂化轨道重叠形成一个 sp—sp σ 键,每个 C 原子与 H 原子形成 sp—s σ 键,C 原子上的其余两个 p 轨道分别重叠形成两个相互垂直的 p—p π 键,如图 7.6(a) 所示。

(2) sp² 杂化

sp² 杂化是指一条 ns 轨道和两条 np 轨道进行杂化,所得 3 条 sp² 杂化轨道在一个平面上,夹角互为 120°,呈三角形,每条 sp² 杂化轨道均含有 1/3 的 s 轨道成分和 2/3 的 p 轨道成分,未参加杂化的 np 轨道与该平面垂直。

图 7.5 为 sp² 杂化及三角形 BF₃ 分子的结构。可见,B 原子与 F 原子形成 BF₃ 分子时,基态 B 原子 2s² 轨道上一个电子激发到 2p 轨道上,一个 s 轨道和两个 p 轨道混杂形成 3 个 sp² 杂化轨道,分别与 F 原子的 p 轨道重叠形成 3 个 sp²—p σ 键,构成 BF₃ 的平面三角形结构。

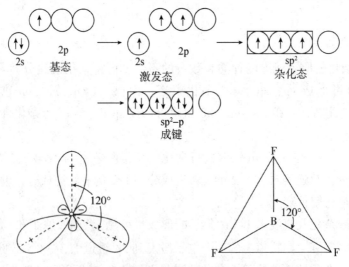

图 7.5 sp² 杂化轨道和 BF₃ 分子的结构示意

BCl_3、BBr_3、SO_3 分子及 CO_3^{2-}、NO_3^- 离子等的中心原子均采用 sp² 杂化轨道与其配位原子的 p 轨道形成 σ 键,具有平面三角形结构。

乙烯分子中，C 原子发生 sp² 杂化，两个 C 原子靠一条 sp²—sp² σ 键和一条 p—p π 键键合，C—H 间均为 sp²—s σ 键，所以分子中 6 个原子共平面，呈对顶三角形结构，如图 7.6(b)所示。

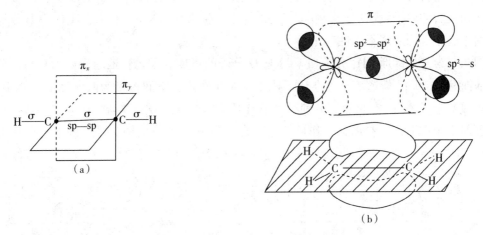

图 7.6　乙炔和乙烯分子中的 σ、π 键

(a) sp 杂化；(b) sp² 杂化

(3) sp³ 杂化

sp³ 杂化是一条 ns 与 3 条 np 轨道的杂化，所形成的 4 条 sp³ 杂化轨道间夹角均为 109°28′，呈四面体构型，每条 sp³ 杂化轨道均含有 1/4 的 s 轨道成分和 3/4 的 p 轨道成分。

图 7.7 为 sp³ 杂化及正四面体 CH_4 分子的形成。可见，当形成 CH_4 分子时，C 原子 $2s^2$ 轨道上的一个电子激发到 2p 轨道上，含有未成对电子的一条 s 轨道和 3 条 p 轨道形成 4 条 sp³ 杂化轨道，每个杂化轨道和 H 原子的 1s 轨道均形成 sp³—s σ 键，构成 CH_4 的正四面体结构。

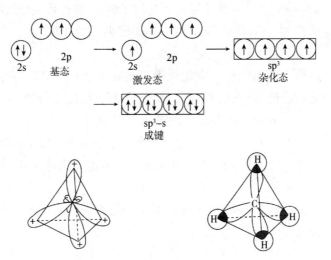

图 7.7　sp³ 杂化轨道和 CH_4 分子的形成过程示意

CCl_4、$SiCl_4$ 分子及 SO_4^{2-}、ClO_4^- 离子等的骨架均由 sp³ 杂化轨道形成的 σ 键构成，因此均为正四面体构型。

3. 等性杂化与不等性杂化

前一小节介绍的 3 种类型的杂化全部是由具有未成对电子的原子轨道参与杂化形成的，因各杂化轨道成分相同，故称为等性杂化；如果有具有孤对电子的原子轨道参与杂化，因杂化后的原子轨道成分不相同，故称为不等性杂化。NH_3、PCl_3、H_2O 和 H_2S 等分子中的中心原子均采用不等性杂化。

图 7.8 为三角锥形 NH_3 分子和 V 形 H_2O 分子的形成。杂化轨道理论认为，NH_3 分子中的 N 原子采用 sp^3 轨道不等性杂化形成 4 条杂化轨道，空间构型为四面体形。其中，3 条含未成对电子的 sp^3 杂化轨道分别与 3 个 H 原子以 sp^3—s σ 键键合。由于另一条杂化轨道被孤对电子占据，不参加成键作用，电子云密集于 N 原子周围，对成键电子对斥力较大，故 NH_3 分子中 N—H 键间夹角从 109°28′被压缩至 107°20′，NH_3 分子呈三角锥结构。

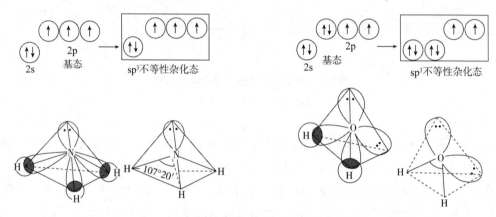

图 7.8　NH_3 和 H_2O 的形成

H_2O 分子中，O 原子采用不等性 sp^3 杂化，4 条杂化轨道中有两条被孤对电子占据，另两条杂化轨道中各含一个电子，分别与两个 H 原子的 1s 轨道重叠形成两个 sp^3—s σ 键。由于孤对电子的排斥作用，使 H_2O 分子中 H—O 键夹角为 104°45′，呈 V 形（或角形）结构。

实验测得 SO_2 分子为 V 形结构。杂化轨道理论认为：S 原子以不等性 sp^2 杂化轨道成键，其中一条杂化轨道被孤对电子占据，其余两条杂化轨道分别与 O 原子的一个 2p 轨道重叠形成两个 sp^2—p σ 键，3 个原子在同一个平面上。S 原子的一个未参与杂化的 3p 轨道（上面有两个电子）和两个 O 原子各一个未参与成 σ 键的 2p 轨道均垂直于这个平面，这 3 个相互平行的 p 轨道形成一个三中心（一个 S 原子两个 O 原子）四电子离域 π 键，记作 π_3^4。

杂化轨道理论还可解释许多分子的空间结构，中心原子的杂化类型和分子空间构型间的关系如表 7.3 所示。

表 7.3 中心原子的杂化类型和分子空间构型间的关系

杂化类型	sp	sp^2		sp^3		
		等性	不等性	等性	不等性	不等性
分子空间构型	直线形	三角形	V形	正四面体	三角锥	V形
参与杂化的轨道	1个s，1个p	1个s，2个p		1个s，3个p		
杂化轨道数目	2	3		4		
孤对电子数目（参与杂化轨道中）	0	0	1	0	1	2
杂化轨道间夹角	180°	120°	<120°	109°28′	<109°28′	<109°28′
杂化轨道空间几何图形	直线形	正三角形	三角形	正四面体	四面体	四面体
实例	$BeCl_2$ CO_2 $HgCl_2$ C_2H_2	BF_3 SO_3 C_2H_4	SO_2 NO_2	CH_4 SiF_4 NH_4^+	NH_3 PCl_3 H_3O^+	H_2O OF_2

杂化轨道理论虽然成功地解释了一些共价分子的形成和结构，但其缺陷是应用起来比较烦琐，特别是对一个未知构型的分子，首先要判断中心原子采取的杂化轨道类型，这实际上是非常困难的，因为杂化轨道只是一种理论模型，并不真实存在，就像原子中并不存在真实的原子轨道一样。杂化轨道理论的建立也是以事实（已知分子的实际构型）为基础的，是先有事实后有理论。虽然利用杂化轨道理论可以解释许多已知的分子构型，但要推测未知共价分子的构型并不简单，特别是对中心原子杂化轨道类型的判断相当困难，而且往往会产生偏差。

7.2.3 价层电子对互斥理论

为了方便地预测共价分子和离子的几何构型，英国科学家西奇威克（H. N. Sidgwick）和美国科学家鲍威尔（H. M. Powell）于1940年提出了价层电子对互斥理论。20世纪60年代初，加拿大科学家吉莱斯皮（R. J. Gillespie）和尼霍姆（R. S. Nyholm）进一步发展了这一理论。

1. **价层电子对互斥理论的基本要点**

价层电子对互斥理论的基本要点如下。

(1) 共价分子的空间构型取决于中心原子价层轨道中的电子对数，中心原子的价层电子对之间应尽可能远离，以使斥力最小，体系能量最低。分子总是采取中心原子各价层电子对之间斥力最小的一种构型，如 $BeCl_2$ 分子中 Be 原子的价层电子对数为2，分子的空间构型为直线形；BF_3 分子中 B 原子的价层电子对数为3，分子的空间构型为平面三角形；CCl_4 分子中 C 原子的价层电子对数为4，分子的空间构型为正四面体等。

(2)角度相同时,孤对电子的排斥力大于成键电子对。例如,H_2O 分子中 O 原子周围有 4 对价层电子对,2 对孤对电子的排斥力大于 2 对成键电子对,因此成键电子对之间的夹角小于正四面体中的 109°28′,只有 104.5°,使 H_2O 的空间构型为 V 形。

(3)分子中的双键和叁键看作单键,只是排斥力大小顺序为:叁键>双键>单键。例如,甲醛(HCHO)分子中 C 原子周围有 8 个电子(2 个单键 1 个双键),双键看作是一对电子,则 C 原子周围有 3 对价层电子,分子构型为平面三角型,但由于双键的排斥力大于单键,因此∠HCO 键角(122.1°)大于∠HCH 键角(115.8°),同样,乙烯(C_2H_4)分子中∠HCC 键角大于∠HCH 键角,如图 7.9 所示。

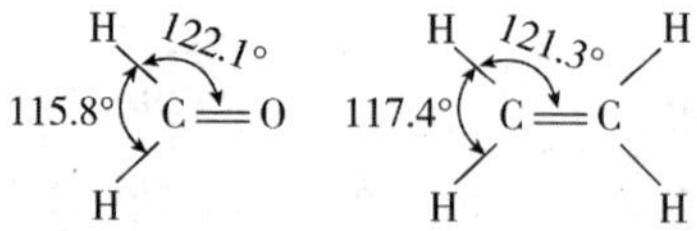

图 7.9 甲醛和乙烯分子的空间构型

2. 价层电子对互斥理论判断共价分子空间构型的规则

1)确定中心原子的价层电子对数

价层电子对数的计算式为

$$价层电子对数 = \frac{中心原子的价电子数 + 配位原子提供的电子数}{2}$$

剩余的成单电子作为成对电子,如 NO_2 分子中 N 有 5 个价层电子(价电子),当作 3 对处理。

中心原子的价电子数按下列规则确定。

(1)中心原子提供所有的价电子。例如,H_2O 分子中 O 原子提供 6 个价电子。

(2)配位原子提供成单电子(但 O,S 作为配位原子时不提供电子)。例如,SiF_4 中 4 个配位原子 F 各提供一个成单电子,中心 Si 原子提供 4 个价电子,Si 原子共有 8 个价电子;SO_4^{2-},ClO_4^- 中 O 原子不提供电子,中心原子的价电子都只有 8 个。

(3)对于多原子离子,要算入其所带电荷数(负电荷加入,正电荷减去)。例如,NH_4^+、NH_2^-、PO_4^{3-} 中,中心原子的价电子均为 8。

2)判断分子的空间构型

图 7.10 为常见共价分子(或离子)的空间构型,根据中心原子的价层电子对数,从图中找出相应的空间构型。

【例题 7.1】根据价层电子对互斥理论判断 SF_4 的空间构型。

解:根据中心原子的价电子数的确定规则可以算出,SF_4 的中心原子 S 周围有 10 个(5 对)电子,由图 7.10 可知,中心原子价层电子对的排布为三角双锥,则分子的空间构型有两种可能,如图 7.11 所示。其中,构型 a 存在 3 个 90°的孤对电子与成键电子对的排斥力,构型 b 只存在 2 个 90°的孤对电子与成键电子对的排斥力,因此构型 b 的相对稳定性较高,SF_4 的空间构型为变形四面体。

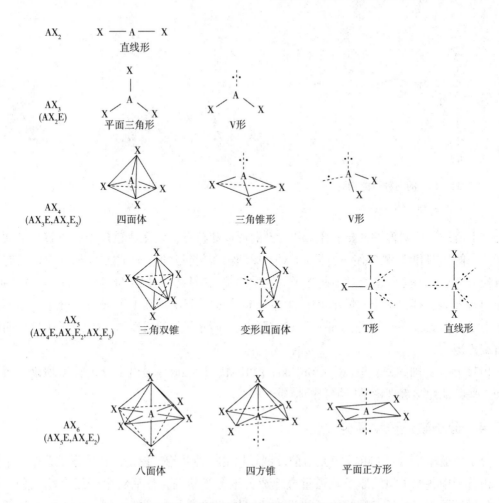

图 7.10 常见共价分子(或离子)的空间构型

【例题 7.2】根据价层电子对互斥理论判断 ClF_3 的空间构型。

解：根据中心原子价层电子数的确定规则，可以算出 ClF_3 的中心原子 Cl 周围有 5 对电子，中心原子价层电子对的排布为三角双锥。分子的空间构型有 3 种可能，如图 7.12 所示。构型 a 没有 90°孤对电子与孤对电子的相互排斥，存在 4 个 90°孤对电子与成键电子对的排斥和两个 90°成键电子对之间的排斥；构型 b 存在一个 90°孤对电子与孤对电子的排斥、3 个 90°孤对电子与成键电子对的排斥、两个 90°成键电子对与成键电子对的排斥；构型 c 虽然没有 90°孤对电子与孤对电子的排斥，但存在 6 个 90°孤对电子与成键电子对的排斥。综合考虑得出，构型 a 中价层电子对之间的排斥作用最弱，分子的相对稳定性最高，因此 ClF_3 的空间构型为 T 形。

用同样的推理可以得出，I_3^- 的空间构型为直线形；XeF_4 的空间构型为平面正方形；CO_3^{2-}，NO_3^- 的空间构型为平面三角形；SO_3^{2-}，ClO_3^- 的空间构型为三角锥形……

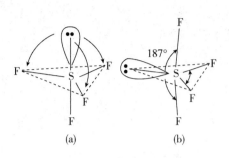 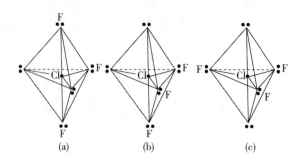

图 7.11　SF_4 的两种可能构型　　　　　图 7.12　ClF_3 的 3 种可能构型

(a)构型 a；(b)构型 b　　　　　　　(a)构型 a；(b)构型 b；(c)构型 c

综上所述，价键理论主要解释了共价键的形成和特点；杂化轨道理论主要解释了共价分子的空间构型和成键特征；价层电子对互斥理论在判断共价分子的空间构型方面具有简单方便的特点。但这些理论对某些分子的性质却难以阐释，如按照价键法，在 O_2 分子中，两个 O 原子各自提供 1 个含成单电子的 2p 轨道形成 1 个 σ 键和 1 个 π 键，分子中已不含成单电子，因此 O_2 分子应显反磁性。但实际中，O_2 分子是顺磁性的，O_2 分子表现出明显的自旋磁矩。

1932 年，美国的密立根(R. S. MuUiken)和洪特(F. Hund)提出了分子轨道理论，用来解释一些其他化学键理论难以解释的物质性质。

7.2.4　分子轨道理论简介

分子轨道理论(简称 MO 法)是目前发展较快的一种共价键理论，它将分子看作一个整体，由分子中各原子间的原子轨道重叠组成若干分子轨道，然后将电子逐个填入分子轨道，如同原子中将电子安排在原子轨道一样。填充顺序所遵循的规则与填入原子轨道相同，也根据能量最低、泡利不相容原理和洪特规则，电子属于整个分子。以双原子分子为例，两个原子轨道可以组合成两个分子轨道，当两个原子轨道(即波函数)以相加的形式组合时，可得成键分子轨道，成键分子轨道两核间电子云密度增大，能量降低；当两个原子轨道(即波函数)以相减的形式组合时，可得反键分子轨道，反键分子轨道中两核间电子云密度减小，能量升高。例如，H_2 分子中，两个 H 原子的 1s 轨道经组合后形成两个分子轨道，一个为成键分子轨道，另一个为反键分子轨道，如图 7.13 所示。氢分子中的两个电子根据规律应分布在成键分子轨道中，并且自旋状态相反。由于电子进入成键分子轨道后能量低于原子轨道，因而能形成稳定存在的氢分子。

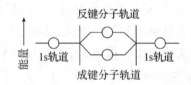

图 7.13　氢分子中原子轨道和分子轨道的能量关系

7.3 分子间力和氢键

7.3.1 分子间力

水蒸气在一定条件下凝聚成水，水又可凝结成冰，这一过程表明分子与分子之间存在着某种相互吸引的作用力，即分子间力。1873 年，荷兰物理学家范德华(Van der Waals)便注意到了这种作用力的存在，所以通常也把这种分子间力也称范德华力。

在学习分子间力之前，首先应了解分子的极性。

1. 分子的极性和偶极矩

任何一个分子都是由带正电荷的原子核和带负电荷的电子所组成，正如物体有重心一样，分子中正、负电荷各集中于一点，形成电荷中心。如果分子中正、负电荷中心重合，不产生偶极，称为非极性分子。如果分子中正、负电荷中心不重合，则正电荷集中的点为"+"极，负电荷集中的点为"−"极，这样便产生了偶极(见图 7.14)，具有偶极的分子称为极性分子。

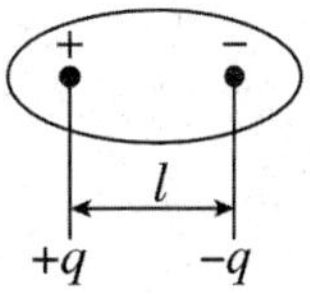

图 7.14 偶极矩示意

分子极性的大小，用偶极矩 μ 表示，偶极矩定义为分子中正电荷中心或负电荷中心所带的电量为 q 与距离 l 的乘积称，单位为 C·m。即

$$\mu = q \cdot l$$

非极性分子的 $\mu=0$，极性分子的 $\mu>0$。μ 值越大，说明分子的极性越强。

对于双原子分子，键的极性就是分子的极性。例如，H_2，Cl_2，N_2 等，都是由非极性键形成的非极性分子，正、负电荷中心必然重合，因此它们都是非极性分子；CO，NO 等，是由极性共价键形成的极性分子，正电荷中心则靠近电负性小的原子一方，正、负电荷中心不重合，它们都是极性分子。

对于多原子分子，分子是否有极性，主要决定于分子的组成和分子的空间构型。例如 H_2O 分子中，O—H 键有极性，且水分子具有"V"结构，空间构型不对称，各个键的极性不能抵消，因而正、负电荷中心不重合，所以水分子是极性分子。CO_2 分子中，C=O 键有极性，但因为 CO_2 分子空间构型对称(直线形)，使键的极性互相抵消，分子的正、负电荷中心重合，所以 CO_2 是非极性分子。表 7.4 列出了一些物质分子的偶极矩和分子的空间构型。

2. 分子的变形性

前面讨论分子的极性时，只是考虑孤立分子中电荷的分布情况，如果把分子置于外电场中，则分子内部的电荷分布将发生相应的变化。若把一非极性分子置于外电场中，分子中带正电荷的原子核被引向负极，而带负电荷的电子云被引向正极，其结果是电子云和核发生相对位移，分子发生变形，称为分子的变形性。这样，非极性分子原来重合的正、负电荷中心在电场作用下彼此分离，产生了偶极，此过程称为分子的变形极化，所形成的偶极称为诱导偶极。电场越强,分子变形越大,诱导偶极越大。当外电场撤除后,诱导偶极自行消失,分子重新复原为非极性分子。

表 7.4　某些分子的偶极矩和分子的空间构型

分子		偶极矩/(10^{-30} C·m)	空间构型
双原子分子	HF	6.40	直线形
	HCl	3.61	直线形
	HBr	2.63	直线形
	HI	1.27	直线形
	CO	0.33	直线形
	N_2	0	直线形
	H_2	0	直线形
三原子分子	H_2O	6.23	V形
	SO_2	5.33	V形
	H_2S	3.67	V形
	CS_2	0	直线形
	CO_2	0	直线形
四原子分子	NH_3	5.00	三角锥形
	BF_3	0	平面三角形
五原子分子	CH_4	0	正四面体
	CCl_4	0	正四面体

2. 分子间力的组成和本质、特点

1) 分子间力的组成

分子间力按产生的原因和特点可分成 3 个部分:

(1) 取向力。存在于极性分子之间的一种作用力。对于极性分子来说,本身就存在偶极,这种偶极称为固有偶极或永久偶极。当两个极性分子相互接近时,因为异极相吸、同极相斥的作用,分子将会发生相对转动,使异极尽可能处于相邻位置,导致分子按一定方向排列。这种靠极性分子固有偶极的取向而产生的相互作用力称为取向力,且分子的极性越强,取向力越大,如图 7.15 所示。

图 7.15　极性分子间的取向力

(2) 诱导力。由于极性分子可以作为一个微电场,在极性分子作用下,非极性分子的正、负电荷中心会发生位移而产生诱导偶极,如图 7.16 所示。固有偶极和诱导偶极之间的作用力称为诱导力，诱导力存在于极性分子与极性分子之间、极性分子与非极性分子之间。

图 7.16　非极性分子受极性分子作用产生诱导偶极示意

（3）色散力。室温下 Br_2 是液体，I_2 是固体，H_2，O_2，N_2 等非极性分子在低温下也会液化甚至固化。这些物质能维持某种聚集状态，说明在非极性分子之间存在一种相互作用力。在非极性分子中，从宏观上看，分子的正、负电荷中心是重合在一起的，电子云是对称分布的，但电荷的这种对称分布只是一段时间的统计平均值，由于组成分子的电子和原子核总是处于不断运动之中的，在某一瞬间，可能会出现正、负电荷中心不重合，如图 7.17 所示。瞬间的正、负电荷中心不重合而产生的偶极叫瞬时偶极。非极性分子始终处于异极相吸的状态，这种瞬时偶极之间的相互作用力称为色散力。

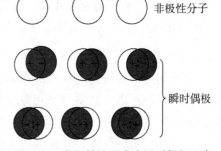

图 7.17　非极性分子产生瞬时偶极示意

综上所述，分子间可以有三种作用力，根据不同情况，存在于各种类型分子之间。当非极性分子与非极性分子相邻时，它们之间只有色散力；当非极性分子与极性分子相邻时，它们之间存在诱导力，同时还存在色散力（因为任何分子内部由于运动，核与电子始终产生瞬息变换的瞬时偶极）；当极性分子与极性分子相邻时，它们之间存在取向力，又同时存在着诱导力（因为取向后进一步变形极化）和色散力。这三种作用力的总和称为分子间力。实验表明，对大多数分子来说，色散力是主要的，只有当分子的极性很大（如 H_2O 分子之间）时才以取向力为主，而诱导力一般都较小。一些分子间作用能的分配如表 7.5 所示。

表 7.5　一些分子间作用能的分配　　　　　　　　　　　　　$kJ \cdot mol^{-1}$

分子	取向力	诱导力	色散力	总能量
H_2	0.000 0	0.000 0	0.170 0	0.170 0
Ar	0.000 0	0.000 0	8.480 0	8.480 0
Xe	0.000 0	0.000 0	18.400 0	18.400 0
CO	0.003 0	0.008 0	8.790 0	8.800 0
HCl	3.340 0	1.100 3	16.720 0	21.050 0
HBr	1.090 0	0.710 0	28.420 0	30.220 0
HI	0.580 0	0.295 0	60.470 0	61.360 0
NH_3	13.280 0	1.550 0	14.720 0	29.550 0
H_2O	36.320 0	1.920 0	8.980 0	47.220 0

2) 分子间力的本质及特点

分子间力的本质是静电作用。分子间力比化学键弱得多，所以通常不影响物质的化学性质，但它是决定物质的熔沸点、汽化热、熔化热及溶解度等物理性质的重要因素。

一般来说，分子间力具有如下特点：

(1) 分子间力没有方向性和饱和性；

(2) 它是一种短程力，作用范围很小(300~500 pm)，随分子间距离的增大将很快减小；

(3) 它是一种弱的相互作用，分子间作用能一般在几到几十 $kJ \cdot mol^{-1}$，比化学键键能(100~600 $kJ \cdot mol^{-1}$)小得多。

3. 分子间力对物质物理性质的影响

分子间力对物质物理性质的影响是多方面的。液态物质分子间力越大，气化热就越大，沸点越高；固态物质分子间力越大，熔化热就越大，熔点就越高。一般来说，结构相似的同系列物质，分子量越大，分子变形也越大，分子间力越强，物质的沸点、熔点也就越高。例如，稀有气体、卤素等，其沸点和熔点随分子量的增大而升高。分子量相等或近似而体积大的分子，电子位移可能性大，有较大的变形性，此类物质有较高的沸点、熔点。分子间力对液体的互溶度以及固、气态非电解质在液体中的溶解度也有一定影响，溶质或溶剂的极化率越大，分子变形性和分子间力越大，溶解度也越大。另外，分子间力对分子型物质的硬度也有一定影响，分子极性小的聚乙烯等物质，分子间力较小，因而硬度不大；含有极性基团的有机玻璃等物质，分子间力较大，具有一定的硬度。

7.3.2 氢键

除上述3种分子间力之外，在某些化合物的分子之间或分子内还存在着与分子间力大小接近的另一种作用力——氢键。

1. 氢键的形成

以 H 原子为中心形成的 X—H⋯Y 键称为氢键。其中 X 原子和 Y 原子可以相同也可以不同，但它们都是电负性很高的元素，如 F、O、N 等，Cl 和 C 在一定条件下也能参与形成氢键。当 H 原子和 F、O、N 原子以极性共价键结合成 HF、H_2O 和 NH_3 等分子时，成键电子对强烈地偏向于 F、O、N 原子一边，使得 H 原子几乎成为"裸露"的质子。加之质子的半径特别小(30 pm)，正电荷密度很高，可以吸引另一个电负性很高的 F、O、N 原子的孤对电子而形成氢键。因此，我们可以说形成氢键的主要条件是：

(1) 要有一个与电负性很高的元素(如 F、O、N 等)以共价键结合的氢原子；

(2) 靠近氢原子的另一个原子必须有很强的电负性(如 F、O、N 等)，且有孤对电子。

2. 氢键的特点

氢键的主要特点如下。

(1) 氢键是一种可存在于分子之间也可存在于分子内部的作用力，它比化学键弱很多，但比范德华力稍强，其键能(指由 X—H⋯Y—R 分解成 X—H 和 Y—R 所需的能量)约为 10~40 $kJ \cdot mol^{-1}$，键长(指 X—H⋯Y 中 X 原子中心到 Y 原子中心的距离)比共价键要大。

表 7.6 列出了几种常见氢键的键能和键长。由表 7.6 可知,氢键的强弱与 X 原子、Y 原子的电负性和半径大小有密切关系,一般电负性越大、半径越小,氢键越强。此外,氢键的强弱还与酸碱性有关,一般酸和酸式盐中形成的氢键较强,而碱和碱式盐中形成的氢键较弱。当 C 和 N 以叁键或双键相连时(如 N≡C—H 及 —N=C(R)—H 等),形成的氢键 C—H⋯O 等应予以重视,它在生物高分子中是稳定高级结构的一个重要因素。

表 7.6 常见氢键的键能和键长

氢键类型	键能/(k·mol^{-1})	键长/pm	化合物
F—H⋯F	28.1	255	(HF)$_n$
O—H⋯O	18.8	276	冰
	25.9	267	甲醇,乙醇
N—H⋯F	20.9	268	NH$_4$F
N—H⋯O	20.9	286	CH$_3$CONH$_4$
N—H⋯N	5.44	338	(NH$_3$)$_n$

(2)氢键具有方向性和饱和性。氢键中 X、H、Y 原子尽量在一条直线上,键角接近 180°(但不都是,特别是分子内氢键),这就是氢键的方向性。氢键的饱和性是指每一个 X—H 一般只能与一个 Y 原子形成氢键,即氢键中氢的配位数一般为 2。

3. 氢键的类型

氢键的存在很广泛,如水、醇、酚、酸、羧酸、氨、胺、氨基酸、蛋白质和碳水化合物等许多物质都可以形成氢键。氢键可分为分子间氢键和分子内氢键两类,由两个或两个以上分子形成的氢键叫分子间氢键;同一个分子内形成的氢键叫分子内氢键。就分子间氢键而言,不仅同种分子间可形成氢键,不同种分子间也可形成氢键。图 7.18 为 HF、H$_2$O、NH$_3$ 分子的分子间氢键。此外,甲酸二聚分子、H$_3$BO$_3$ 晶体和 NaHCO$_3$ 晶体中也含有分子间氢键。

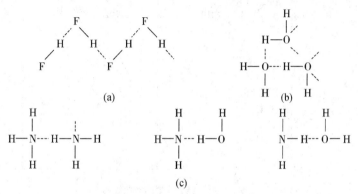

图 7.18 HF、H$_2$O、NH$_3$ 分子的分子间氢键

分子内氢键常见于邻位有合适取代基的芳香族化合物,如邻硝基苯酚、邻苯二酚、邻羟基苯甲醛等(见图7.19)。此外,一些无机物如HNO_3也可形成分子内氢键。但是,类似以上芳香族化合物,如取代基处于间位或对位,就不形成分子内氢键,而形成分子间氢键。

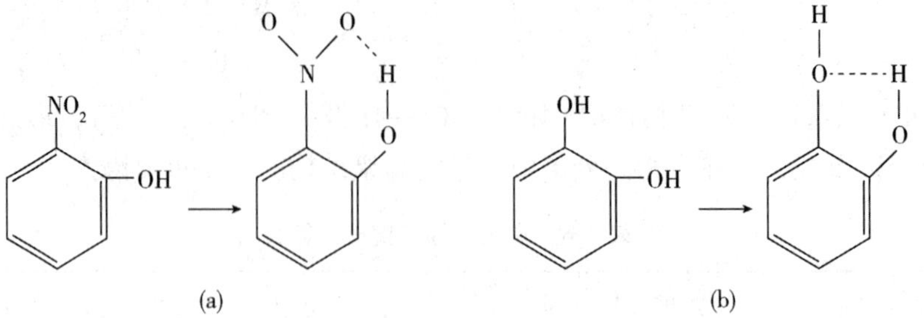

图7.19 邻位硝基苯酚和邻苯二酚中的分子内氢键

(a)邻位硝基苯酚分子内氢键;(b)邻苯二酚分子内氢键

4. 氢键的形成对物质性质的影响

研究表明,分子间氢键的形成会使物质的熔沸点显著升高;分子内氢键的形成,常使其熔沸点低于同类化合物。如图7.20所示,HF、H_2O 和 NH_3 的沸点是同族氢化物中最高的。而邻硝基苯酚的沸点是45℃,其间位或对位硝基苯酚却分别为96℃和114℃。

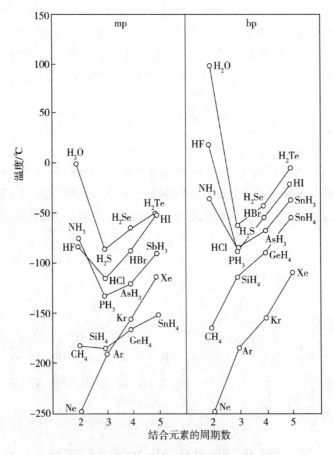

图7.20 氢化物的熔点和沸点

水有一个反常现象是在4℃时密度最大。这是因为当温度在4℃以上时，分子的热运动使水的体积膨胀，密度减小；温度在4℃以下时，分子间的热运动降低，而形成氢键的倾向增加，形成分子间氢键越多，分子间的空隙也越大。当水结成冰时，全部水分子都以氢键相连，形成空旷的结构，所以密度更小而体积更大，如图7.21所示。

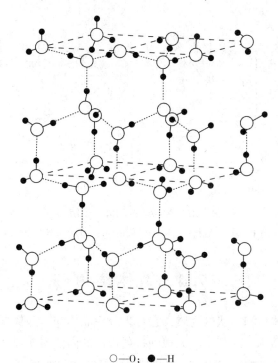

○—O；●—H

图7.21 冰的结构

溶质分子在溶剂中的溶解性质可用"相似相溶"的原理来说明。在极性溶剂中，如果溶质分子与溶剂分子之间形成氢键，则溶质的溶解度增大，如 HF、NH_3、ROH、RCOOH、$R_2C=O$、$RCONH_2$ 等均可通过氢键和水结合，因此在水中溶解度较大。但不具极性的碳氢化合物，如 CH_4 等不能和水生成氢键，在水中的溶解度很小。另外，如果溶质分子形成分子内氢键，则在极性溶剂中的溶解度减小，而在非极性溶剂中的溶解度增大。例如，在20℃时，邻位和对位硝基苯酚在水中的溶解度之比为 0.39:1，而在苯中的溶解度之比为 1.93:1。

人们认为氢键对于生命来说比水还重要，因为生物体内的蛋白质和DNA（脱氧核糖核酸）分子内或分子间都存在大量的氢键。蛋白质分子是许多氨基酸以肽键（—NH—$\overset{O}{\overset{\|}{C}}$—）缩合而成，这些长键分子之间又是靠羰基上的氧和氨基上的氢以氢键（C=O⋯H—N）彼此在折叠平面上相连接，如图7.22(a)所示；蛋白质长键分子本身又可成螺旋形排列，螺旋各圈之间也因存在上述氢键而增强了结构的稳定性，如图7.22(b)所示。此外，更复杂的DNA双螺旋结构也是靠大量氢键相连而稳定存在，如图7.22(c)所示。没有氢键的存在，也就没有这些特殊而又稳定的大分子结构，也正是这些大分子支撑了生物机体。此外，氢

键的形成对物质的酸性、黏度、表面张力等也有较大影响。

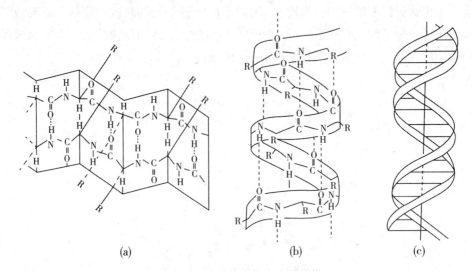

图 7.22 生物体内的大分子结构

(a)蛋白质多肽折叠；(b)α-螺旋结构；(c)DNA 双螺旋结构

7.4 晶 体 结 构

固体是具有一定体积和形状的物质，它可以分为晶体和非晶体两类。内部微粒有规则排列构成的固体叫作晶体；内部微粒无规则排列构成的固体叫非晶体。晶体中微粒按一定方式有规则且周期性排列构成的几何图形叫晶格，如图 7.23 所示。在晶格中排有微粒的点称为结点。

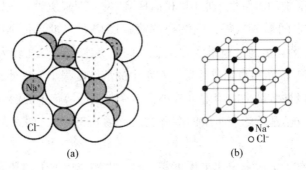

图 7.23 NaCl 晶体结构

(a)离子的排列；(b)晶格

晶体和非晶体由于内部微粒排列的规整性不同而呈现不同的特征。晶体一般具有一定的几何形状和一定的熔点，并有各向异性的特征。而非晶体则无一定的外形和固定的熔点，具有各向同性的特征。

7.4.1 晶体的基本类型

根据晶格结点上微粒间作用力的不同，可以将晶体分为 4 种基本类型。

1. 离子晶体

晶格结点上交替排列着正、负离子，其间以离子键结合而构成的晶体叫作离子晶体，典型的离子晶体主要是由活泼金属元素与非金属元素形成的化合物的晶体。由于离子键没有方向性和饱和性，所以在离子晶体中各离子将尽可能多地与异号离子接触以使系统尽可能处于最低能量状态而形成稳定的结构。因此，离子晶体配位数（晶体中一个微粒最邻近的其他微粒的数目）一般较高。以典型的 NaCl 晶体为例，Na^+ 和 Cl^- 的配位数都为 6（见图 7.23），由此可以把整个晶体看作一个大分子，化学式 NaCl 只代表 NaCl 晶体中 Na^+ 和 Cl^- 数目比为 1：1，实际上并没有独立的 NaCl 分子存在。

在离子晶体中，由于微粒间以较强的离子键相互作用，所以离子晶体一般具有较高的熔点和硬度，但延展性差且较脆，多数离子晶体易溶于水等极性溶剂中，其水溶液或熔融液都易导电。

离子晶体的熔点、硬度等特性与晶体的晶格能（E_L）大小有关。晶格能是指在标准状态下，由气态正、负离子形成 1 mol 离子晶体时所释放的能量，可粗略地认为它与正、负离子的电荷（分别以 Z_+ 和 Z_- 表示）和正、负离子的半径（分别以 r_+ 和 r_- 表示）有关，即

$$E_L \propto \frac{|Z_+ \cdot Z_-|}{r_+ + r_-} \tag{7.1}$$

从式（7.1）可以看出，离子的电荷数越多，离子的半径越小，离子晶体的晶格能越大，该离子晶体越稳定。因此，当离子的电荷数相同时，晶体的熔点、硬度随着正、负离子间距离增大而降低；当正、负离子间距离相近时，则晶体的熔点和硬度取决于离子的电荷数。一些常见离子的半径如表 7.7 所示。离子半径对一些氧化物熔点的影响如表 7.8 所示，离子的电荷对一些晶体的熔点和硬度的影响如表 7.9 所示。

表 7.7 一些常见离子的半径

离子	半径/pm	离子	半径/pm	离子	半径/pm
Li^+	60	Cr^{3+}	64	Hg^{2+}	110
Na^+	95	Mn^{2+}	80	Al^{3+}	50
K^+	133	Fe^{2+}	76	Sn^{2+}	102
Rb^+	148	Fe^{3+}	64	Sn^{4+}	71
Cs^+	169	Co^{2+}	74	Pb^{2+}	120
Be^{2+}	31	Ni^{2+}	72	O^{2-}	140
Mg^{2+}	65	Cu^+	96	S^{2-}	184
Ca^{2+}	99	Cu^{2+}	72	F^-	136
Sr^{2+}	113	Ag^+	126	Cl^-	181
Ba^{2+}	135	Zn^{2+}	74	Br^-	196
Tl^{2+}	68	Cd^{2+}	97	I^-	216

表7.8　离子半径对一些氧化物熔点的影响

氧化物	MgO	CaO	SrO	BaO
$(r_+ + r_-)$/pm	205	239	253	275
熔点/℃	2 852	2 614	2 430	1 918
莫氏硬度	5.5~6.5	4.5	3.8	3.3

表7.9　离子的电荷对一些晶体的熔点和硬度的影响

离子化合物	NaF	CaO
$(r_+ + r_-)$/pm	231	239
$\|Z_+ \cdot Z_-\|$	1	4
熔点/℃	993	2 614
莫氏硬度	2.2	4.5

2. 原子晶体

在原子晶体中，晶格结点上排列的微粒为原子，原子之间以强大的共价键相连，因此原子晶体熔点高、硬度大，熔融时导电性很差，在大多数溶剂中都不溶解。单质中常见的金刚石以及可作半导体的单晶硅和锗都属于原子晶体；化合物中如碳化硅（SiC）、方英石（SiO_2）等也属于原子晶体。由于共价键具有饱和性和方向性，所以原子晶体中原子的配位数不高，以金刚石为例，每个碳原子能形成4

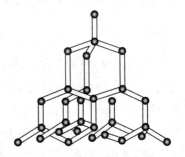

图7.24　金刚石的结构

个sp^3杂化轨道与周围的另外4个碳原子通过C—C共价键构成四面体，四面体在空间的重复形成包括整个晶体的大分子，如图7.24所示。因此，金刚石晶体中碳原子的配位数为4。原子晶体中也没有独立存在的小分子，化学式如SiC、SiO_2等同样只代表晶体中各种元素原子数的比例。

3. 分子晶体

在分子晶体的晶格结点上排列着分子（极性分子或非极性分子），分子之间通过分子间力（某些还含有氢键）相结合。由于分子间力比化学键要弱得多，因此分子晶体的熔点和硬度都很低，它们在固态和熔融时不易导电。大多数共价型的非金属单质和化合物，如固态的HCl、NH_3、N_2、CO_2和CH_4等都是分子晶体。

分子晶体与原子晶体、离子晶体不同，其晶体内部存在着单个的分子，它们位于在晶格的结点上。如图7.25所示，CO_2晶体中每个结点上都是单个的CO_2分子。

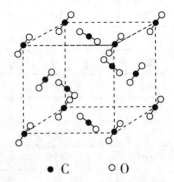

● C　　○ O

图7.25　CO_2晶体结构中的结点

4. 金属晶体

金属都具有金属晶体的结构。如图 7.26 所示，在金属晶格的结点上排列着中性原子或金属正离子，在结点的间隙处有许多从金属原子上"落下来"的自由电子。整个晶体中的原子或金属离子靠共用这些自由电子结合起来，这种结合力称为金属键。由于金属键没有方向性和饱和性，因此金属晶体中的金属原子尽可能采取紧密堆积的方式，使每个原子尽可能多地与其他原子相接触，以形成稳定的金属结构，其中配位数较高的可达 12。

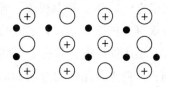

图 7.26 金属的晶体结构

金属晶体也是大分子，其熔沸点一般比较高，但也有部分金属晶体的熔沸点较低。由于金属晶体内拥有自由电子，所以它具有良好的导电性、导热性和延展性。

4 种晶体的内部结构及性质特征如表 7.10 所示。

表 7.10 4 种晶体的内部结构及性质特征

晶体类型		离子晶体	原子晶体	分子晶体		金属晶体
结点上的粒子		正、负离子	原子	极性分子	非极性分子	原子、正离子（间隙处有自由电子）
结合力		离子键	共价键	分子间力、氢键	分子间力	金属键
性质特征	熔沸点	高	很高	低	很低	一般较高，部分低
	硬度	硬	很硬	软	很软	一般较大，部分小
	机械性能	脆	不太脆	软	很软	有延展性
	导电、导热性	熔融态及其水溶液能导电	非导体	固态、液态不导电，但水溶液导电	非导体	良导体
	溶解性	易溶于极性溶剂	不溶性	易溶于极性溶剂	易溶于非极性溶剂	不溶性
	实例	NaCl、MgO	金刚石、SiC	HCl、NH_3	CO_2、I_2	W、Ag、Cu

7.4.2 混合型晶体

晶格结点间包含两种以上键型的晶体为混合型晶体。石墨是典型的混合型晶体，其晶体内部碳原子采用 sp^2 杂化，每个碳原子和相邻三个碳原子以 σ 键相连，键角为 120°，键长为 142 pm，形成由无数个正六角形构成的网状平面层（见图 7.27）。每一个碳原子还有一个垂直于网状平面的 2p 轨道（其中有一个 2p 电子），这种相互平行的 p 轨道可形成大 π 键，大 π 键不像一般共价键定域于两个原子之间，它是不定域的，即可以在整个平面作自由运动，层与层之间的距离为 335 pm。大 π 键中的电子与金属中的自

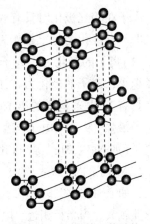

图 7.27 石墨的层状结构

由电子有些类似,因此石墨有金属的光泽,沿层面方向有良好的导电性。在石墨晶体中,层与层之间以分子间力相连,作用力较弱,故层与层之间容易滑动和断裂。在石墨晶体中,既有共价键,又有非定域的大 π 键,还有分子间力,所以石墨是一种混合型晶体。

石墨因能导电,具有良好的化学稳定性,常做电解槽的阳极材料,又因其层间的作用力弱,工业上常用作润滑剂和铅笔芯的原料等。

有些化合物晶体也具有石墨的层状结构,如六方氮化硼(BN),其结构与石墨相似,只是层内和层间、粒子之间的相对距离稍有不同,素有"白色石墨"之称,是一种比石墨更耐高温的固体润滑剂。

7.4.3 离子极化及其影响

离子晶体中正、负离子间的化学键是离子键,但实际上却存在离子键向共价键过渡的情况,这与离子的相互极化有关。因此,讨论离子极化就是为了从本质上了解晶体中键型的过渡。

1. 离子极化

一切简单离子的电荷分布基本上是球形对称的,没有极性,正、负电荷中心是重合的,见图 7.28(a)。在电场作用下,和分子一样,离子中的原子核和电子会发生相对位移,产生诱导偶极,这种过程叫作离子极化,见图 7.28(b),离子极化的结果使离子发生变形。事实上离子都带电荷,所以离子本身就可以产生电场,使带有异号电荷的相邻离子极化,见图 7.28(c)。

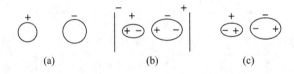

图 7.28 离子极化的示意

(a)简单离子;(b)离子极化;(c)带异号电荷的相邻离子极化

2. 离子的极化力和变形性

离子在相互极化时具有双重性质:一是作为电场,能使周围异号电荷离子极化而变形,即具有极化力;二是作为被极化的对象,本身被极化而变形。

(1)离子的极化力。离子的极化力和离子的电荷、半径及电子构型有关,电荷越多、半径越小,离子的极化力越强。如果电荷相等,半径相近,则离子的极化力决定于电子构型:具有 18 电子构型的离子(如 Cu^+、Cd^{2+} 等)和 18+2 电子构型的离子(如 Pb^{2+}、Sb^{3+} 等)极化力最强,9~17 电子构型的离子(如 Mn^{2+}、Fe^{2+}、Fe^{3+} 等)的极化力较强,8 电子构型的离子(如 Na^+、Mg^{2+} 等)极化力最弱。

(2)离子的变形性。离子的变形性主要取决于离子半径的大小,离子半径越大,变形性越大,如 $I^->Br^->Cl^->F^-$。离子的电荷对变形性也有影响,正电荷数越少或负电荷数越多,变形性越大。当半径相近、电荷相等时,离子的电子构型对离子的变形性就产生了决定性的影响。18、9~17 等电子构型的离子,其变形性比具有稀有气体构型的离子大得多。

根据上述规律，由于负离子的极化力较弱，正离子的变形性较小，所以正、负离子相互作用时，主要考虑正离子对负离子的极化作用，使负离子发生变形。只有在正离子也容易变形（如 18 电子构型的正离子 Cu^+、Cd^{2+} 等）的情况下，才必须考虑正离子的变形性。

3. 离子极化对键型的影响

在正、负离子结合的离子晶体中，如果正、负离子间完全没有极化作用，则它们之间的化学键纯粹属于离子键。但实际上正、负离子间或多或少存在着极化作用，离子极化使离子的电子云变形并相互重叠，在原有的离子键上附加一些共价键成分。离子相互极化作用愈大，共价键成分愈多，离子键向共价键转变得越彻底，如图 7.29 所示。

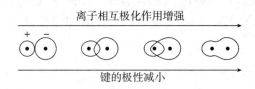

图 7.29 离子键向共价键转变的示意

例如，卤化银（AgX）中，Ag^+ 的极化力较强，X^- 的变形性由 F^- 到 I^- 随离子半径的增大而增大，因而 Ag^+ 与 X^- 间的相互极化作用也按同样顺序依次增强。因此，在 AgX 中，只有 AgF 属于离子键，AgI 已过渡为共价键。

4. 离子极化对化合物性质的影响

由于离子极化对化学键类型产生了影响，因而对相应化合物的性质也产生一定的影响。

1）晶型的转变

由于离子相互极化作用引起键的极性减小，使相应的晶体的键型会从离子键逐渐变成过渡型甚至是共价键（一般为分子晶体），因而往往会使晶体的熔点等性质发生变化。如表 7.11 所示，以一些第 3 周期氯化物为例，由于 Na^+、Mg^{2+}、Al^{3+}、Si^{4+} 的离子电荷依次增加，而半径减小，极化力依次增强，使 Cl^- 发生变形的程度依次增大，致使离子的电子云重叠程度增大，键的极性减小，因此相应的晶体由 NaCl 的离子晶体转变为 $MgCl_2$、$AlCl_3$ 的层状结构晶体，最后转变为 $SiCl_4$ 的分子晶体，其熔点依次降低。

表 7.11 一些第 3 周期氯化物的键型和晶体类型的变化情况

氯化物	NaCl	$MgCl_2$	$AlCl_3$	$SiCl_4$
正离子	Na^+	Mg^{2+}	Al^{3+}	Si^{4+}
r_+/pm	95	65	50	42
键型	离子键	过渡型	过渡型	共价键
晶体类型	离子晶体	层状结构晶体	层状结构晶体	分子晶体
熔点/℃	801	714	190	-70

2) 物质的溶解度

键型的过渡引起晶体在水中溶解度的改变。离子晶体大多溶于水，当离子极化引起键型变化时，晶体的溶解度也相应降低，如在卤化银(AgX)中，典型离子晶体 AgF 易溶，而从 AgCl、AgBr 过渡到 AgI，随着共价键成分的增大，溶解度越来越小。又如，CuCl 在水中的溶解度远小于 NaCl，尽管 Cu^+ 离子半径(96pm)和 Na^+ 离子半径(95pm)相近，电荷相同，但 Cu^+ 是 18 电子构型，而 Na^+ 是 8 电子构型，因此 Cu^+ 的极化力和变形性较 Na^+ 更强。结果是 CuCl 以共价键结合，难溶于水，而 NaCl 以离子键结合，易溶于水。

3) 化合物的颜色

离子极化还会导致离子晶体颜色的加深。如在卤化银(AgX)中，AgCl、AgBr、AgI 的颜色变化过程为白色、淡黄色至黄色。又如，Pb^{2+}、Hg^{2+} 和 I^- 均为无色离子，但形成 PbI_2 和 HgI_2 后，由于离子极化明显，PbI_2 呈金黄色，HgI_2 呈橙红色。

习 题

7.1 判断下列叙述是否正确。

(1) A、B 二元素化合，能形成离子型晶体的必要条件是：A 的电离能小于 B 的电子亲合能。

(2) 离子晶体晶格能大小仅与离子电荷、离子半径有关。

(3) 基态原子外层未成对电子数等于该原子能形成的共价单键数，此即所谓共价键的饱和性。

(4) 两原子以共价单键结合时，化学键为 σ 键；以共价多重键结合时，化学键均为 π 键。

(5) C≡C 的键能大于 C—C 的键能，但小于两倍 C—C 的键能。

(6) 所谓 sp^3 杂化，是指 1 个 s 电子与 3 个 p 电子的混杂。

7.2 写出下列离子的核外电子分布式，并指出各属于何种电子构型。
Fe^{2+}、Fe^{3+}、Pb^{2+}、Sn^{4+}、Al^{3+}、S^{2-}、Hg^{2+}、Cu^{2+}、Cu^+、Sn^{2+}、Ag^+、Zn^{2+}。

7.3 判断下列简单分子中心原子的杂化轨道类型(注明等性或不等性)和分子空间构型，说明分子是否有极性。

OF_2、NF_3、BH_3、$SiCl_4$、NH_3、HCN、PCl_3、PCl_5、XeO_4、$SnCl_2$、CS_2。

7.4 判断下列有机物分子中，每个 C 原子所采用的杂化方式。

C_2H_6、C_2H_4、CH_3—C≡CH、CH_3CH_2OH、CH_2O、$COCl_2$。

7.5 试判断下列有机物分子中的碳原子是否在一条直线上。

正丁烷、1,3-丁二烯、2-丁炔。

7.6 根据价层电子对互斥理论，判断下列分子或离子的空间构型，要求给出中心原子价层电子对的几何排布，并由此推断中心原子可能采取的杂化轨道类型。

NO_2^-、SO_3^{2-}、SO_4^{2-}、$BrCl_3$、SF_4、ClO_3^-、CO_3^{2-}、ClO_4^-。

7.7 指出下列各分子之间存在哪几种分子间力(包括氢键)。

(1) H_2；(2) H_2O；(3) H_2O—O_2；(4) HCl—H_2O；(5) CH_3Cl。

7.8　判断下列各组中两种物质的熔点高低。

(1) NaCl 和 MgO；(2) BaO 和 CaO；(3) SiC 和 SiH_4；(4) NH_3 和 PH_3。

7.9　为什么室温下 CH_4 为气体，CCl_4 为液体，而 CI_4 为固体？为什么 H_2O 的沸点高于 H_2S，而 CH_4 的沸点却低于 SiH_4？

7.10　试判断下列各种物质各属何种晶体类型以及晶格结点上微粒间作用力，并写出熔点从高到低的顺序。

(1) KCl；(2) SiO_2；(3) HCl；(4) CaO。

7.11　为什么乙醇和二甲醚(CH_3OCH_3)的组成相同，但前者的沸点为 78.5℃，而后者的沸点为 -23℃。

7.12　HF、HCl、HBr、HI 分子极性由强至弱的顺序为＿＿＿＿＿＿，分子间取向力由强至弱的顺序为＿＿＿＿＿＿，分子间色散力由强至弱的顺序为＿＿＿＿＿＿，沸点由高至低的顺序为＿＿＿＿＿＿。

7.13　由于水分子间存在较强的氢键，使水具有很多特殊的物理性质，对生物体的存在有非常重要的意义。

已知水的物理性质有：

(1) 高热容；(2) 密度大于冰；(3) 高熔解热；(4) 高汽化热。

已知水对生命现象的影响有：

(1) 有机体在较低温度下才结冻；

(2) 陆地动物靠蒸发掉表皮上少量汗液即可在炎夏感到凉爽；

(3) 人体可基本保持体温恒定；

(4) 河流、湖泊在冬季仅在表面结冰。

试将性质与影响一一对应，并做简要解释。

7.14　试根据离子极化理论解释下列现象：

(1) 熔点：$FeCl_2$(672℃)，$FeCl_3$(282℃)。

(2) 熔点：$CaCl_2$(782℃)，$ZnCl_2$(215℃)。

(3) 过渡元素离子的硫化物一般难溶于水。试估计 MnS 和 CdS 何者溶解度更小一些。

第8章 配位化合物

配位化合物，简称配合物，是组成复杂、数量众多、应用广泛的一类化合物。历史上发现的第一个配位化合物是亚铁氰化铁，它是1704年由普鲁士人狄斯巴赫(Diesbach)在染料作坊中将兽皮、兽血同碳酸钠煮沸而得到的一种蓝色染料，因此定名为普鲁士蓝，后经研究确定其化学式为$Fe_4[Fe(CN)_6]_3$。近一个世纪以来，随着人们对配位化合物组成、结构、性质及应用的研究，配位化学成为一门独立的分支学科。20世纪50年代开始发展的配位催化及20世纪60年代蓬勃发展的生物无机化学等都对配位化学的发展起到了促进作用。如今，配位化学已成为无机化学中一个十分活跃的研究领域。

8.1 配位化合物的定义

实验室中，向$CuSO_4$溶液中逐滴加入过量的氨水，开始生成蓝色沉淀，随着氨水的滴加，蓝色沉淀消失，变为深蓝色溶液。其原因是$CuSO_4$与NH_3结合生成了复杂的化合物，即$[Cu(NH_3)_4]SO_4$。若再向溶液中加入适量乙醇，便会析出深蓝色的结晶。若向含有这种结晶的水溶液中加入NaOH溶液，既无氨气产生，也无天蓝色$Cu(OH)_2$沉淀生成，但加入$BaCl_2$后可看到白色的$BaSO_4$沉淀，这说明溶液中存在SO_4^{2-}离子，却检验不出游离的Cu^{2+}和NH_3分子。经X射线分析，深蓝色结晶为$[Cu(NH_3)_4]SO_4 \cdot 2H_2O$，它在水溶液中全部解离为$[Cu(NH_3)_4]^{2+}$和$SO_4^{2-}$两个基本单元。实验表明：在$[Cu(NH_3)_4]^{2+}$中，金属阳离子$Cu^{2+}$和中性分子$NH_3$通过配位键结合，其中共用电子对完全由$NH_3$提供，$Cu^{2+}$只提供空轨道。我们把由一个简单的正离子(或原子)与一定数目的中性分子或阴离子以配位键相结合而成的复杂的化学质点称为配离子或配分子，由配离子或配分子组成的化合物叫配位化合物。

NH_4^+、SO_4^{2-}、PO_4^{3-}等离子中也存在着配位键，但习惯上不把它们当作配离子。另有一些物质，如铁铵矾($NH_4Fe(SO_4)_2 \cdot 6H_2O$)、明矾($KAl(SO_4)_2 \cdot 12H_2O$)等，在晶体和溶液中仅含有$NH_4^+$、$Fe^{3+}$、$SO_4^{2-}$、$K^+$、$Al^{3+}$等简单离子和分子，这些化合物是复盐而不是配位化合物。

8.1.1 配位化合物的组成

配位化合物一般分为两部分：配离子或配分子称为配位化合物的内界，并用方括号括起来；方括号以外的，与配离子带有相反电荷的部分称为配位化合物的外界。内外界以静电引力相结合，对配分子来讲，无外界。

$$[Cu(NH_3)_4]SO_4 \quad K_3[Fe(CN)_6] \quad [Co(NH_3)_3Cl_3]$$

（[Cu(NH₃)₄]SO₄：中心离子、配位体、配位数、外界，内界；K₃[Fe(CN)₆]：外界、中心离子、配位体、配位数，内界；[Co(NH₃)₃Cl₃]：中心离子、配位体、配位数，内界（无外界））

1. 中心离子或原子

中心离子或原子是具有空轨道、能够接受孤对电子的离子或原子，也称为配位化合物的形成体，它位于配合物的中心位置，是配合物的核心。中心离子(原子)通常是金属阳离子，特别是过渡金属离子，或者是某些金属原子及高氧化数的非金属离子。例如，[Cu(NH₃)₄]²⁺中的 Cu^{2+} 离子，$Ni(CO)_4$ 中的 Ni 原子、$[SiF_6]^{2-}$ 中的 Si^{4+} 离子。

2. 配位体

配位体(简称配体)是具有孤对电子的阴离子或分子，在配位化合物中，与中心离子(或原子)以配位键相结合。例如，$[Cu(NH_3)_4]^{2+}$ 中的 NH_3 分子，$[Fe(CN)_6]^{3-}$ 中的 CN^- 离子。在配体中，给出孤对电子的原子称为配位原子，如 NH_3 中的 N 原子，H_2O 和 OH^- 中的 O 原子及 CO、CN^- 中的 C 原子等。常见的配位原子主要是元素周期表中电负性较大的非金属元素的原子，如 N、O、S、C 以及 F、Cl、Br、I 等。

根据配体中所含配位原子的个数，将配体分为单齿配体和多齿配体。只含有一个配位原子的配体叫单齿配体，如 NH_3、H_2O、CN^- 等，其组成比较简单；含有两个或两个以上配位原子的配体叫多齿配体，如乙二胺、草酸根等，其组成较复杂，多数是有机分子。一些常见的配体，如表 8.1 所示。

表 8.1 一些常见的配体

配体类型	实例						
单齿配体	H_2O: 水	:NH_3 氨	:F^- 氟	:Cl^- 氯	:I^- 碘	$[:C{\equiv}N:]^-$ 氰根离子	$[:OH]^-$ 羟基
多齿配体	乙二胺	草酸根	乙二胺四乙酸根离子				

3. 配位数

在配体中，直接与中心离子(或原子)结合成键的配位原子的数目称为配位数。必须注意的是:配位数是指配位原子的总数,而不是配体总数,常见的配位数为2、4、6。例如,$[Cu(NH_3)_4]^{2+}$中Cu^{2+}的配位数为4,$[Co(NH_3)_5Cl]^{2+}$中Co^{3+}的配位数为6。

影响配位数的因素很多,也比较复杂。中心离子的实际配位数与中心离子、配体的半径、电荷有关,也与形成配合物时的条件(如浓度、温度)有关。

8.1.2 配位化合物的命名

配位化合物的命名服从无机物的命名原则。如果配位化合物中的酸根是一个简单的阴离子,则称某化某;如果酸根是一个复杂的阴离子,则称某酸某;若外界为氢离子,称为某某酸。

配位化合物的命名比一般无机化合物更复杂的地方在于配位化合物的内界。处于配位化合物内界的配离子,其命名方法一般依照如下顺序:配体数目—配体名称—"合"—中心离子(原子)名称(用元素名称)—中心离子(原子)氧化数(用带括号的罗马数字Ⅰ、Ⅱ等表示)。书写配体前用汉字(二、三等)标明其个数。当配体不止一种时,不同配体之间用圆点"·"分开。

当配位化合物中有多种配体时,命名时配体的顺序主要有下列规则:

(1)无机配体在前,有机配体在后;

(2)阴离子配体在前,中性分子配体在后;

(3)同类配体的名称,按配位原子元素符号的英文字母顺序排列。

下面列出一些配位化合物的命名实例:

$[Pt(NH_3)_6]Cl_4$	四氯化六氨合铂(Ⅳ)
$[Co(NH_3)_5H_2O]Cl_3$	三氯化五氨·一水合钴(Ⅲ)
$[CoCl_3(NH_3)_3]$	三氯·三氨合钴(Ⅲ)
$K[Au(OH)_4]$	四羟合金(Ⅲ)酸钾
$K_4[Fe(CN)_6]$	六氰合铁(Ⅱ)酸钾
$[Ag(NH_3)_2]OH$	氢氧化二氨合银(Ⅰ)
$H_2[SiF_6]$	六氟合硅(Ⅳ)酸
$[Co(NH_3)_3(NO_2)_3]$	三硝基·三氨合钴(Ⅲ)
$[Pt(NH_3)_4(NO_2)Cl]CO_3$	碳酸一氯·一硝基·四氨合铂(Ⅳ)
$[Cu(H_2O)_4]SO_4·H_2O$	一水合硫酸四水合铜(Ⅱ)
$K[PtCl_3(NH_3)]$	三氯·一氨合铂(Ⅱ)酸钾

8.2 配合物中的价键理论

价键理论的基本要点如下:

(1)中心离子(或原子)与配体以配位键结合。中心离子(或原子)有空轨道,配体的配位原子提供孤对电子。

(2)中心离子(或原子)提供的成键空轨道先要发生杂化,形成成键能力更强的杂化轨道。

(3) 配离子的空间结构、配位数及稳定性等主要决定于杂化轨道的类型。

(4) 在某些配体的影响下，中心离子的价电子可能发生重排，形成有 $(n-1)d$ 轨道参与杂化且比较稳定的配离子。

本节主要对常见不同配位数的配合物的形成过程、空间构型等进行分析。

8.2.1 配位数为 2 的配离子

一般 +1 价的金属离子，如 Ag^+、Cu^+、Au^+ 等常形成配位数为 2 的配离子，如 $[Ag(S_2O_3)_2]^{3-}$、$[CuCl_2]^-$、$[Au(CN)_2]^-$ 等。中心离子采用的是 sp 杂化轨道成键，两条 sp 杂化轨道呈直线形分布，分别与配位体中孤电子对所占据的原子轨道沿杂化轨道轴向重叠，形成两个 σ 键，键角为 180°，配离子的空间构型为直线形。现以 $[Ag(NH_3)_2]^+$ 为例进行如下讨论。

$_{47}Ag^+$ 离子的电子结构式为：

其中 4d 轨道已全充满，5s 与 5p 轨道能量相近且是空轨道。当 Ag^+ 与两个 NH_3 分子形成配离子时，将提供一个 5s 轨道和一个 5p 轨道进行杂化，形成两个 sp 杂化轨道来接受两个 NH_3 分子中 N 原子的孤对电子。因此，$[Ag(NH_3)_2]^+$ 配离子中的 Ag^+ 采用 sp 杂化轨道与 NH_3 分子形成配位键，空间构型为直线形。用轨道式描述 $[Ag(NH_3)_2]^+$ 的形成过程如下：

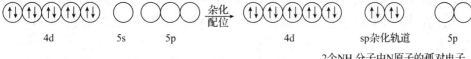

2个NH_3分子中N原子的孤对电子

8.2.2 配位数为 4 的配离子

+2 价的金属离子，如 Zn^{2+}、Cd^{2+}、Hg^{2+}、Cu^{2+}、Ni^{2+} 等，多数形成配位数为 4 的配离子。配位数为 4 的配离子的空间构型有两种：正四面体和平面正方形。下面以 $[Zn(NH_3)_4]^{2+}$ 和 $[Ni(CN)_4]^{2-}$ 为例进行讨论。

$_{30}Zn^{2+}$ 离子的电子结构式为：

其中 3d 轨道全充满，4s、4p 轨道能量相近且为空轨道，因此可以进行杂化形成 sp^3 杂化轨道，用来接受 4 个 NH_3 分子提供的 4 对孤对电子。由于 4 个 sp^3 杂化轨道指向正四面体的 4 个顶点，所以 $[Zn(NH_3)_4]^{2+}$ 配离子具有正四面体构型。用轨道式描述 $[Zn(NH_3)_4]^{2+}$ 的形成过程为：

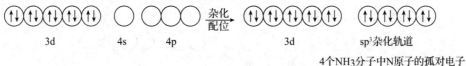

4个NH_3分子中N原子的孤对电子

$[Ni(CN)_4]^{2-}$配离子的形成情况却有所不同,当4个CN^-离子接近Ni^{2+}离子时,Ni^{2+}离子中2个未成对电子合并到1个d轨道上,空出1个3d轨道。空出的3d轨道与1个4s轨道和2个4p轨道进行杂化,形成4个dsp^2杂化轨道用来接受4个CN^-中C原子提供的4对孤对电子。由于4个dsp^2杂化轨道指向平面正方形的4个顶点,所以$[Ni(CN)_4]^{2-}$配离子具有平面正方形构型。用轨道式表示$[Ni(CN)_4]^{2-}$形成过程为:

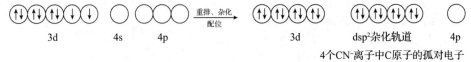

8.2.3 配位数为6的配离子

+3价、+4价的金属离子,如Fe^{3+}、Cr^{3+}、Co^{3+}、Pt^{4+}等,常形成配位数为6的配离子,如$[FeF_6]^{3-}$、$[Cr(NH_3)_6]^{3+}$、$[PtCl_6]^{2-}$等。还有一些+2价的金属离子如Zn^{2+}、Fe^{2+}等,也能形成配位数为6的配离子,如$[Fe(CN)_6]^{4-}$。配位数为6的配离子具有正八面体构型。现以$[Fe(H_2O)_6]^{3+}$和$[Fe(CN)_6]^{3-}$为例进行讨论。

$_{26}Fe^{3+}$离子的电子结构式为:

Fe^{3+}与H_2O分子在配位成键时,Fe^{3+}提供1个4s轨道,3个4p轨道,2个4d轨道,形成6个sp^3d^2杂化轨道,接受6个H_2O提供的6对孤对电子。由于6个sp^3d^2杂化轨道呈正八面体,故$[Fe(H_2O)_6]^{3+}$配离子也具有正八面体构型。用轨道式描述$[Fe(H_2O)_6]^{3+}$的形成过程为:

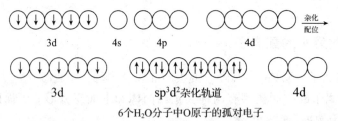

实验测得$[Fe(CN)_6]^{3-}$配离子的空间构型也是正八面体,似乎在形成时其中心离子Fe^{3+}也采用了sp^3d^2杂化。但由实验进一步测得在$[Fe(H_2O)_6]^{3+}$配离子中有5个未成对电子,即3d轨道上有5个单电子;而在$[Fe(CN)_6]^{3-}$配离子中只有1个未成对电子,同时$[Fe(CN)_6]^{3-}$的稳定性大幅增加,因而推断Fe^{3+}在$[Fe(CN)_6]^{3-}$中采用的不是sp^3d^2杂化。研究表明,在形成$[Fe(CN)_6]^{3-}$过程中,当6个CN^-与Fe^{3+}接近时,Fe^{3+}离子中分占5个轨道的5个单电子合并到3个轨道上去,4个单电子两两成对,1个电子未成对,空出2个3d轨道,加上外层1个4s轨道和3个4p轨道进行杂化,构成6个d^2sp^3杂化轨道,接受6个CN^-中C原子提供的6对孤对电子。用轨道式描述$[Fe(CN)_6]^{3-}$的形成过程为:

8.2.4 外轨型配合物和内轨型配合物

在配合物中,有些配离子的中心离子全部采用外层的 ns、np、nd 空轨道参与杂化成键,这样形成的配合物称为外轨型配合物,如 $[Zn(NH_3)_4]^{2+}$、$[Fe(H_2O)_6]^{3+}$ 等。在形成外轨型配合物时,中心离子的电子排布不受配体的影响;有些配离子的中心离子采用次外层的 $(n-1)d$ 和外层的 ns、np 空轨道杂化成键,这样形成的配合物称为内轨型配合物,如 $[Ni(CN)_4]^{2-}$、$[Fe(CN)_6]^{3-}$ 等。在形成内轨型配合物时,中心离子的电子在配体的影响下重新排布,空出内层轨道参与杂化。

中心离子的价电子层结构和配体的性质是影响外轨型或内轨型配离子形成的主要因素。外轨型和内轨型配离子在解离程度、磁性、氧化还原稳定性等方面,都存在一定差异。比如就解离程度而言,一般来说,内轨型配离子比外轨型配离子稳定,解离程度小。

判断一个配合物是外轨型还是内轨型,通常是利用磁矩的测定来确定的。过渡金属离子一般都具有成单电子,单电子显示顺磁性,有一定磁矩 μ,磁矩大小与单电子数 n 之间的关系为

$$\mu = \sqrt{n(n+2)}$$

式中:μ 以玻尔磁子(B.M.)为单位,$n = 1 \sim 5$ 时的磁矩理论值如表 8.2 所示。

表 8.2 $n = 1 \sim 5$ 时的磁矩理论值

n	1	2	3	4	5
μ/B.M.	1.73	2.83	3.87	4.90	5.92

形成外轨型配合物时,中心离子的电子层结构未发生变化,所以成键前后磁矩应相同,没有变化;形成内轨型配合物时,中心离子的电子层结构发生变化,成键后的磁矩将减小或为零。因此,通过实验测定配离子的磁矩,并与自由离子的磁矩理论值比较,便可以确定配合物的类型。

【例题 8.1】 实验测得 $[Fe(H_2O)_6]^{3+}$ 的磁矩 $\mu = 5.88$ B.M.,试据此数据推测配离子:(1)未成对电子数;(2)中心离子杂化轨道类型;(3)属外轨型还是内轨型配合物;(4)空间构型。

解:(1) $[Fe(H_2O)_6]^{3+}$ 配离子中的中心离子为 Fe^{3+},Fe^{3+} 离子的电子结构式为:

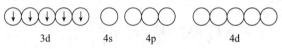

有 5 个单电子,由 $\mu = \sqrt{n(n+2)}$,有 $\mu = \sqrt{5(5+2)} \approx 5.92$ B.M.,即理论磁矩 $\mu_{理} = 5.92$ B.M. 与实测磁矩 $\mu = 5.88$ B.M. 近似相等。

故 Fe^{3+} 离子在成键前后，电子层结构未发生改变，未成对电子数应为 5。

（2）因 Fe^{3+} 在配位成键后，电子层结构未发生改变，只能用外层的 4s、4p、4d 轨道进行杂化、成键，故中心离子杂化轨道类型为 sp^3d^2。

（3）因杂化采用的是外层的 4s、4p、4d 轨道，故形成外轨型配合物。

（4）轨道杂化类型为 sp^3d^2，故空间构型为正八面体。

8.3 配离子的配位离解平衡

配合物的内界与外界之间是通过离子键结合的，在水溶液中配合物会完全离解成配离子与外界离子。例如，在 $[Cu(NH_3)_4]SO_4$ 溶液中加入少量 Ba^{2+}，可以看到白色 $BaSO_4$ 沉淀，而加入 NaOH 溶液却并无 $Cu(OH)_2$ 沉淀生成，说明 $[Cu(NH_3)_4]^{2+}$ 配离子在溶液中能稳定存在。但在 $[Cu(NH_3)_4]SO_4$ 溶液中加入少量 Na_2S 溶液时，能够生成黑色 CuS 沉淀。这是因为稳定存在的 $[Cu(NH_3)_4]^{2+}$ 配离子仍然可以微弱地离解，虽然离解出的 Cu^{2+} 量极少，但足以与 S^{2-} 生成极难溶的 CuS 沉淀，这说明水溶液中 $[Cu(NH_3)_4]^{2+}$ 配离子与 Cu^{2+} 和 NH_3 分子之间存在配位离解平衡。

8.3.1 配离子的稳定常数及平衡浓度计算

1. 配离子的稳定常数

实际上配离子在水溶液中的生成或离解均是可逆的，而且多个配体与中心原子的结合或配离子的离解都是逐级完成的。因此，溶液中存在着一系列的配位离解平衡，对应于这些平衡也有一系列的平衡常数。例如，$[Cu(NH_3)_4]^{2+}$ 的形成分 4 步：

$$Cu^{2+} + NH_3 \rightleftharpoons [Cu(NH_3)]^{2+} \qquad K_1^\theta = \frac{[Cu(NH_3)^{2+}]}{[Cu^{2+}][NH_3]} = 1.41 \times 10^4$$

$$[Cu(NH_3)]^{2+} + NH_3 \rightleftharpoons [Cu(NH_3)_2]^{2+} \qquad K_2^\theta = \frac{[Cu(NH_3)_2^{2+}]}{[Cu(NH_3)^{2+}][NH_3]} = 3.71 \times 10^3$$

$$[Cu(NH_3)_2]^{2+} + NH_3 \rightleftharpoons [Cu(NH_3)_3]^{2+} \qquad K_3^\theta = \frac{[Cu(NH_3)_3^{2+}]}{[Cu(NH_3)_2^{2+}][NH_3]} = 7.76 \times 10^2$$

$$[Cu(NH_3)_3]^{2+} + NH_3 \rightleftharpoons [Cu(NH_3)_4]^{2+} \qquad K_4^\theta = \frac{[Cu(NH_3)_4^{2+}]}{[Cu(NH_3)_3^{2+}][NH_3]} = 1.39 \times 10^2$$

由多重平衡原则可知，配离子生成的总反应为上述 4 步反应之和，即

$$Cu^{2+} + 4NH_3 \rightleftharpoons [Cu(NH_3)_4]^{2+}$$

总反应的平衡常数为

$$K_稳^\theta = K_1^\theta \cdot K_2^\theta \cdot K_3^\theta \cdot K_4^\theta = \frac{[Cu(NH_3)_4^{2+}]}{[Cu^{2+}][NH_3]^4}$$

配合反应的平衡常数越大，说明生成配离子的倾向越大，离解的倾向越小，即配离子越稳定，故把此平衡常数称为配合物的稳定常数，把分步平衡常数称为逐级稳定常数。大

多数配离子的逐级稳定常数是逐渐减小的，即 $K_1^\theta > K_2^\theta > K_3^\theta \cdots K_n^\theta$，这是因为后面配位的配体（如第二个）受到前面已经配位的配体（如第一个）的排斥，从而减弱了它同中心离子配位的效果。

由于配离子的离解也是分步进行的，且配离子在溶液中的离解平衡与弱电解质的离解平衡相似，因此可根据配离子的分步离解写出分步离解平衡常数和总离解平衡常数，总离解平衡常数等于分步离解平衡常数之积。例如，$[Cu(NH_3)_4]^{2+}$ 在水溶液中的总离解反应及总离解平衡常数为

$$[Cu(NH_3)_4]^{2+} \rightleftharpoons Cu^{2+} + 4NH_3 \qquad K_{不稳}^\theta = \frac{[Cu^{2+}][NH_3]^4}{[Cu(NH_3)_4^{2+}]}$$

离解反应的总离解平衡常数越大，说明配离子的离解倾向越大，生成配离子的倾向越小，即配离子越不稳定，故把此平衡常数称为配合物的不稳定常数。

显然，配离子的稳定常数和不稳定常数互为倒数关系，即

$$K_{稳}^\theta = \frac{1}{K_{不稳}^\theta}$$

稳定常数和不稳定常数，在应用上十分重要，使用时应予以注意，不可混淆，本书所用数据除注明外均为稳定常数。与其他所接触过的平衡常数一样，$K_{稳}^\theta$ 是关于温度的函数，与浓度无关。同一种中心离子，由于配体的种类、数目不同，对应的配离子的 $K_{稳}^\theta$ 值也不同。同种类型的配离子，可直接由 $K_{稳}^\theta$ 来比较它们的相对稳定性。例如，$[Ag(NH_3)_2]^+$ 的 $K_{稳}^\theta = 1.1 \times 10^7$，$[Ag(S_2O_3)_2]^{3-}$ 的 $K_{稳}^\theta{}' = 2.9 \times 10^{18}$，$[Ag(CN)_2]^-$ 的 $K_{稳}^\theta{}'' = 1.0 \times 10^{21}$，这些配离子属于同一类型（中心离子与配体的比为 1∶2 型），由于 $K_{稳}^\theta{}'' > K_{稳}^\theta{}' > K_{稳}^\theta$，所以稳定性大小依次为：$[Ag(CN)_2]^- > [Ag(S_2O_3)_2]^{2-} > [Ag(NH_3)_2]^+$。

2. 配离子平衡浓度的计算

利用配离子的稳定常数，可以计算配合物溶液中某一离子的平衡浓度。

【例题 8.2】0.10 mol·L^{-1} 的 $[Ag(NH_3)_2]^+$ 溶液中，问：

(1) 当游离 NH_3 浓度为 0.10 mol·L^{-1} 时，溶液中 Ag^+ 离子的浓度为多少？

(2) 当游离 NH_3 浓度为 1.0 mol·L^{-1} 时，溶液中 Ag^+ 离子的浓度为多少？

解：(1) 设溶液中 Ag^+ 离子浓度为 x_1 mol·L^{-1}，则有

$$[Ag(NH_3)_2]^+ \rightleftharpoons Ag^+ + 2NH_3$$

平衡浓度/(mol·L^{-1})： $0.10-x_1 \approx 0.10 \qquad x_1 \qquad 0.10$

$$K_{不稳}^\theta = \frac{[Ag^+][NH_3]^2}{[Ag(NH_3)_2^+]} = \frac{x_1 \cdot (0.10)^2}{0.10}$$

$$\frac{1}{K_{稳}^\theta} = \frac{x_1 \cdot (0.10)^2}{0.10}$$

$$x_1 = \frac{0.10}{1.1 \times 10^7 \times (0.10)^2} \text{ mol·L}^{-1} = 9.1 \times 10^{-7} \text{ mol·L}^{-1}$$

(2) 设溶液中 Ag^+ 离子浓度为 x_2 mol·L^{-1}，则有

$$[Ag(NH_3)_2]^+ \rightleftharpoons Ag^+ + 2NH_3$$

平衡浓度/(mol·L^{-1})：　　$0.10-x_2 \approx 0.10$　　x_2　　1.0

同理

$$\frac{1}{K_{稳}^{\theta}} = \frac{x_2 \cdot (1.0)^2}{0.10}$$

$$x_2 = \frac{0.10}{1.1 \times 10^7 \times (1.0)^2} \text{ mol} \cdot \text{L}^{-1} = 9.1 \times 10^{-9} \text{ mol} \cdot \text{L}^{-1}$$

由此例可以看出，配体的浓度越大，溶液中未被配位的中心离子越少，即配离子离解得越少。

【例题8.3】 若在 1 L 浓度为 6.0 mol·L^{-1} 的氨水溶液中溶解 0.10 mol AgNO$_3$ 固体（忽略体积变化），求溶液中各组分浓度。

解： AgNO$_3$ 完全离解为 Ag$^+$ 和 NO$_3^-$ 离子，假定所得 Ag$^+$ 离子因过量的 NH$_3$ 而完全生成 [Ag(NH$_3$)$_2$]$^+$，那么所生成的 [Ag(NH$_3$)$_2$]$^+$ 配离子浓度为 0.10 mol·L^{-1}，剩余 NH$_3$ 的浓度为

$$c_{NH_3} = (6.0 - 2 \times 0.10) \text{ mol} \cdot \text{L}^{-1} = 5.80 \text{ mol} \cdot \text{L}^{-1}$$

由于 [Ag(NH$_3$)$_2$]$^+$ 配离子还存在着配位离解平衡，设平衡时溶液中 Ag$^+$ 离子浓度为 x mol·L^{-1}，则有

$$[Ag(NH_3)_2]^+ \rightleftharpoons Ag^+ + 2NH_3$$

平衡浓度/(mol·L^{-1})：　　$0.10-x \approx 0.10$　　x　　$5.80+2x \approx 5.80$

$$K_{不稳}^{\theta} = \frac{[Ag^+][NH_3]^2}{[Ag(NH_3)_2^+]}$$

$$\frac{1}{K_{稳}^{\theta}} = \frac{x \times (5.8)^2}{0.1}$$

$$x = \frac{0.1}{(5.8)^2 \times 1.1 \times 10^7} \text{ mol} \cdot \text{L}^{-1} = 2.70 \times 10^{-10} \text{ mol} \cdot \text{L}^{-1}$$

所以，溶液中各组分浓度为

$$[Ag^+] = 2.70 \times 10^{-10} \text{ mol} \cdot \text{L}^{-1}$$

$$[NH_3] = (5.80 + 2 \times 2.70 \times 10^{-10}) \text{ mol} \cdot \text{L}^{-1} \approx 5.80 \text{ mol} \cdot \text{L}^{-1}$$

$$[Ag(NH_3)_2^+] = (0.10 - 2.70 \times 10^{-10}) \text{ mol} \cdot \text{L}^{-1} \approx 0.10 \text{ mol} \cdot \text{L}^{-1}$$

$$[NO_3^-] = 0.10 \text{ mol} \cdot \text{L}^{-1}$$

8.3.2 配离子的配位离解平衡

配离子的配位离解平衡也是一定条件下的相对的平衡状态，当条件改变时，也有平衡发生移动的问题。下面讨论不同情况下配离子的配位离解平衡的移动及有关计算问题。

1. 改变溶液的pH

许多配体（如 F$^-$、CN$^-$、SCN$^-$、NH$_3$ 等）及有机酸根离子，都能与 H$^+$ 结合，形成难离解的弱酸，所以当溶液的 pH 改变时，可能会引起某些配离子的配位离解平衡的移动。

例如，在弱酸介质中，Fe^{3+} 与 F^- 配位生成 $[FeF_6]^{3-}$，即

$$[FeF_6]^{3-} \rightleftharpoons Fe^{3+} + 6F^- \tag{8.1}$$

$$F^- + H^+ \rightleftharpoons HF \tag{8.2}$$

平衡后，向溶液中加入浓度为 $6\ mol\cdot L^{-1}$ 的 HCl 溶液，降低溶液的 pH，则会促使式(8.2)的平衡向右移动。F^- 的浓度由于 HF 的生成而降低，进而又促使式(8.1)的平衡向右移动。pH 越低，F^- 浓度降低得越多，足量的 HCl 可使 $[FeF_6]^{3-}$ 配离子完全离解。

如果向式(8.1)平衡溶液加入 NaOH 溶液，提高溶液的 pH，由于 Fe^{3+} 的水解度增大而使其浓度降低，也会使式(8.1)的平衡向右移动。pH 越高，Fe^{3+} 水解程度越高，当 pH 升高到一定值时，Fe^{3+} 由于生成难溶的 $Fe(OH)_3$ 沉淀而使配离子完全离解。

又如，往 $[Ag(NH_3)_2]^+$ 的溶液中加入硝酸以降低溶液的 pH 时，由于 NH_3 与 H^+ 结合生成 NH_4^+，使式(8.3)的平衡向配离子离解的方向移动。当硝酸加到足够量时，配离子则会完全离解。如果初始时溶质是 $[Ag(NH_3)_2]Cl$，则此时溶液中会出现白色 AgCl 沉淀。

$$[Ag(NH_3)_2]^+ \rightleftharpoons Ag^+ + 2NH_3 \qquad K_1^\theta = \frac{1}{K_稳^\theta} \tag{8.3}$$

$$NH_3 + H^+ \rightleftharpoons NH_4^+ \qquad K_2^\theta = \frac{K_b^\theta}{K_w^\theta} \tag{8.4}$$

根据式(8.3)和式(8.4)得总平衡方程式为

$$[Ag(NH_3)_2]^+ + 2H^+ \rightleftharpoons Ag^+ + 2NH_4^+$$

$$K^\theta = \frac{[Ag^+][NH_4^+]^2}{[Ag(NH_3)_2^+][H^+]^2} = K_1^\theta \cdot (K_2^\theta)^2 = \frac{(K_b^\theta)^2}{K_稳^\theta \cdot (K_w^\theta)^2}$$

$$= \frac{(1.8\times 10^{-5})^2}{1.10\times 10^7 \times (1.0\times 10^{-14})^2} = 2.95\times 10^{11}$$

由平衡常数可知反应向右进行的趋势非常大，因此用酸可以有效地使以 NH_3 为配体的配离子离解。

【例题 8.4】 向浓度为 $0.20\ mol\cdot L^{-1}$ 的 $[Cu(NH_3)_4]^{2+}$ 溶液中加入等体积的浓度为 $2.0\ mol\cdot L^{-1}$ 的 HNO_3 溶液，求最后平衡时，溶液中 $[Cu(NH_3)_4]^{2+}$ 配离子的浓度。

解： 依题意有

$$[Cu(NH_3)_4]^{2+} + 4H^+ \rightleftharpoons Cu^{2+} + 4NH_4^+$$

由于溶液等体积混合，因此浓度减半，则有 $[Cu(NH_3)_4^{2+}]_始 = 0.1\ mol\cdot L^{-1}$，$[HNO_3]_始 = 1.0\ mol\cdot L^{-1}$。由化学反应方程式知，$H^+$ 过量，故可认为 $[Cu(NH_3)_4]^{2+}$ 完全离解，生成 $0.1\ mol\cdot L^{-1}$ 的 Cu^{2+} 和 $0.4\ mol\cdot L^{-1}$ 的 NH_4^+，同时消耗 $0.4\ mol\cdot L^{-1}$ 的 H^+。由于 $[Cu(NH_3)_4]^{2+}$、Cu^{2+} 之间还存在着配位离解平衡，故可设平衡时溶液中 $[Cu(NH_3)_4]^{2+}$ 浓度为 $x\ mol\cdot L^{-1}$，则有

$$[H^+] = 1.0 - 0.10\times 4 + 4x = 0.60 + 4x \approx 0.60\ mol\cdot L^{-1}$$

$$[Cu^{2+}] = 0.10 - x \approx 0.1\ mol\cdot L^{-1}$$

$$[NH_4^+] = 0.40 - 4x \approx 0.40\ mol\cdot L^{-1}$$

$$[Cu(NH_3)_4]^{2+} + 4H^+ \rightleftharpoons Cu^{2+} + 4NH_4^+$$

平衡浓度/(mol·L^{-1})： x 0.60   0.10   0.40

$$K^\theta = \frac{[Cu^{2+}][NH_4^+]^4}{[Cu(NH_3)_4^{2+}][H^+]^4}$$

$$\frac{1}{K_{稳}^\theta \cdot \left(\frac{K_w^\theta}{K_b^\theta}\right)^4} = \frac{[Cu^{2+}][NH_4^+]^4}{[Cu(NH_3)_4^{2+}][H^+]^4}$$

$$\frac{1}{2.1\times10^{13} \times \left(\frac{1.0\times10^{-14}}{1.8\times10^{-5}}\right)^4} = \frac{0.1\times(0.40)^4}{(0.60)^4 \times x}$$

解得：$x = 4.0\times10^{-26}$ mol·L^{-1}

2. 加入另一种配体

当向某种配离子溶液中加入另一种能同中心离子配位形成更稳定的配离子的配体时，原来的配离子的平衡将被破坏，并转变成更稳定的配离子。例如，向[Ag(NH$_3$)$_2$]$^+$溶液中，加入KCN溶液。溶液中存在下列两个过程：

$$[Ag(NH_3)_2]^+ \rightleftharpoons Ag^+ + 2NH_3 \quad K_1^\theta = \frac{1}{K_{稳[Ag(NH_3)_2]^+}^\theta} \quad (8.5)$$

$$Ag^+ + 2CN^- \rightleftharpoons [Ag(CN)_2]^- \quad K_2^\theta = K_{稳[Ag(CN)_2]^-}^\theta \quad (8.6)$$

根据式(8.5)和式(8.6)得总平衡方程式为

$$[Ag(NH_3)_2]^+ + 2CN^- \rightleftharpoons [Ag(CN)_2]^- + 2NH_3 \quad (8.7)$$

$$K^\theta = \frac{[Ag(CN)_2^-][NH_3]^2}{[Ag(NH_3)_2^+][CN^-]^2} = K_1^\theta \cdot K_2^\theta = \frac{K_{稳[Ag(CN)_2]^-}^\theta}{K_{稳[Ag(NH_3)_2]^+}^\theta}$$

$$= \frac{1.30\times10^{21}}{1.10\times10^7} = 1.18\times10^{14}$$

K^θ值较大，说明式(8.7)的反应进行得较彻底，即[Ag(NH$_3$)$_2$]$^+$转化成[Ag(CN)$_2$]$^-$的反应进行得相当彻底。随着KCN溶液的加入，[Ag(NH$_3$)$_2$]$^+$逐渐离解，最后生成更加稳定的[Ag(CN)$_2$]$^-$。

【例题8.5】在1.0 L 浓度为0.10 mol·L^{-1}的[Ag(NH$_3$)$_2$]$^+$溶液中，加入0.20 mol KCN晶体(忽略体积变化)，求平衡时溶液中[Ag(NH$_3$)$_2$]$^+$与[Ag(CN)$_2$]$^-$的浓度。

解：对于反应：

$$[Ag(NH_3)_2]^+ + 2CN^- \rightleftharpoons [Ag(CN)_2]^- + 2NH_3$$

$$K^\theta = \frac{[Ag(CN)_2^-][NH_3]^2}{[Ag(NH_3)_2^+][CN^-]^2} = 1.18\times10^{14}$$

由于平衡常数较大，说明[Ag(NH$_3$)$_2$]$^+$转化为[Ag(CN)$_2$]$^-$较彻底，因此可假定0.10 mol·L^{-1}的[Ag(NH$_3$)$_2$]$^+$因存在足量CN$^-$而全部转化为[Ag(CN)$_2$]$^-$，则消耗的CN$^-$浓度为0.20 mol·L^{-1}，生成时的NH$_3$浓度为0.20 mol·L^{-1}。但在[Ag(NH$_3$)$_2$]$^+$与Ag$^+$、NH$_3$之

间，$[Ag(CN)_2]^-$ 与 Ag^+、CN^- 之间还存在着配位离解平衡，则可设溶液中 $[Ag(NH_3)_2]^+$ 浓度为 x mol·L^{-1}，则平衡时有

$$[Ag(CN)_2^-] = 0.10-x \approx 0.10 \text{ mol·L}^{-1}$$

$$[NH_3] = 0.20-2x \approx 0.20 \text{ mol·L}^{-1}$$

$$[CN^-] = 0.20-0.20+2x = 2x \text{ mol·L}^{-1}$$

由平衡化学反应方程式 $[Ag(NH_3)_2]^+ + 2CN^- \rightleftharpoons [Ag(CN)_2]^- + 2NH_3$，可得

$$K^\theta = \frac{[Ag(CN)_2^-][NH_3]^2}{[Ag(NH_3)_2^+][CN^-]^2}$$

$$1.18\times10^{14} = \frac{0.10\times0.20^2}{x\times(2x)^2}$$

$$x = 2.04\times10^{-6} \text{ mol·L}^{-1}$$

因此，平衡时溶液中 $[Ag(NH_3)_2]^+$ 浓度为 2.6×10^{-6} mol·L^{-1}，$[Ag(CN)_2]^-$ 浓度为 0.10 mol·L^{-1}。

3. 加入沉淀剂

一些难溶盐往往因形成可溶性的配合物而溶解，如将 $AgNO_3$ 和 NaCl 溶液混合，则有白色 AgCl 沉淀生成，加入氨水后，AgCl 沉淀消失，生成可溶的 $[Ag(NH_3)_2]^+$ 配离子。然而，继续加入 KBr 溶液后，又会生成淡黄色的 AgBr 沉淀；再加入 $Na_2S_2O_3$ 溶液，AgBr 沉淀又溶解，生成 $[Ag(S_2O_3)_2]^{3-}$ 配离子；接着又加入 KI 溶液，则有黄色 AgI 沉淀生成；再加入 KCN 溶液，黄色 AgI 沉淀又消失而生成 $[Ag(CN)_2]^-$ 配离子；若再加入 Na_2S 溶液，则有黑色 Ag_2S 沉淀生成。

由上述可知，难溶电解质与配离子之间可以进行相互转化，这时溶液中同时存在配位离解平衡和沉淀溶解平衡，反应的过程实质上是配位剂和沉淀剂争夺金属离子的过程。

【例题8.6】1.0 L 浓度为 0.10 mol·L^{-1} 的 $[Ag(NH_3)_2]^+$ 溶液中，游离 NH_3 的浓度为 1.0 mol·L^{-1}，加入 0.10 mol KI 固体（忽略体积变化），求平衡时 $[Ag(NH_3)_2]^+$ 的浓度。

解：溶液中存在两个过程：

$$[Ag(NH_3)_2]^+ \rightleftharpoons Ag^+ + 2NH_3 \qquad K_1^\theta = \frac{1}{K^\theta_{稳[Ag(NH_3)_2]^+}}$$

$$Ag^+ + I^- \rightleftharpoons AgI\downarrow \qquad K_2^\theta = \frac{1}{K^\theta_{sp}}$$

将上两式相加即得体系总平衡化学反应方程式：

$$[Ag(NH_3)_2]^+ + I^- \rightleftharpoons AgI\downarrow + 2NH_3 \qquad K^\theta = \frac{[NH_3]^2}{[Ag(NH_3)_2^+][I^-]}$$

由多重平衡原则有：

$$K^\theta = \frac{[NH_3]^2}{[Ag(NH_3)_2^+][I^-]} = \frac{1}{K^\theta_{sp}K^\theta_{稳[Ag(NH_3)_2]^+}} = \frac{1}{8.51\times10^{-17}\times1.10\times10^7} = 1.07\times10^9$$

由 K^θ 值较大可知，反应向右进行的趋势很大，故可假设 $[Ag(NH_3)_2]^+$ 全部转化为

AgI,则产生的 NH_3 为 0.20 mol,消耗的 I^- 为 0.1 mol,但 $[Ag(NH_3)_2]^+$ 与 Ag^+、NH_3,AgI 与 I^-、Ag^+ 之间毕竟还存在着平衡关系,故可设整个体系达平衡时 $Ag(NH_3)_2^+$ 的浓度为 x mol·L^{-1},则有

$$[I^-] = 0.10 - 0.10 + x = x \text{ mol·L}^{-1}$$

$$[NH_3] = 1.0 + 0.20 - 2x = 1.20 - 2x \approx 1.20 \text{ mol·L}^{-1}$$

因此 $K^\theta = \dfrac{[NH_3]^2}{[Ag(NH_3)_2^+][I^-]} = \dfrac{(1.20)^2}{x \cdot x} = 1.07 \times 10^9$,即 $[Ag(NH_3)_2]^+$ 浓度为 3.67×10^{-5} mol·L^{-1}。

【例题8.7】1.0 L 浓度为 0.1 mol·L^{-1} 的 KCN 溶液中可溶解多少 AgI 沉淀(单位为 mol)?

解:设 1.0 L 浓度为 0.1 mol·L^{-1} 的 KCN 溶液中可溶解 x mol 的 AgI 沉淀,则有

$$AgI(s) + 2CN^- \rightleftharpoons [Ag(CN)_2]^- + I^-$$

平衡浓度/(mol·L^{-1}): $0.1 - 2x$ x x

$$K^\theta = \frac{[Ag(CN)_2^-][I^-]}{[CN^-]^2} = K^\theta_{sp} \cdot K^\theta_{稳[Ag(CN)_2]^-}$$

即

$$\frac{x \cdot x}{(0.1-2x)^2} = 8.51 \times 10^{-17} \times 1.30 \times 10^{21}$$

$$x = 0.050 \text{ mol·L}^{-1}$$

【例题8.8】1.0 L 氨水正好溶解了 0.10 mol 的 AgCl 沉淀,计算氨水的初始浓度。

解:设平衡时溶液中游离氨为 x mol·L^{-1},则有

$$AgCl(s) + 2NH_3 \rightleftharpoons [Ag(NH_3)_2]^+ + Cl^-$$

平衡浓度/(mol·L^{-1}): x 0.10   0.10

$$K^\theta = \frac{[Ag(NH_3)_2^+][Cl^-]}{[NH_3]^2} = K^\theta_{sp} \cdot K^\theta_{稳[Ag(NH_3)_2]^+}$$

$$\frac{0.10 \times 0.10}{x^2} = 1.77 \times 10^{-10} \times 1.10 \times 10^7$$

$$x = 2.27 \text{ mol·L}^{-1}$$

氨的初始浓度为:$[NH_3] + 2[Ag(NH_3)_2^+] = (2.27 + 2 \times 0.10)$ mol·L^{-1} = 2.47 mol·L^{-1}

4. 加入氧化剂或还原剂

如果向含有配离子的溶液中加入能与中心离子或配体反应的氧化剂或还原剂,也会使配离子的配位离解平衡发生移动。

例如,向 $[Ag(CN)_2]^-$ 溶液中加入锌粉,由于 Ag^+ 被 Zn 还原成单质 Ag,而使 $[Ag(CN)_2]^-$ 配离子向离解的方向移动,最后完全离解。即

$$2[Ag(CN)_2]^- + Zn \rightleftharpoons 2Ag(s) + [Zn(CN)_4]^{2-}$$

8.3.3 配合物的应用

配合物在工农业生产中和科学研究中有着广泛的应用,在各行各业中都发挥着越来越

重要的作用,下面简单地介绍几点。

1. 电镀工业中的应用

许多金属镀件常用电镀法镀上一层既耐腐蚀又美观的锌、铜、镍、铬等金属,要使镀件上析出的镀层厚度均匀、光滑细致,与底层金属附着力强,在电镀时必须控制电镀液中的金属离子以很小的浓度在镀件上放电沉积。要达到这样的要求,只有使用金属离子的配合物。例如,在电镀铜工艺中,向电镀液中加入 $K_4P_2O_7$,形成 $[Cu(P_2O_7)_2]^{6-}$ 配离子,使游离 Cu^{2+} 的浓度降低,从而使铜在镀件(阴极)上的析出速率得到控制,得到较均匀、光滑、牢固的镀层。

2. 湿法冶金中的应用

贵金属如 Au、Pt 很难氧化,但当有配位剂存在时可形成配合物而溶解,金、银的提取就是应用这个原理。例如,在湿法冶金的炼银中,用稀的 NaCN 溶液处理粉碎了的银矿石,同时鼓入空气,使矿石中 Ag 被氧化并以配离子形式溶解:

$$4Ag + 8CN^- + O_2 + 2H_2O \Longleftrightarrow 4[Ag(CN)_2]^- + 4OH^-$$

然后向 $[Ag(CN)_2]^-$ 溶液中加入锌粉,于是 Ag^+ 被 Zn 还原成 Ag,即

$$2[Ag(CN)_2]^- + Zn \Longleftrightarrow [Zn(CN)_4]^{2-} + 2Ag(s)$$

3. 定性、定量分析中的应用

配合物在定性、定量分析中占据极其重要的位置。利用金属离子形成配合物的特殊颜色,可定性鉴定某些离子的存在。例如,我们所熟悉的用 KSCN 鉴定 Fe^{3+} 的存在,就是利用生成的 $[Fe(SCN)_n]^{3-}$ ($n = 1 \sim 6$) 呈血红色。又如,$[Cu(NH_3)_2]^{2+}$ 呈蓝色,$[Co(SCN)_4]^{2-}$ 在丙酮中呈鲜蓝色,等等。在定量分析中,配体可作为分光光度法中的显色剂。

习 题

8.1 指出下列配离子中的中心离子、配体、配位数。

(1) $[Zn(NH_3)_4]^{2+}$ (2) $[Fe(CN)_6]^{3-}$ (3) $[Pt(CN)_4(NO_2)_2]^{2-}$

(4) $[Co(H_2O)_4Cl_2]^+$ (5) $[Cr(NH_3)_3Cl_3]$ (6) $[Al(OH)_4]^-$

8.2 命名下列配合物或配离子。

(1) $[Cu(NH_3)_4]SO_4$ (2) $K_3[Fe(CN)_6]$ (3) $[CuI_2]^-$

(4) $[Ni(NO_2)_4]^{2-}$ (5) $[Ag(NH_3)_2]NO_3$ (6) $K_2[Pt(NH_3)_2(OH)_4]$

(7) $H_2[PtCl_6]$ (8) $[Co(H_2O)_4Cl_2]Cl$ (9) $[Fe(H_2O)_6]SO_4 \cdot H_2O$

(10) $(NH_4)_3[SbCl_6]$

8.3 写出下列配合物或配离子的化学式。

(1) 六氟合硅(Ⅳ)酸钠   (2) 六氰合铁(Ⅲ)酸亚铁

(3) 三氯化六氨合铬(Ⅲ)   (4) 六氯合铂(Ⅳ)酸钾

(5) 硝酸二氨合铜(Ⅰ)   (6) 二氯·四硫氰合铬(Ⅱ)酸铵

(7) 四碘合汞(Ⅱ)酸钾   (8) 六硝基合钴(Ⅲ)酸钠

(9) 二硫代硫酸根合银(Ⅰ)酸钠   (10) 氯化二氯·三氨·一水合钴(Ⅲ)

8.4 用轨道式描述下列配离子的形成过程。

(1) $[CdI_4]^{2-}$，空间构型为正四面体。

(2) $[Ni(NO_2)_4]^{2-}$，空间构型为平面四方形。

(3) $[Fe(CN)_6]^{4-}$，空间构型为正八面体，形成内轨型配合物。

(4) $[AlF_6]^{3-}$，空间构型为正八面体，形成外轨型配合物。

8.5 根据下列配离子的实测磁矩 μ，试按价键理论判断各配离子形成内轨型配合物还是外轨型配合物，并用轨道式描述其形成过程。

(1) $[Co(NH_3)_6]^{3+}$，$\mu=0.00$ B.M.　　　(2) $[Co(NH_3)_6]^{2+}$，$\mu=4.26$ B.M.

(3) $[Mn(CN)_6]^{4-}$，$\mu=1.80$ B.M.　　　(4) $[Ni(CN)_4]^{2-}$，$\mu=0.00$ B.M.

(5) $[FeF_6]^{3-}$，$\mu=5.90$ B.M.

8.6 试用配合物化学知识来解释下列事实。

(1) 为何 AgI 沉淀不能溶于氨水中，却能溶于 KCN 溶液中。

(2) 金属铂很难溶解在浓硝酸或浓盐酸中，但却可以溶解在王水中。

(3) AgBr 沉淀可溶于 KCN 溶液中，但 Ag_2S 不溶。

8.7 计算下列反应的平衡常数，并判断反应进行的程度。

(1) $[Ag(CN)_2]^- + 2NH_3 \rightleftharpoons [Ag(NH_3)_2]^+ + 2CN^-$

(2) $[FeF_6]^{3-} + 6CN^- \rightleftharpoons [Fe(CN)_6]^{3-} + 6F^-$

(3) $AgBr(s) + 2NH_3 \rightleftharpoons [Ag(NH_3)_2]^+ + Br^-$

(4) $[Cu(NH_3)_4]^{2+} + S^{2-} \rightleftharpoons CuS(s) + 4NH_3$

8.8 在 1 ml 浓度为 0.04 mol·L^{-1} 的 $AgNO_3$ 溶液中，加入 1 ml 浓度为 2 mol·L^{-1} 的氨水，计算平衡后溶液中的 Ag^+ 的浓度。

8.9 计算 1 L 浓度为 6.0 mol·L^{-1} 氨水中能溶解多少 AgCl 固体(单位为 mol)。

8.10 使 0.1 mol AgI 沉淀溶解在 0.50 L 的 KCN 溶液中，KCN 溶液的初始浓度为多大？

8.11 在 1 L 浓度为 0.10 mol·L^{-1} 的 $[Ag(NH_3)_2]^+$ 溶液中，游离 NH_3 的浓度为 6.0 mol·L^{-1}，加入 0.05 mol Na_2S 固体(忽略体积变化)，求反应达平衡时，溶液中 $[Ag(NH_3)_2]^+$ 配离子的浓度。

8.12 10 mL 浓度为 0.10 mol·L^{-1} $CuSO_4$ 溶液与 10 mL 浓度为 6 mol·L^{-1} 的氨水混合达平衡后，计算溶液中的 Cu^{2+}、$[Cu(NH_3)_4]^{2+}$ 及 NH_3 的浓度。若在此溶液中加入 1.0 mL 浓度为 0.2 mol·L^{-1} 的 NaOH 溶液，能否产生 $Cu(OH)_2$ 沉淀？

8.13 在 0.10 mol·L^{-1} 的 $K[Ag(CN)_2]$ 溶液中加入 KCl 或 KI 固体，使 Cl^- 离子和 I^- 离子浓度为 1.0×10^{-3} mol·L^{-1}，问能否产生 AgCl 和 AgI 沉淀？

8.14 如果在 0.10 mol·L^{-1} 的 $K[Ag(CN)_2]$ 溶液中加入 KCN 固体，使溶液中自由 CN^- 离子浓度为 0.10 mol·L^{-1}，然后分别加入 KI 和 Na_2S 固体(忽略溶液体积变化)，使 I^- 和 S^{2-} 离子浓度为 0.10 mol·L^{-1}，能否产生 AgI 和 Ag_2S 沉淀？

第9章 金属元素及其化合物

目前，在已经发现的一百多种化学元素中除了 22 种非金属元素外，其余的元素均为金属元素，占比约为 80%。金属元素在元素周期表中的分布较广，根据金属元素原子的价电子构型的不同特征，它们在元素周期表中从左到右分别位于 s 区、d 区、ds 区、p 区及 f 区。s 区、p 区为主族金属元素；d 区、ds 区和 f 区为副族金属元素，将其称为过渡金属元素，其中 f 区为镧系元素和锕系元素，又称为内过渡元素。

金属可分为黑色金属和有色金属两大类。除铬、锰、铁属于黑色金属外，其余的金属都为有色金属。在有色金属中，将密度小于 5 g·cm^{-3} 的称为轻金属，它们是位于 s 区（镭除外）的碱金属，以及钪、钇、钛等金属；而其他密度大于 5 g·cm^{-3} 的金属称为重金属。

9.1 主族金属元素

主族金属元素包括 s 区 ⅠA 族中称为碱金属的 6 种元素和 ⅡA 族中称为碱土金属的 6 种元素，以及 p 区 ⅢA 族的 Al、Ga、In、Tl，ⅣA 族的 Ge、Sn、Pb，ⅤA 族的 Sb、Bi，ⅥA 族的 Po。其中，s 区的 Fr、Ra 和 p 区的 Po 均为放射性元素。

9.1.1 s 区金属元素

1. 基本性质

碱金属作为每一周期开始的第一个元素，其原子半径是同周期元素中最大的，而第一电离能则是同周期中最小的，但其第二电离能很大。在形成金属晶体时，由于其原子半径最大，价电子数又最少，所以金属键较弱，所需熔化热小，熔点低，硬度也小。碱金属的熔点、沸点、硬度、升华热随原子序数的增加而降低，电离能和电负性也依次减小，但其原子半径依次增大，表 9.1 为碱金属的一些基本性质。

表9.1 碱金属的一些基本性质

性质	碱金属类型				
	锂	钠	钾	铷	铯
元素符号	Li	Na	K	Rb	Cs
原子序数	3	11	19	37	55
相对原子质量	6.941	22.990	39.100	85.470	132.900
密度/(g·cm^{-3})	0.534	0.971	0.862	1.532	1.873
熔点/℃	181	97.8	63.5	39.3	28.5
沸点/℃	1 347	883	774	686	678
价电子构型	2s^1	3s^1	4s^1	5s^1	6s^1
常见氧化态	+1	+1	+1	+1	+1
原子半径/pm	123	154	203	216	235
离子半径/pm	60	95	133	148	169
第一电离能/(kJ·mol^{-1})	520	496	419	403	376
第二电离能/(kJ·mol^{-1})	7 298	4 562	3 051	2 633	2 230
电负性	1.0	0.9	0.8	0.8	0.7
R$^+$水合能/(kJ·mol^{-1})	519	406	322	293	264
标准电极电势/V	−3.045	−2.710	−2.931	−2.925	−2.923

碱土金属与相邻的碱金属相比，增加了一个核电荷和一个电子，作用于最外层电子上的有效核电荷增加，原子半径减小，第一电离能比碱金属大得多，但第二电离能则比碱金属小得多。由于碱土金属的原子半径比相邻的碱金属小，价电子数增多，在金属晶体中形成的金属键增强，因此碱土金属的熔点、沸点和硬度均较碱金属高，而导电性低于碱金属。表9.2为碱土金属的一些基本性质。

表9.2 碱土金属的一些基本性质

性质	碱土金属类型				
	铍	镁	钙	锶	钡
元素符号	Be	Mg	Ca	Sr	Ba
原子序数	4	12	20	38	56
相对原子质量	9.012	24.310	40.080	87.620	137.300
密度/(g·cm^{-3})	1.848	1.738	1.550	2.540	3.594
熔点/℃	1 289	650	842	777	727
沸点/℃	2 970	1 090	1 484	1 384	1 637

续表

性质	碱土金属类型				
	铍	镁	钙	锶	钡
价电子构型	$2s^2$	$3s^2$	$4s^2$	$5s^2$	$6s^2$
常见氧化态	+2	+2	+2	+2	+2
原子半径/pm	89	136	174	191	198
离子半径/pm	31	65	99	113	135
第一电离能/(kJ·mol^{-1})	900	738	590	550	503
第二电离能/(kJ·mol^{-1})	1 757	1 451	1 145	1 064	965
第三电离能/(kJ·mol^{-1})	14 849	7 733	4 912	4 320	3 600
电负性	1.5	1.2	1	1	0.9
R$^+$水合能/(kJ·mol^{-1})	2 494	1 921	1 577	1 443	1 305
标准电极电势/V	-1.850	-2.732	-2.868	-2.890	-2.910

可见，碱土金属在熔点、沸点及电离能、电负性等性质上其变化规律与碱金属的基本一致。

2. 化学性质

碱金属和碱土金属都是非常活泼的金属元素。这两族元素的价电子构型为 $ns^{1~2}$，其最外层只有 1~2 个电子，而次外层具有稀有气体的 8 电子稳定结构(Li、Be 除外，Li、Be 为 2 电子)，因此它们均容易失去最外层的价电子分别形成 R$^+$ 或 R^{2+}，表现出较强的化学活泼性和还原性，其中ⅠA族更明显，因此碱金属具有稳定的+1 价氧化态，而碱土金属则具有稳定的+2 价氧化态。

了解元素单质的化学反应性能，就需要了解其单质与各类物质的反应情况，如与活泼的非金属(O_2、F_2、Cl_2、Br_2 等)，与不活泼的非金属(N_2、S、C 等)，与酸或碱，与 H_2O、NH_3、CO_2 等各类物质起反应的难易程度。现将碱金属、碱土金属的一些化学反应性能归纳于表 9.3 中。s 区金属元素是化学活泼性最大的金属，差不多都能与氢、卤素、水及其他非金属发生反应。

表 9.3 碱金属、碱土金属的一些化学反应性能

碱金属	碱土金属
R + O_2→R_2O	R + O_2→RO
→R_2O_2(过氧化物)，Li 较难	→RO_2(过氧化物)，R≠Be, Mg
→RO_2(超氧化物)，R≠Li	
R + 2H_2O→ROH + H_2	R + 2H_2O→R(OH)$_2$ + H_2
R + H_2→RH	R + H_2→RH(Be 与 H_2 在温度 1 000℃以上才反应)

续表

碱金属	碱土金属
$R + H^+ \rightarrow R^+ + H_2$	$R + H^+ \rightarrow R^{2+} + H_2$
$R + X_2 \rightarrow RX$	$R + X_2 \rightarrow RX_2$
$R + N_2 \rightarrow R_3N$, R=Li	$R + N_2 \rightarrow R_3N_2$
$R + NH_3 \rightarrow RNH_2 + H_2$	$R + NH_3 \rightarrow RNH_2 + H_2$
$R + xC \rightarrow RC_x$	$R + C \rightarrow RC_2$
$R + CO_2 \rightarrow R_2O + C$	$R + CO_2 \rightarrow RO + C$

ⅠA、ⅡA族金属在空气中燃烧除能生成普通氧化物外，还能生成过氧化物（Be、Mg除外），而Na、K、Rb、Cs等金属在加压氧气中燃烧可以进一步形成超氧化物RO_2。过氧化物中含有过氧离子O_2^{2-}，其中O的氧化数为-1；超氧化物中含超氧离子O_2^-，其中O的氧化数为$-\frac{1}{2}$。过氧化物和超氧化物都是强氧化剂，均可以与H_2O、CO_2反应，例如：

$$Na_2O_2 + 2H_2O \Longrightarrow 2NaOH + H_2O_2,\ 2H_2O_2 \Longrightarrow 2H_2O + O_2 \uparrow$$

$$2Na_2O_2 + 2CO_2 \Longrightarrow 2Na_2CO_3 + O_2 \uparrow$$

$$2KO_2 + 2H_2O \Longrightarrow 2KOH + H_2O_2 + O_2 \uparrow,\ 2H_2O_2 \Longrightarrow 2H_2O + O_2 \uparrow$$

$$4KO_2 + 2CO_2 \Longrightarrow 2K_2CO_3 + 3O_2 \uparrow$$

Na_2O_2广泛应用于高空飞行和水下工作时的二氧化碳吸收剂和供氧剂，主要就是基于Na_2O_2与人呼出的CO_2反应产生供人补充吸入的氧气。超氧化物也是固体储氧物质，如利用KO_2与人呼吸排出的水蒸气或CO_2作用也会放出氧气的特点，将其装在面具中，以供工作人员在缺氧环境中呼吸。

室温下，碱金属能够迅速地与空气中的氧反应，表面生成一层氧化层，因此钠、钾、铷、铯等碱金属必须储存在煤油或石蜡油中。例如，新切开的金属钠表面呈银灰色光泽，但很快就被氧化变为淡黄色的氧化钠，因此在使用时可以用小刀削去表面氧化膜，用多少取多少，剩余的须放回原处，切忌随便丢弃。存有金属钠的地方，一旦有火灾发生，绝对不能用水灭火，因为会加大火势，这种情况可以用沙子灭火。

s区金属元素都能与水剧烈反应，且同一族元素随原子序数增大作用更强烈。碱金属和碱土金属Ca、Sr、Ba都能与冷水作用产生H_2，例如：

$$2Na + 2H_2O \Longrightarrow 2NaOH + H_2 \uparrow$$

K、Rb、Cs遇水就发生燃烧，甚至爆炸。Be、Mg虽然能与水反应，但其表面会形成一层难溶的氢氧化物阻止与水进一步反应，因而实际上与冷水几乎没有作用。

由于碱金属和碱土金属大都与水激烈反应，所以通常是在干态和一些有机溶剂中用作还原剂。例如，在高温下Na、Mg、Ca能夺取许多氧化物中的氧或氯化物中的氯，即

$$NbCl_5 + 5Na \Longrightarrow Nb + 5NaCl,\ TiCl_4 + 2Mg \Longrightarrow Ti + 2MgCl_2,\ ZrO_2 + 2Ca \Longrightarrow Zr + 2CaO$$

目前，一些稀有金属通常是用金属Na、Mg、Ca作为还原剂，在高温和隔绝空气的条

件下通过还原其氧化物或氯化物制备出来的。

9.1.2 p区金属元素

p区金属元素大多数熔点较低，是制造低熔点合金的重要材料，其中使用最多的是Sn、Pb、Bi；而Ga、In、Ge是典型的半导体材料，被大量用来制造半导体器件和电子元件。

p区金属元素的化学性质与s区金属元素相比有较大的差别，其活泼性远比s区金属元素要弱。Sn、Pb、Sb、Bi等在常温下与空气无显著作用，虽然Al较活泼，容易与氧化合，但在空气中铝能立即生成一层致密的氧化物保护膜，阻止氧化反应的进一步进行，因此常温下，铝在空气中很稳定。p区金属元素一般不与水作用，但能溶于盐酸或稀硫酸等非氧化性酸中产生氢气，如：

$$Pb + 2HCl \xrightarrow{\quad\quad} PbCl_2 + H_2 \uparrow$$

p区的Al、Ga、Sn、Pb还能与强碱溶液作用，如：

$$2Al + 2NaOH + 2H_2O \xrightarrow{\quad\quad} 2NaAlO_2 + 3H_2 \uparrow$$

铝在地壳中的含量仅次于氧、硅，且在全部金属元素中占第一位，其丰度为8.8%，在自然界中主要以铝矾土形式存在。

镓、铟、铊、锗等元素被为稀散元素，因为它们在自然界高度分散，几乎没有集中的矿石，如在煤中含锗量约为十万分之一，在铝矾土中含镓量约为十万分之三，高度分散给提炼带来很大困难，因此人们对它们的研究应用也就较少。20世纪中叶随着半导体工业的迅速发展，促使人们积极开展对稀散元素的分离、提纯和分析等方面的研究。

9.2　过渡金属元素

d区、ds区和f区在元素周期表中位于典型的金属元素(s区中的金属元素)和典型的非金属元素(p区中的非金属元素)之间，从元素周期表中第3~12列，即ⅢB、ⅣB、ⅤB、ⅥB、ⅦB、Ⅷ、ⅠB和ⅡB族的元素，可以看成是s区和p区间的桥梁。过渡金属元素中第4周期从钪到锌的8种元素被称为第一过渡系，第5周期从钇到镉的8种元素和第6周期从镥到汞的8种元素分别为第二和第三过渡系。

9.2.1 d区元素

1. d区元素的原子结构

d区元素包括周期系ⅢB~ⅦB(不包括镧系和锕系元素)，都是金属元素，其原子结构特点是最外层大多有1~2个s电子，次外层分别有1~9个d电子。d区元素的价电子构型可概括为$(n-1)d^{1\sim9}ns^{1\sim2}$(Pd为$5s^0$)。

d区元素从左至右原子序数递增，增加的电子依次进入$(n-1)d$亚层，对ns电子具有较强的屏蔽作用，所以原子半径减小的幅度总体上小于主族元素。镧系收缩导致第5、6

周期的同族元素半径差别特别小(见图9.1),其他性质也非常相似。

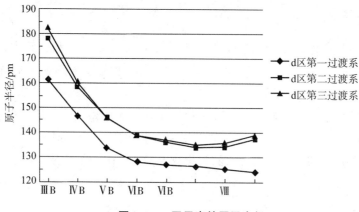

图 9.1　d 区元素的原子半径

2. d 区元素的物理性质

d 区元素单质的物理性质都非常相似,外层的 s 电子和 d 电子都参与形成金属键,因此晶格能较高,原子堆积密集。可见,d 区元素都是熔点高、沸点高、密度大、导电性和导热性良好并具有延展性的金属,其中钨(W)是熔点最高(3 422℃)的金属。同周期中,它们的熔点从左到右一般是先逐步升高,然后又缓慢下降。原因是这些金属原子间除了主要以金属键结合之外,还可能具有部分共价性,这与原子中未成对的 d 电子参与成键有关。原子中未成对的 d 电子数目增加,金属键由这些电子参与成键造成部分共价性增强,表现出这些单质的熔点升高。d 区元素中硬度的变化也有类似的规律,其中硬度最大的是铬(Cr)。d 区元素的密度比 s 区和 p 区金属元素大得多,多数在 6 g·cm^{-3} 以上,尤其是第 6 周期镧以后元素单质的密度特别大,其中锇(Os)是密度最大的金属,高达 22.59 g·cm^{-3}。

3. d 区元素的化学性质

与 s 区金属元素比,d 区元素的化学性质显得不很活泼。d 区元素中第一过渡系比第二、三过渡系活泼,如ⅢB族和第一过渡系虽然难与水反应,但能和稀酸作用放出 H$_2$;第二、三过渡系则比较稳定,如铂(Pt)只溶于王水,钽(Ta)只溶于 HNO$_3$ 和 HF 的混合酸,这都是氧化和配合共同作用的效果。d 区元素也能与 O$_2$、X$_2$(如 F$_2$,Cl$_2$,Br$_2$)等一些活泼非金属反应。值得注意的是,有时金属会在表面形成致密的氧化膜,从而影响活泼性。

d 区元素常呈现出多种可变的氧化态,原因是 $(n-1)$d 和 ns 轨道能级的能量相差很小,次外层 d 电子也可部分或全部作为价电子参与成键,一般有+2 价直到与族数相同的氧化态(Ⅷ族例外)。

d 区元素化合物呈现多姿多彩的颜色,即使是同一种元素,氧化态不同时,也可能呈现不同的颜色;即便是同一种元素,相同的氧化态,在不同的酸度环境或配离子中也具有不同的颜色。它们之所以呈现五颜六色,原因之一是 d-d 跃迁吸收能量恰好在可见光区。

d 区虽然都是金属元素,但除ⅢB族的钪(Sc)、钇(Y)的氧化物的水合物明显显碱性外,其他都以两性为主。此外,d 区元素的最高价态的化合物也可以呈酸性,如 H$_2$CrO$_4$、

$HMnO_4$ 等。

d 区元素特别是 IVB~VIIB 族的元素，在高温时还能与原子半径较小的非金属如 B、C、N、Si 等形成间隙化合物，如 TiN、WC 等。间隙化合物与相应的纯金属相比，熔点更高、硬度更大，化学性质不活泼。

d 区元素容易作为中心原子形成配合物，这一点与主族金属元素有很大差别，因为它们有空的 $(n-1)d$ 轨道，而能量和 ns、np 轨道差不多，因而有很强的形成配合物的倾向。

4. 铬、锰及其化合物

1) 铬及其化合物

铬(Cr)为银白色金属，高纯度的铬有延展性，含有杂质的铬硬而脆。铬的密度为 $7.2\ g \cdot cm^{-3}$，熔点为 $(1\ 857 \pm 2)\ ℃$，沸点为 $2\ 672\ ℃$，是过渡元素中硬度最大的金属。铬的价电子构型为 $3d^54s^1$，可形成氧化数为 +2、+3、+6 的化合物，其中最常见的是 +3 价、+6 价的化合物。铬的用途比较广泛，主要用来制造各种合金。

(1) $Cr(Ⅲ)$ 和 $Cr(Ⅵ)$ 的氧化还原转化。

$Cr(Ⅲ)$ 既具有还原性，又具有氧化性，但以还原性为主；$Cr(Ⅵ)$ 具有氧化性。在一定条件下，它们可以相互转化，表现出氧化性或还原性。

在碱性溶液中，CrO_2^- 还原性较强，容易被氧化，中等强度的氧化剂(如 H_2O_2，NaClO，Cl_2 等)可将它氧化为铬酸盐，如：

$$2NaCrO_2 + 3H_2O_2 + 2NaOH = 2Na_2CrO_4 + 4H_2O$$

利用这一反应可鉴定溶液中的 $Cr(Ⅲ)$。

在酸性溶液中，Cr^{3+} 的还原性较弱，必须用 $(NH_4)_2S_2O_8$、$KMnO_4$ 等强氧化剂才能将 Cr^{3+} 氧化为 $Cr_2O_7^{2-}$，如：

$$2Cr^{3+} + 3S_2O_8^{2-} + 7H_2O \xrightarrow{Ag^+} Cr_2O_7^{2-} + 14H^+ + 6SO_4^{2-}$$

$Cr(Ⅲ)$ 的氧化生成物为 $Cr(Ⅵ)$，在碱性溶液中为 CrO_4^{2-}，在酸性溶液中为 $Cr_2O_7^{2-}$。在书写氧化还原方程式时，保持介质条件和生成物形式的一致性是必须遵循的一条基本原则。

在酸性溶液中，$Cr_2O_7^{2-}$ 的氧化性较强，可以把 H_2S、SO_3^{2-}、Fe^{2+}、I^- 等分别氧化为 S、SO_4^{2-}、Fe^{3+}、I_2，加热时还可将浓 HCl 氧化为 Cl_2，本身转化为 Cr^{3+}，如：

$$K_2Cr_2O_7 + 6FeSO_4 + 7H_2SO_4 = Cr_2(SO_4)_3 + 3Fe_2(SO_4)_3 + K_2SO_4 + 7H_2O$$

$$K_2Cr_2O_7 + 14HCl(浓) = 2CrCl_3 + 2KCl + 3Cl_2\uparrow + 7H_2O$$

在酸性条件下，$Cr_2O_7^{2-}$ 可以将 H_2O_2 氧化，如：

$$Cr_2O_7^{2-} + 3H_2O_2 + 8H^+ = 2Cr^{3+} + 3O_2\uparrow + 7H_2O$$

但在反应过程中先生成蓝色的中间生成物过氧化铬 CrO_5(其中含有两个过氧键—O—O—)，即

$$Cr_2O_7^{2-} + 4H_2O_2 + 2H^+ = 2CrO_5(蓝色) + 5H_2O$$

CrO_5 不稳定，易分解放出 O_2，同时形成 Cr^{3+}，如果在低温下的反应体系中加入乙醚或戊醇溶液，便能得到 CrO_5 的特征蓝色。$Cr(Ⅵ)$ 与 H_2O_2 的显色反应是一个很重要的反

应，据此可鉴定 Cr(Ⅵ)离子。

(2) Cr(Ⅲ)、Cr(Ⅵ)的存在形式及酸碱转化。

水溶液中，Cr(Ⅲ)通常以 Cr^{3+} 和 CrO_2^- 的形式存在，Cr(Ⅵ)通常是以 CrO_4^{2-} 或 $Cr_2O_7^{2-}$ 形式存在。它们的颜色不同，酸碱性也明显不同，但在一定 pH 条件下，可以发生酸碱转化反应。

在 Cr(Ⅲ)溶液(如 $CrCl_3 \cdot 6H_2O$)中，缓慢加入 NaOH 或氨水(只有在 NH_4Cl 存在下与浓氨水反应，才形成氨配离子)，可析出灰蓝色的 $Cr(OH)_3$ 沉淀，当强碱过量时，沉淀消失，变为亮绿色的亚铬酸根离子。显然，$Cr(OH)_3$ 具有两性，在其饱和溶液中存在以下的平衡关系，即

$$Cr^{3+}(紫色) + 3OH^- \rightleftharpoons Cr(OH)_3(灰蓝色) \rightleftharpoons CrO_2^-(亮绿色) + H^+ + H_2O$$

根据平衡移动原理，在酸性溶液中，Cr(Ⅲ)以 Cr^{3+} 形式为主；在碱性溶液中，以 CrO_2^- 形式为主。也就是说，Cr(Ⅲ)盐有两类，即阳离子 Cr^{3+} 盐和阴离子 CrO_2^- 盐。

在 Cr(Ⅵ)(如 K_2CrO_4)溶液中加酸，生成橙红色的 $Cr_2O_7^{2-}$。反之，在 $Cr_2O_7^{2-}$ 溶液中加碱，则生成黄色的 CrO_4^{2-}。也就是说，在 Cr(Ⅵ)的含氧酸根水溶液中，存在着下列酸碱平衡，即

$$2CrO_4^{2-} + 2H^+ \rightleftharpoons Cr_2O_7^{2-}(橙红色) + H_2O$$

根据平衡移动原理，在酸性溶液中，Cr(Ⅵ)以 $Cr_2O_7^{2-}$ 形式为主；碱性溶液中以 CrO_4^{2-} 形式为主。

2) 锰及其化合物

锰(Mn)为银白色金属，质坚而脆，在潮湿的空气中很容易被氧化而失去金属光泽呈灰色。锰的熔点比铁低，机械强度不如铁，而价格又比铁贵得多，因此人们几乎不生产高纯度的锰。锰最重要的用途是制造合金锰钢，如含有 13% 以上的锰而制成的高锰钢既坚硬又富有韧性。

锰的价电子构型为 $3d^54s^2$，可形成氧化数+2～+7 的各种化合物，其中比较常见的是+2、+4、+6、+7 价的化合物。

(1) Mn(Ⅱ)化合物。

常见 Mn(Ⅱ)化合物有氧化物 MnO、氢氧化物 $Mn(OH)_2$、Mn(Ⅱ)盐和其他含氧酸盐。在酸性溶液中，呈粉红色的 Mn(Ⅱ)比较稳定，只有遇到强氧化剂如 $(NH_4)_2S_2O_8$、$NaBiO_3$、PbO_2、H_5IO_6 等，并且在加热条件下，Mn^{2+} 才能被氧化为 MnO_4^-，如：

$$2Mn^{2+} + 5NaBiO_3 + 14H^+ \rightleftharpoons 2MnO_4^- + 5Na^+ + 5Bi^{3+} + 7H_2O$$

在碱性介质中，Mn(Ⅱ)很容易被氧化，具有较强的还原性。例如，Mn^{2+} 在碱性溶液中先生成白色的 $Mn(OH)_2$ 沉淀，但 $Mn(OH)_2$ 很不稳定，极易被空气中的 O_2 氧化为褐色的 $MnO(OH)_2$ 沉淀，即

$$Mn^{2+} + 2OH^- \rightleftharpoons Mn(OH)_2 \qquad 2Mn(OH)_2 + O_2 \rightleftharpoons 2MnO(OH)_2$$

$MnO(OH)_2$ 可看作是 MnO_2 的水合物($MnO_2 \cdot xH_2O$)。因此，也可以认为是 $Mn(OH)_2$ 被氧化成了 MnO_2。

(2) Mn(Ⅳ)化合物。

在 Mn(Ⅳ)化合物中，最常见而且最重要的是 MnO_2，它是黑色粉末状固体，不溶于水。由于 Mn(Ⅳ)处于中间氧化态，所以它既有氧化性，又有还原性。MnO_2 作为两性氧化物，由于其酸碱性都很弱，因此难溶于稀酸和稀碱。

在酸性条件下，MnO_2 以氧化性为主，是强氧化剂，如：

$$MnO_2(s) + 4HCl(浓) =\!=\!= MnCl_2(aq) + Cl_2(g) + 2H_2O(l)$$

$$2MnO_2(s) + 2H_2SO_4(浓) =\!=\!= 2MnSO_4(aq) + O_2(g) + 2H_2O(l)$$

在碱性介质中，MnO_2 以还原性为主，可被氧化成 Mn(Ⅵ)，如与氯酸钾等氧化剂加热熔融，或者与 KOH 在空气中共熔，均可以得到深绿色的 K_2MnO_4，即

$$2MnO_2 + 4KOH + O_2 \xrightarrow{熔融} 2K_2MnO_4 + 2H_2O$$

$$3MnO_2 + 6KOH + KClO_3 \xrightarrow{熔融} 3K_2MnO_4 + KCl + 3H_2O$$

(3) Mn(Ⅵ)化合物。

Mn(Ⅵ)化合物常见的是深绿色的锰酸钾(K_2MnO_4)，它能稳定地存在于碱性溶液中，但在酸性溶液和中性溶液中会发生歧化反应导致不能稳定存在。MnO_4^{2-} 经歧化反应后生成 MnO_4^- 和 MnO_2，即

$$3MnO_4^{2-}(aq) + 4H^+(aq) =\!=\!= 2MnO_4^-(aq) + MnO_2(s) + 2H_2O(l)$$

$$3MnO_4^{2-}(aq) + 2H_2O =\!=\!= 2MnO_4^-(aq) + MnO_2(s) + 4OH^-(aq)$$

(4) Mn(Ⅶ)化合物。

Mn(Ⅶ)化合物最重要的是高锰酸钾 $KMnO_4$，深紫色晶体，其水溶液呈紫红色。在 200℃ 条件下，$KMnO_4$ 晶体发生分解，即

$$2KMnO_4(s) \xrightarrow{\Delta} K_2MnO_4(s) + MnO_2(s) + O_2(g)$$

MnO_4^- 在酸性水溶液中不稳定，会发生缓慢地分解，即

$$4MnO_4^-(aq) + 4H^+(aq) =\!=\!= 4MnO_2(s) + 3O_2(g) + 2H_2O(l)$$

MnO_4^- 在中性、弱碱性溶液中能稳定存在，但由于光对 MnO_4^- 的分解有催化作用，因此 $KMnO_4$ 溶液必须保存在棕色试剂瓶中。

在强碱性溶液中，MnO_4^- 会分解成 MnO_4^{2-} 和 O_2，即

$$4MnO_4^-(aq) + 4OH^-(aq) =\!=\!= 4MnO_4^{2-}(aq) + O_2(g) + 2H_2O(l)$$

$KMnO_4$ 在酸性、中性、碱性介质中都具有氧化性。但在不同的介质中，表现出不同的氧化能力，其还原生成物随介质的酸碱不同而不同，在酸性溶液中，MnO_4^- 被还原为 Mn^{2+}；在中性溶液中，MnO_4^- 被还原为 MnO_2；在碱性溶液中，MnO_4^- 被还原为绿色的 MnO_4^{2-}，即

$$2MnO_4^-(aq) + 5SO_3^{2-}(aq) + 6H^+(aq) =\!=\!= 2Mn^{2+}(aq) + 5SO_4^{2-}(aq) + 3H_2O(l)$$

$$2MnO_4^-(aq) + 3SO_3^{2-}(aq) + H_2O(l) =\!=\!= 2MnO_2(s) + 3SO_4^{2-}(aq) + 2OH^-(aq)$$

$$2MnO_4^-(aq) + SO_3^{2-}(aq) + 2OH^-(aq) =\!=\!= 2MnO_4^{2-}(aq) + SO_4^{2-}(aq) + H_2O(l)$$

9.2.2 ds 区元素

ds 区元素包括ⅠB族的铜(Cu)、银(Ag)、金(Au)和ⅡB族的锌(Zn)、镉(Cd)、汞(Hg)，它们的价电子构型为$(n-1)d^{10}ns^{1\sim2}$。从最外电子层来看，ds 区元素与碱金属、碱土金属一样，都只有$ns^{1\sim2}$价电子，容易形成+1或+2价化合物，但其性质却与碱金属、碱土金属并不相似，原因主要是次外层的电子数不同，ds 区元素次外层为18个电子，碱金属、碱土金属次外层为8个电子。ds 区元素原子的有效核电荷较多，而且18电子构型对原子核的屏蔽效应比8电子构型小得多，所以 ds 区元素原子最外层的 s 电子受核电荷的吸引比碱金属、碱土金属要强得多，因而相应的电离能高得多，原子半径小得多，密度大得多。

ⅠB族、ⅡB族元素同周期从左至右的原子半径不是减少而是略微增大。ds 区元素的熔点、沸点比 d 区元素低，特别是ⅡB族元素熔点、沸点都较低，而且从上到下呈递减的趋势。汞(Hg)的熔沸点分别为-38.84℃和357℃，是唯一在室温下呈液态的金属。由于汞在室温下蒸气压较大，所以必须储存在密闭容器中或加水密封保存，在使用中应该要特别小心，避免其挥发，被人体吸收而造成汞中毒，危害人体健康。ⅠB族银、铜、金都是良好导电材料。

ⅠB族元素在常温常压是不怕水、不怕酸、不怕氧化且很稳定的金属，其中 Ag 和 Au 在自然界有单质存在，可以采集；而 Cu 的冶炼发展较早，所以铜钱、银元、金元宝自古以来就是人们进行贸易的货币。现代各国所用的纸币，也都要有国家黄金储备赋予流通的价值，国际贸易以金作为交换的标准，所以ⅠB族元素有货币金属之称。ⅡB族元素相对来讲(尤其是 Zn)比较活泼一些，它们化学性质则介于ⅠB族和ⅡA族之间。ⅠB族和ⅡB族元素的金属活泼顺序为：Zn>Cd>H>Cu>Hg>Ag>Au。

ⅡB族元素中，Zn、Cd 在化学性质上相近，Hg 和它们相差较大，在性质上类似于 Cu、Ag、Au。ⅡB族元素其氧化态主要为+2(汞有+1价，即Hg_2^{2+})，离子无色。而ⅠB族中 Cu、Ag、Au 都有不同的氧化态存在，但最常见的稳定氧化态 Cu 为+2价，如$CuSO_4$、$CuCl_2$等；Ag 为+1价，如$AgNO_3$、$AgCl$等；Au 则为+3价，如$AuCl_3$、Au_2O_3等。

ⅠB族和ⅡB族元素的化学活泼性随原子序数的增大而递减，这与碱金属、碱土金属的情况恰好相反。这种变化规律和它们标准电极电势数值的大小是一致的，也和它们从金属原子变成水合R^{2+}离子所需总能量的大小是一致的。

ⅠB族、ⅡB族元素一般形成共价型化合物，而且其离子也容易形成配合物。

9.2.3 f 区元素

f 区元素又被称为内过渡元素，位于元素周期表的下方，由镧系元素和锕系元素组成，共有30个元素，其价电子构型为$(n-2)f^{1\sim14}(n-1)d^{0\sim2}ns^2$，除了$_{90}$Th 元素外，其他都具有 f 电子。其中，15个镧系元素以及ⅢB族的钪(Sc)、钇(Y)共计17种元素又被称为"稀土元素"。在历史上，"稀土"(rare earth)这个名词首先是那些稀有的、难以获取的金属氧化物和金属的统称。但后来被用来专指镧系元素及 Sc、Y 元素。实际上，这些元素并不稀少，如 Sc 的地壳丰度是 Hg 的 260 倍，而 La 的丰度比 Pb 还要高，所以有"稀土不稀"的说法。镧系元素中的钷（$_{61}$Pm）最早是于 1946 年由美国橡树岭国家实验室在反应堆裂变生成物中得到的，也可通过人工的方法由中子轰击 Nd 来合成，它曾一度被认为是人造元素，但 1965 年在处理天然高品位铀矿中获得了钷（^{147}Pm）。从此，它便不再属于人造元素了。

15 个锕系元素在元素周期表中位于镧系元素之下。在 1940 年之前，人们只发现了锕（$_{89}$Ac）、钍（$_{90}$Th）、镤（$_{91}$Pa）和铀（$_{92}$U）这几种存在于自然界的锕系元素，其他锕系元素是在 1940～1961 年间人工合成的。1789 年，德国化学家克拉普罗特（M. H. Klaproth）在分析沥青铀矿中的混生矿石时发现了第一个锕系元素，并把这个新元素命名为铀（Uranium），意为天王星（Uranus），这是因为天王星当时刚被人类发现。1923 年，Bohr 曾预言元素周期表的最后一部分元素可能与镧系元素相似，存在一组性质相近的锕系元素。20 世纪 40 年代，Seaborg 提出锕系理论：与镧系元素相似，在锕后面有 14 个锕系元素。锕系理论的建立为锕系新元素的发现提供了理论依据。与镧系元素相比，锕系元素要稀少得多，而且它们中的大多数都是人工合成元素，有些元素的同位素只在巨型回旋加速器中才能短期微量存在。例如，^{260}Lr 是元素铹的最稳定同位素，它的半衰期只有 3 min。但是相对于 ^{258}Fm 的 $3.8×10^{-4}$ s 来说，这个半衰期已经算很长的了。

镧系元素一般呈银灰色，其金属光泽介于铁和银之间，质地柔软，但随着原子序数增大有逐渐变硬的趋势。此外，镧系元素具有延展性，抗拉强度低，导电性良好，是典型的金属元素。镧系元素在一般温度下的顺磁性都相当强，具有很高的磁化率。镧系元素的密度、熔点除铕（Eu）和镱（Yb）之外，基本上随着原子序数的增加而增加，这与原子半径的变化趋势相反。

镧系元素的活泼性仅次于碱金属和碱土金属。镧系元素能与大部分非金属元素反应，如 O_2、N_2、X_2（Cl_2、F_2、Br_2）等；镧系元素能与水或稀酸反应，放出氢气；与大多数金属一样，镧系金属不和碱作用。在化学反应中通常表现为易失去电子作还原剂，在大多数化合物中呈 +3 价。由于镧系元素的化学性质很活泼，从它们的化合物制取金属时，通常采用热还原法（如钠、钾、钙、镁等还原无水卤化物）和熔融盐电解法（如氯化物熔融盐体系）。

锕系元素外观像银，具有银白色光泽，都是有放射性的金属，在暗处遇到荧光物质能发光。与镧系元素相比，锕系元素熔点稍高，密度稍大，而且金属结构的变体多，这可能是锕系元素导带中的电子数目可以变动的缘故。锕系元素也是活泼金属，它们在空气中迅速变暗，生成一种氧化膜，其中钍（Th）的氧化膜有保护性，其他的较差。锕系元素可与大多数非金属元素反应，特别是在加热时；能与酸反应，但与碱不作用；容易与 H_2 反应生成氢化物，所以元素与水能迅速反应（特别是与沸水或蒸气反应）生成氧化物，同时放出 H_2。

镧系元素和锕系元素的分离提取都具有较大难度，主要是由于这些元素的物理性质和化学性质极为相似，它们在矿石中总是共生在一起，且锕系元素都有放射性同位素，所以给提取和分析造成了很大困难。尽管成功获得镧系和锕系元素不容易，但它们都有着重要的应用价值。目前，镧系元素已经广泛应用于各种新材料和功能材料中，而锕系元素因与核燃料有关，其战略意义更显重要。

9.3 金属与合金材料

9.3.1 金属的提炼

除了金、银、铜、汞等在自然界中能以游离单质形式存在外,绝大多数的金属都是以化合物的形式存在,在这些化合物中,金属均呈正氧化数,因此要提炼这些金属单质,必须通过金属冶炼将其还原,主要的方法有以下几种。

1. 热还原法

热还原法是使用最广泛的方法,还原剂通常是碳、一氧化碳、氢及活泼金属。由于碳资源丰富,便宜易得,因此大多都采用碳作还原剂。人类在历史早期进行炼铁和炼铜时,就是用碳作还原剂,即

$$Cu_2O + C =\!=\!= 2Cu + CO\uparrow \qquad 2Fe_2O_3 + 3C =\!=\!= 4Fe + 3CO_2\uparrow$$

由于固体碳在反应时接触面小,不利于反应的进行,因此也可将一氧化碳作还原剂,即

$$FeO + CO =\!=\!= Fe + CO_2$$

由三氧化钨制备钨时,用氢气作还原剂,可以获得纯度很高的产品,即

$$WO_3 + 3H_2 =\!=\!= W + 3H_2O$$

活泼金属也常被用来作还原剂。由于铝的还原能力强而价格低廉,且反应自身放热,可不必给还原过程加热,因而常用铝还原其他金属氧化物来制备金属单质,如:

$$Cr_2O_3 + 2Al =\!=\!= 2Cr + Al_2O_3$$

但用铝作还原剂也存在不足之处,即制备过程得到的金属中常含有 Al,其原因是 Al 容易与许多金属生成合金。因此,要得到纯度高的金属,常用钙、镁作还原剂,以避免金属生成合金。

2. 热分解法

有些金属可以通过加热直接分解其氧化物或卤化物而得到,如:

$$2ThI =\!=\!= 2Th + I_2 \qquad 2HgO =\!=\!= 2Hg + O_2\uparrow$$

3. 电解法

电解法是最强的还原手段,任何金属阳离子化合物都可以通过电解,在阴极上得到还原的金属单质。此方法得到的产品纯度很高(可高达 99.99%),但耗电成本也高,因此除了制取如 Na、K、Ca、Mg、Al 等活泼金属,以及高纯度的金属(如用于电缆的 Cu)外,一般不采用此方法。

9.3.2 金属的一些应用

金属的使用非常广泛,用途也是多种多样,这里只按几个大类做一些简单的介绍。

碱金属和碱土金属是化学活泼性最大的金属,极容易失去 s 电子,故是很好的还原剂

和脱卤剂，钠、镁及钠汞齐在有机化工和冶金工业中有重要用途。铯、钾和铷等经光照射后，容易失去电子而产生光电效应，故被用来做光电材料。碱金属的过氧化物或超氧化物能吸收二氧化碳并放出氧气，故被用作高空飞行或潜水时的供氧剂，或在急救时用于供氧。

s区的铍、镁和p区的铝极适合于制造轻质合金，被广泛用于航空、汽车、建筑装饰和机械等方面。p区金属单质大多数熔点较低，是制造低熔点合金的重要材料，其中使用最多的是锡、铅和铋；镓、铟和锗是典型的半导体材料，被大量用来制造半导体器件和电子元件。

ds区的铜、银、金和p区的铝是所有金属中导电性能最好的金属，被大量用来制造电线和电缆。d区的铁是用途最广的金属，与人们的生产和生活息息相关。铁、钴、镍、锰是许多磁性材料的主要成分，如铁、钴的某些化合物和合金可做磁记录材料；镍、钴和铝的合金是目前最有实用价值的永磁材料之一。

稀土金属被广泛用作催化材料、储氢材料、磁性材料，如稀土钴系列永磁材料的性能明显优于其他永磁材料；镧镍合金是价廉实用的储氢材料。

9.3.3 合金材料

对于一般溶剂如水、乙醇、乙醚等，并不能溶解金属。但在熔融状态下，不同的金属却能相互溶解，形成合金。合金是指将两种或两种以上金属元素元素熔合成液体，通过凝固组成均匀而具有金属特性的物质，其结构比纯金属更为复杂。

1. 合金的结构类型

根据合金中组成元素之间的相互作用情况差异，可将合金分为以下3种不同的结构类型。

1) 固溶体合金

固溶体合金是一种均匀的组织，它是组分元素按任意百分比彼此互溶，在特定温度范围凝固形成的固溶体。例如，银和金形成的合金就属于固溶体合金。纯银的熔点是960.2℃，随着银中加入金的含量的增多，银金固溶体合金的熔点随之升高，直至全部为纯金时熔点为1063℃。所以，银金固溶体合金随组分元素的不同熔点介于960.2~1063℃之间。固溶体合金的强度、硬度高，耐磨性好，常被用作结构材料。

2) 低共熔混合物合金

当液体合金凝固时，各组分按特定百分比同时析出极细微的晶体并相互紧密混合形成低共熔合金，其析出温度(称最低共熔温度)低于任一纯组分的熔点温度。例如，焊锡就是锡和铅的低共熔混合物合金，由Sn和Pb在183.3℃下形成(其中Sn占比63%，Pb占比37%)，即该合金的熔化温度为183.3℃，低于纯锡231.9℃，也低于纯铅327.4℃。

3) 金属互化物合金

金属互化物合金是各组分相互形成化合物的合金。例如，镁和铅可组成一种金属互化物合金Mg_2Pb(Mg含量为19%、Pb含量为81%)，该金属互化物合金的熔点为551℃。又如，铜和锌可形成多种金属互化物合金 $CuZn$、$CuZn_3$、Cu_5Zn_8，由此可得各种不同规格的黄铜。金属互化物合金一般具有硬度和熔点高、性脆的特性，常用做功能材料，难以做结构材料。

显然，合金的性质有别于纯金属，一方面，多数合金的熔点低于形成它的任何一种组分金属的熔点，如前述的焊锡；另一方面，合金的硬度一般比各组分金属的硬度都大，例如，将1%的Be加入至Cu中所得到的合金硬度比纯铜大7倍。此外，合金的导电性和导热性通常低于纯金属。

2. 几种重要的合金材料

一般而言，合金的性质将随着组分元素的不同、组分元素相对含量的多少及形成条件的差异等诸多因素的变化而改变。在日常生活和化学工业上常用的合金材料有轻金属合金材料、硬质合金材料、低温合金材料、高温合金材料、超导合金材料及形状记忆合金材料等。

1) 轻金属合金材料

轻金属合金主要是由锂、镁、铝、钛等密度较小的金属所形成的合金，常见的轻金属合金有以下3种。

(1) 铝合金。铝的密度较小，约为 $2.7\ g\cdot cm^{-3}$，纯铝具有良好的导电、导热性，但其强度和硬度低，耐磨性差。铝合金中加入的金属元素主要有 Mg、Mn、Cu、Zn 等，将 Mg 和 Al 按一定比例形成的合金具有良好的耐腐蚀性能和低温性能，易于加工成型；Mn 的加入能改善铝合金的耐蚀性，并提高合金的强度；Al 中加入一定的 Mg、Cu 便得到主要用于建筑的硬铝合金，在硬铝合金中再加入5%~7%的 Zn，可得到超硬铝合金，它具有强度高、密度小等特点，是良好的航空结构轻质材料。

(2) 钛合金。钛的密度也不大，约为 $4.5\ g\cdot cm^{-3}$，但强度高于铝和铁。在纯钛中加入金属元素 Al、V、Cr、Mn、Sn、Mo 等即可形成钛合金，在一定程度上可以提高钛合金的强度、耐热性和耐蚀性能。例如，Al 的加入可改善合金的抗氧化能力；Mo 的加入可提高合金对还原性强酸的耐蚀性，从而被广泛应用于各种强酸环境中的反应器、高压釜、泵、电解槽等。钛合金还被用于飞机制造、火箭发动机、人造卫星外壳和宇宙飞船等方面的结构材料。但常规钛合金在高温下易燃烧，并快速氧化，使钛零件完全烧尽。因此，提高钛合金的阻燃性是目前研究的主要目标。

(3) 锂铝合金。加入1%的锂可使合金的质量减轻3%，刚度提高6%。用锂铝合金制造飞机可使机体质量减少10%~20%，提高飞机性能。但锂铝合金中锂的化学性质活泼，易与氧、水、氮、氢等化合，因此目前还没有广泛应用，但其应用前景值得期待。

2) 硬质合金

不仅金属间可以组成合金，金属与非金属也能组成合金，所谓硬质合金指的是ⅣB族、ⅤB族、ⅥB族的金属与原子半径小的 C、N、B 等非金属形成的间隙化合物，具有特别高的硬度和熔点。硬质合金的高强度性是因为合金中半径小的原子填充在金属晶格的间隙中，这些原子的价电子可以进入金属元素的空轨道形成一定程度的共价键，金属元素的空轨道越多，合金的共价程度就越大，间隙结构越稳定。

在高温条件下，硬质合金仍保持良好的热硬度及抗腐蚀性，因此硬质合金是制造高速切削、钻探工具，金属的模具及各种耐磨部件的优良材料。例如，硬质合金刀具的切削速率要比高速刀具高4倍以上。Ti、Cr、Co、Nb、Ta、W等金属元素的碳化物是十分重要的硬质合金材料，如碳化钛因具有高硬度、高熔点、高抗温氧化、密度小等优良特性广泛应用于航空、舰船、兵器等重要工业制造中。

3）低温合金

低温合金有镍钢、奥氏体不锈钢、钛合金、铝合金、铜合金等，目前人们正在研制性能优异的铁锰铝合金钢。低温合金具有十分重要的使用价值，如 N_2、O_2 在分别低至90K和77 K的温度下才能液化，液化气需要耐低温的合金；泰坦尼克号游轮撞到冰川而沉没的重要原因是，当时用于制造轮船的钢铁中含S量较高，在低温下容易脆裂。

4）高温合金

高温合金是ⅤB族、ⅥB族、ⅦB族、ⅧB族的高熔点金属经组合得到的合金，目前的高温合金主要有铁基与镍基合金等。铁与镍的熔点分别为1 812 K和1 726 K，它们的合金工作温度为1 323～1 373 K，若要获得更高的工作温度，则需要使用W(3 672 K)、Ta(3 303 K)、Mo(2 893 K)、Nb(2 838 K)等金属的合金，但这些合金的加工较困难。

5）超导合金

有一定电阻的金属在某一超低温度(T_c)条件下，其电阻将消失，电子的运动因此变得畅通无阻，出现超导现象。具有超导电性的金属材料为超导材料。

超导材料除具有零电阻现象外，还有完全抗磁性。当超导材料处于超导态时，在外加磁场的作用下，表面产生一个感应电流，该电流产生的磁场恰好与外加磁场大小相等，方向相反，因而总合成磁场为零。当外加磁场强度超过某一临界值(H_c)时，可以破坏超导材料的超导电性，使其由超导态转变为正常态，电阻重新恢复。因此，超导材料的超导电性受温度、外加磁场和电流的控制。

以金属作为超导材料的元素有50种。在常压下有27种超导元素，其中临界温度最高的为Nb，其 T_c =9.26 K。由于大部分超导元素的临界磁场很低，其超导态易受磁场的影响而遭受到破坏，因此基本无实用价值。

超导合金具有塑性好、易大量生产和成本低等优点，并具有较高的 T_c 和特别高的 H_c 和 I_c(临界电流密度)，故具有较高的实用价值。常见的超导合金有 Nb-Ti、Nb-Zr-Ti、Nb-Ti-Ta等。

超导材料的应用前景十分广阔。利用超导电性可以制造发电机、电动机，并能降低能耗，使其小型化。将超导体应用于潜艇的动力系统，可以大大提高它的隐蔽性和作战能力。超导材料用于微波器件可以改善卫星通信质量。利用超导材料的体积小、质量轻、抗磁性、超导磁铁与铁路路基导体间所产生的磁性斥力等特点可将其用于负载能力强、速度快的超导悬浮列车和超导船。

6）形状记忆合金

具有一定形状的固体材料，在低温下被施加应力产生变形，应力去除后，形变并没有消失，但通过加热会逐渐消除形变，又恢复到高温下的形状的现象，称为形状记忆效应。具有形状记忆效应的合金材料称为形状记忆合金。

早在1964年，布赫列等人就发现了Ti-Ni合金具有形状记忆效应，自此以后，有关形状记忆合金的科学研究和开发利用便受到了人们的极大关注和重视。目前，被人们发现的形状记忆合金已超过50种，可分为3大类：

(1) Ti-Ni系：包括Ti-Ni、Ti-Ni-Nb等；

(2) Cu基系：Cu-Zn、Cu-Zn-Ni、Cu-Zn-Al、Cu-Al-Si等；

(3) Fe基系：Fe-Mn、Fe-Pt、Fe-Pd、Fe-Mn-C等。

其中比较成熟且应用较多的形状记忆合金为Ti-Ni合金和Cu-Zn-Al合金。

形状记忆合金是一种具有新型功能的特殊材料，其应用十分广泛。例如，在智能应用方面，形状记忆合金可以用于多种自动调节和控制装置，如自动启闭的电源开关、自动电子干燥箱、火灾自动报警器等。又如，在医学工程方面，形状记忆合金由于强度高、耐磨蚀、抗疲劳、无毒副作用、生物相容性好，可以埋入人体内作为生物硬组织的修复材料，并能用于制造人工关节、人工心脏和人工肾脏等，疗效较好。此外，形状记忆合金还可以用于制造人造卫星天线，将合金板制成的天线卷入卫星体内，当卫星进入轨道后，通过太阳能或其他热源加热就可以在太空中展开，并用于通信。

9.3.4 金属间隙化合物

与金属单质、合金相比，人们对于金属间隙化合物的认识和了解要晚一些。实验表明：一些原子半径较大的过渡金属单质或合金，在原子紧密堆积时，晶格间有较大的空隙。在高温下，一些半径较小的原子(如C、B、N、H)能进入这些空隙而使原晶格保持不变，形成金属间隙化合物，如W_2C、$Nd_2Fe_{14}B$等。

金属间隙化合物通常具有与原金属(或合金)相似的金属光泽，但其硬度、熔点、磁性等却发生了很大的变化，如硬度、熔点变得比原金属高。传统的金属材料的强度随着温度升高而降低，但某些金属间隙化合物的强度随着温度的升高而升高。一般认为，金属间隙化合物之所以表现出许多新的特性，是与金属间隙化合物有多种键型(除了金属键，还有共价键和离子键)，有特殊的晶体结构(如有缺陷)、电子结构和能带结构，以及空间利用率高等因素有关。金属间隙化合物被认为是金属材料学科研究的前沿，是新型功能材料和结构材料的宝库。

9.4 金属材料的表面处理与加工

由于金属有许多优良性质，因此在工程上的应用十分广泛。但金属材料存在脆性大，容易被氧化腐蚀等弱点。为了使材料表面更美观以及改善金属材料的某些特性，如耐蚀性、耐磨性、各种机械性能和化学性质等，提高金属材料的强度和使用寿命，则需要对金属表面进行处理和加工。

9.4.1 金属表面预处理

金属及其制件经热加工、机械加工和热处理时，表面常常会有油污、氧化皮、腐蚀生成物、尘砂等各种脏物，这些脏物的存在改变了金属表面的形状及表面层的组织结构，从而严重影响到涂、镀层的致密性及与基体的结合强度，甚至造成表面防蚀处理的失败。因此在涂、镀层前，首先必须把被污染的金属表面处理成清洁的表面，以获得适宜于涂覆物质和涂覆方法的基体金属表面。金属表面预处理包括除油、酸洗和机械处理，把金属表面的油脂除掉的过程称为除油，通常采用碱来处理；从金属表面除掉锈蚀物和氧化物的过程叫作除锈，一般用酸来除锈，所以也称为酸洗。

9.4.2 金属表面处理

金属表面处理的方法很多，常用的有化学热处理、化学气相沉积、金属钝化处理和金属表面镀覆等。下面对这几种常用的方法作简单介绍。

1. 化学热处理

热处理的历史悠久，如古代钢铁的淬火工艺就是一种热处理。化学热处理是将金属放在一定介质气氛中加热到一定温度，使金属与介质发生化学反应导致金属表面的化学成分发生变化，以达到金属表面与金属基体具有不同的组织结构与性能的目的。目前常采用的化学热处理有渗碳、渗氮、渗硼及渗金属等工艺。经过化学热处理的金属表面的性能有很大的改善，如耐磨性更好，硬度更大，金属表面强度及抗疲劳强度提高等。

2. 化学气相沉积

化学气相沉积(简称CVD)是将气态化合物或化合物的混合物置于 900~1 100℃ 的真空高温反应室内与金属表面发生化学反应，继而在金属表面生成固态薄膜或涂层的方法。通过化学气相沉积使金属间隙化合物涂覆在金属表面，得到的涂层厚度均匀，结构致密，涂覆层与金属基体结合牢固。因此，化学气相沉积近年来发展十分迅速。

3. 金属钝化处理

金属钝化处理是指在某种环境下使金属的表面形成耐腐蚀状态的处理过程，它对金属材料的制造、加工和选用具有重要的意义。金属钝化处理中最为常见的是发黑处理和磷化处理。

1) 发黑处理

发黑处理是将金属表面进行氧化处理，使其表面生成一层致密的氧化保护膜。例如，钢体经氧化处理，在其表面可生成一层呈亮黑色且状态十分稳定的 Fe_3O_4 氧化膜，因此工业上又把钢体的氧化处理称为"发黑"。发黑处理应用十分广泛，如枪身、汽车、照相机的快门和光圈叶片等都是采用这一处理工艺完成的。发黑处理不仅可以美化工件，而且还可以使工件表面具有防锈功能。

2) 磷化处理

把金属投入含有磷酸的溶液中，在金属表面上形成一层难溶于水、附着性能良好的磷化膜的过程称为磷化处理。磷化膜主要用于涂料的底层和金属冷加工时润滑剂的吸附层，它的形成使金属具有一定的耐磨性和电绝缘性，因此许多机械和仪器零件常采用磷化处理。

4. 金属表面镀覆

在金属表面镀覆其他金属，从而防止金属腐蚀、改善金属表面性能和美化金属表面的过程叫作金属表面镀覆，其包括电镀、热浸镀等。例如，通过热浸镀工艺在铁表面镀上一层金属锡，就形成了常见的马口铁。热浸镀工艺中热浸镀铝是近年发展起来的一种工艺，其应用前景十分广阔。

9.4.3 金属的加工

金属的加工可分为机械加工、电解加工和化学加工等3大类。

1. 机械加工

工件表面常常需要通过刷光、磨光和抛光等机械加工方法来处理金属表面，其中刷光是使用金属丝、动物毛、天然或人造纤维制成的刷光轮对工件表面进行加工的方法；而磨光和抛光是用磨光轮和抛光轮对工件表面进行加工的方法。机械加工的主要目的是用来除去工件表面的氧化物、锈蚀、焊渣、砂眼等，抛光还可进一步降低零件的表面粗糙度，获得更加光滑的外观。

2. 电解加工

电解加工是利用金属在电解液中可以发生阳极溶解的原理，对金属工件进行加工的。它将工件作为阳极，以模件作为阴极，使电解液从间隙为 0.1~1 mm 的两极之间高速流过，阳极金属不断地溶解，最后变成与阴极模件工作表面相吻合的形状。电解加工的范围广，能够加工高硬度金属或合金及复杂形状的工件，但精度不高，且只能加工能电解的金属。

3. 化学加工

化学加工处理金属表面的原理是利用化学反应将金属的表面部分溶解，以获得规定的表面尺寸和改变表面性状，主要包括化学刻蚀和化学抛光。

化学刻蚀是用腐蚀液使金属表面按规定的部位溶解，然后在金属表面上留下凹槽或孔洞的一种加工方法，所用腐蚀液主要是由磷酸、硝酸或三氯化铁等酸性液组成，同时还加入一定量的氟化物等络合剂；化学抛光则是通过化学腐蚀将金属表面的凸出部分腐蚀掉，从而使金属表面变得平滑、有光泽的一种加工方法。常用焦磷酸（$H_4P_2O_7$）来作为钢铁腐蚀液。

习题

9.1 试阐述金属的分类以及金属在元素周期表中的分布。

9.2 什么叫过渡金属、内过渡金属？过渡金属有哪些通性？

9.3 金属的提炼主要有哪些方法？试举例说明。

9.4 金属在进行各种加工处理前，为什么需要进行预处理？如何去除金属表面的油污？

9.5 什么叫作化学气相沉积？其与化学热处理相比有何异同？

9.6 什么叫磷化膜？磷化膜具有什么特性？

9.7 试分别举出下列材料的一些主要性质和用途：黑色金属、有色金属、硬质金属、低温金属、高温金属。

9.8 Li、Na、K、Ca、Mg 在空气中燃烧时各生成什么生成物？

9.9 写出钾与氧气反应分别生成氧化物、过氧化物及超氧化物的 3 个化学反应方程式，以及这些生成物与水反应的化学反应方程式。

9.10 向 $K_2Cr_2O_7$ 溶液分别加入以下试剂，会发生什么现象？将现象和主要生成物填在下面的表格里。

加入试剂	H_2O_2	$FeSO_4$	NaOH	$Ba(NO_3)_2$
现象				
主要生成物				

9.11 完成下列各化学反应方程式。

(1) $CaH_2 + H_2O \rightarrow$ (2) $Na_2O_2 + CO_2 \rightarrow$ (3) $BaO_2 + H_2SO_4 \rightarrow$

(4) $Sn + NaOH \rightarrow$ (6) $Cu + HNO_3(浓) \rightarrow$ (5) $Au + HCl(浓) + HNO_3(浓) \rightarrow$

9.12 在氧气面罩中装有 Na_2O_2，它起什么作用？试写出使用过程中所发生的化学反应方程式。

9.13 写出下列物质的化学反应方程式：烧碱，纯碱，苛性钠，小苏打，生石灰，熟石灰，生石膏，熟石膏，芒硝。

9.14 举例说明离子型氧化物和共价型氧化物的特点。

9.15 动物尸体腐烂过程中，体内的含磷化合物有可能变成磷化氢(PH_3、P_2H_4)，它们会在空气中自燃发出蓝绿的光，这就是所谓的"鬼火"，写出磷化氢自燃的化学反应方程式。

9.16 监测酒后驾车所用到的化学反应是：乙醇被 $Cr_2O_7^{2-}$（橙色）氧化成乙酸，而 $Cr_2O_7^{2-}$ 被还原为 Cr^{3+}（绿色），试写出化学反应方程式。

9.17 钡盐通常被认为是有毒物质，但医学上却通过让病人口服 $BaSO_4$ 来探查病因，即所谓的"钡餐造影"，为何？

9.18 钛(Ti)有"未来金属"之美誉，试写 1 000 字左右的短文表述你对该说法的理解。

第 10 章
非金属元素及其化合物

目前已经发现的非金属元素共有22种,除氢外,其余21种都位于元素周期表的右上方,为p区元素,B、Si、As、Te、At是这部分的边缘元素,构成了一条同金属元素的分界线,分界线的右上方为非金属区,分界线的左下方为金属区。22种非金属元素中,在常温常压下,单质为气态的共11种,即氢(H)、氮(N)、氧(O)、氟(F)、氯(Cl)、氦(He)、氖(Ne)、氩(Ar)、氪(Kr)、氙(Xe)、氡(Rn),其名字都有"气"字头;单质为液态的只有一种,就是溴(Br),它的名字有"氵"字旁;其他10种非金属在常温常压下为固态,即硼(B)、碳(C)、硅(Si)、磷(P)、硫(S)、砷(As)、硒(Se)、碲(Te)、碘(I)和砹(At),其名字都有"石"字旁。

10.1 非金属元素单质的结构和性质

10.1.1 非金属元素单质的结构

非金属元素的价电子构型为 $ns^2np^{1\sim6}$(除氢为 ns^1 外),它们倾向于获得电子而呈负氧化态。但是在一定条件下,它们也可以部分或全部价电子发生偏移而呈正氧化态,因此非金属元素一般都有两种或多种氧化数。例如,在金属硫化物(如 Na_2S)中,硫元素的氧化数为-2;而在 SO_2 中,硫元素的氧化数为+4;SO_3 中硫元素的氧化数则为+6。

非金属元素单质除了稀有气体以单原子分子存在外,其他都是由两个或两个以上原子以共价键相互结合。双原子分子如 H_2、N_2、O_2 和卤素都是通过共价键单键或双键或三键结合而成的,而多原子分子如 P_4、As_4、S_8 等是以共价键单键形成的,它们都属于分子晶体。硼、碳、硅的单体基本上属于原子晶体,这些晶体中原子间以共价单键结合成大分子。

10.1.2 非金属元素单质的性质

1. 非金属元素单质的物理性质

从非金属元素单质的结构来看,非金属元素单质属于分子晶体或原子晶体。显然,这两类晶体在熔点、沸点和硬度等物理性质上有很大的差别。按非金属元素单质的结构和物理性质可将其分为以下 3 类。

（1）小分子物质。如 H_2、N_2、O_2、卤素及稀有气体，通常情况下，它们都是气体，固体时作为分子晶体，其熔点、沸点都很低。

（2）多原子分子物质。如 P_4、As_4、S_8，通常情况下，它们均为固体，也属于分子晶体，它们具有一定挥发性，硬度小，熔点、沸点也不高，但比小分子物质高。

（3）大分子物质。如金刚石、晶体硅和硼，作为原子晶体，它们的熔点、沸点都很高，不易挥发，硬度大。

2. 非金属元素单质的化学性质

非金属元素容易形成单原子负离子和多原子负离子，它们在化学性质上也有较大的差别，在常见的非金属元素中，F、Cl、O、S、P、H 较活泼，容易与金属元素形成卤化物、氧化物、硫化物、氢化物或含氧酸盐等，与其他非金属元素也容易形成卤化物、氧化物、无氧酸或含氧酸；而 N、B、C、Si 在常温下不活泼。非金属元素单质发生的化学反应涉及范围较广，下面主要介绍它们与水、酸和碱的反应。

（1）与水作用的非金属元素单质。并非所有的非金属元素单质都能与水发生反应，只有部分非金属元素单质能与水作用，如卤素单质中的 Cl_2、Br_2、I_2，还有 B 和 C 在高温下也能够与水蒸气反应。例如：

$$Cl_2 + H_2O(g) = HCl + HClO$$

$$2B + 6H_2O(g) = 2H_3BO_3 + 3H_2 \qquad C + H_2O(g) = CO + H_2$$

显然，在 Cl_2 与 $H_2O(g)$ 的氧化还原反应中 Cl_2 既是氧化剂，又是还原剂，这类反应称为歧化反应。Cl_2、Br_2、I_2 与水发生反应的趋势不相同，反应的趋势按 Cl_2、Br_2、I_2 的顺序依次减小，这与卤素的标准电极电势值的大小顺序相一致。

（2）非金属元素单质一般不与盐酸或稀硫酸反应，但 S、P、C、B 等能与浓硫酸或浓硝酸反应，生成相应的氧化物或含氧酸。例如：

$$S + 2HNO_3(浓) = H_2SO_4 + 2NO \qquad C + 2H_2SO_4(浓) = CO_2 + 2SO_2 + 2H_2O$$

Si 不与任何单一的酸发生反应，但却能够在 HF 和 HNO_3 的混合酸中溶解，即

$$3Si + 18HF + 4HNO_3 = 3H_2[SiF_6] + 4NO + 8H_2O$$

（3）许多非金属元素单质能与强碱作用。例如：

$$3S + 6NaOH = 2Na_2S + Na_2SO_3 + 3H_2O \qquad Si + 2NaOH + H_2O = Na_2SiO_3 + 2H_2$$

C、O_2、F_2 等单质不能发生与上述类似的反应。而 Cl_2 与碱性溶液发生的反应为：

$$Cl_2 + 2NaOH(冷) = NaCl + NaClO + H_2O \qquad 3Cl_2 + 6NaOH(热) = 5NaCl + NaClO_3 + 3H_2O$$

与 Cl_2 类似，Br_2 和 I_2 也能发生此类反应。但 Br_2 和 I_2 与冷的碱液作用也能生成溴酸盐和碘酸盐，即

$$3Br_2 + 6NaOH = 5NaBr + NaBrO_3 + 3H_2O \qquad 3I_2 + 6NaOH = 5NaI + NaIO_3 + 3H_2O$$

10.1.3　非金属单质的制备方法

非金属元素中除了 C、N、O、S 和稀有气体等能以单质的形式存在于自然界外，其他

元素都是以化合物的形式存在。对于以化合物形式存在的元素，其单质的制备可以通过以下方法来实现。

1. 氧化法

氧化法主要是用于制备以负氧化态形式存在于化合物中的非金属元素。例如，从黄铁矿中提取硫，其化学反应方程式为

$$3FeS_2(s) + 12C(s) + 8O_2(g) = Fe_3O_4(s) + 12CO(g) + 6S(s)$$

2. 还原法

对于以正氧化态形式存在于化合物中的非金属元素，可通过还原法获得。例如，用置换法生产氢气，其化学反应方程式为

$$Zn(s) + H_2SO_4(aq) = ZnSO_4(aq) + H_2(g)$$

3. 热分解法

对于热稳定性较差的含有非金属元素的化合物，可采用热分解法来制取。例如，单质硅的制备，其化学反应方程式为

$$SiH_4(g) \xrightarrow{\Delta} Si(s) + 2H_2(g)$$

4. 电解法

电解法主要是针对用一般化学方法无法制取的活泼非金属元素。例如 F_2 的制备，其化学反应方程式为

$$2KHF_2(l) \xrightarrow{电解} 2KF(s) + H_2(g) + F_2(g)$$

10.2 非金属元素的化合物

10.2.1 氯化物

氯与电负性比它小的元素化合生成的二元化合物称为氯化物，氯化物是一类常见的化合物，可以看作是卤化物的代表。除 He、Ne、Ar 等少数稀有气体元素之外，其他元素都能与 Cl_2 形成氯化物。

1. 氯化物的结构及物理性质

氯化物按结构可分为离子型氯化物和共价型氯化物。一般而言，若组成氯化物的两个元素电负性相差很大，则形成离子型氯化物；若两元素的电负性相差不大，则形成共价型氯化物。

总的来看，非金属氯化物都是共价型氯化物，而金属氯化物的情况则比较复杂。其中，碱金属(除锂外)、碱土金属(除铍外)及比较活泼的过渡金属、镧系和锕系元素的低价态氯化物基本上属于离子型氯化物，大多数金属的高价态氯化物基本上属于共价型氯化物。就同一金属而言，其氟化物多为离子型，而其碘化物多为共价型。在氯化物中，无论

是离子型还是共价型，氯元素的氧化数均为−1。

氯化物的晶体类型大致与键型变化相对应，且键型与晶体类型的变化直接影响化合物的熔点、沸点。一般而言，离子晶体的熔点、沸点较高，而分子晶体的熔点、沸点较低；过渡型的链状或层状晶体的熔点、沸点介于离子晶体和分子晶体之间。表10.1为一些氯化物的熔点，氯化物的沸点变化规律基本与熔点一致，其数据不再列表。由此可见，同一周期元素，从左向右(大约到ⅣA族)，最高价氯化物的熔点依次降低，表明键型从离子型逐渐过渡到共价型；p区的同一族元素，从上往下，其氯化物的熔点依次升高，表明键型从共价型逐渐过渡到离子型。F、Br、I的化合物与氯化物的情况大体相似。氯化物晶体类型与熔点的变化规律可通过离子极化理论予以解释。

表10.1 氯化物的熔点(℃)

ⅠA	ⅡA	ⅢB	ⅣB	ⅤB	ⅥB	ⅦB	Ⅷ			ⅠB	ⅡB	ⅢA	ⅣA	ⅤA	ⅥA
HCl −114.8															
LiCl 605	BeCl$_2$ 405											BCl$_3$ −107.3	CCl$_4$ −23	NCl$_3$ <−40	Cl$_2$O$_7$ −91.5
NaCl 801	MgCl$_2$ 714											AlCl$_3$ 190*	SiCl$_4$ −70	PCl$_5$ 166.8d / PCl$_3$ −112	SCl$_4$ −30
KCl 770	CaCl$_2$ 782	ScCl$_3$ 939	TiCl$_4$ −25 / TiCl$_3$ 440d	VCl$_4$ −28	CrCl$_3$ 1150 / CrCl$_2$ 824	MnCl$_2$ 650	FeCl$_3$ 306 / FeCl$_2$ 672	CoCl$_2$ 724	NiCl$_2$ 1001	CuCl$_2$ 620 / CuCl 430	ZnCl$_2$ 283	GaCl$_3$ 77.9	GeCl$_4$ −49.5	AsCl$_3$ −8.5	SeCl$_4$ 205
RbCl 718	SrCl$_2$ 875	YCl$_3$ 721	ZrCl$_4$ 437*	NbCl$_5$ 204.7	MoCl$_5$ 194		RuCl$_3$ >500d	RhCl$_3$ 475d	PdCl$_2$ 500d	AgCl 455	CdCl$_2$ 568	InCl$_3$ 586	SnCl$_4$ −33 / SnCl$_2$ 246	SbCl$_5$ 2.8 / SbCl$_3$ 73.4	TeCl$_4$ 224
CsCl 645	BaCl$_2$ 963	LaCl$_3$ 860	HfCl$_4$ 319s	TaCl$_5$ 216	WCl$_6$ 275 / WCl$_4$ 248		OsCl$_3$ 550d	IrCl$_3$ 763d	PtCl$_4$ 370d	AuCl$_3$ 254d / AuCl 170d	HgCl$_2$ 276 / Hg$_2$Cl$_2$ 400s	TlCl$_3$ 25 / TlCl 430	PbCl$_4$ −15 / PbCl$_2$ 501	BiCl$_3$ 231	

注：*表示在加压条件下，d表示分解，s表示升华。

2. 氯化物的化学性质

氯化物的一大特性是在水中容易发生水解，一些高价态金属氯化物和许多非金属氯化物在水中会发生不同程度的水解反应。金属的高价态氯化物与水作用的水解生成物一般为碱式盐、氢氧化物和盐酸，即

$MgCl_2 + H_2O = Mg(OH)Cl\downarrow + HCl$ 　　 $ZnCl_2 + H_2O = Zn(OH)Cl\downarrow + HCl$

$SnCl_2 + H_2O = Sn(OH)Cl\downarrow + HCl$ 　　 $SbCl_3 + H_2O = SbOCl\downarrow + 2HCl$

$BiCl_3 + H_2O = BiOCl\downarrow + 2HCl$ 　　 $GeCl_4 + 4H_2O = Ge(OH)_4\downarrow + 4HCl$

在焊接金属时，常用氯化锌浓溶液清除金属表面的氧化物，就是利用了$ZnCl_2$水解产生的盐酸来溶解金属氧化物。

值得注意的是，$SnCl_2$、$SbCl_3$和$BiCl_3$水解后生成的碱式盐在水或酸性不强的溶液中

溶解度很小，分别以 Sn(OH)Cl(碱式氯化亚锡)、SbOCl(氯氧化锑)、BiOCl(氯氧化铋)的形式析出白色沉淀。

为了抑制水解，在配制上述氯化物溶液时，常加入一定量的盐酸。有些金属氯化物可完全水解，产生沉淀，欲配制它们的澄清溶液，只能将它们溶于浓盐酸，再用水稀释至所需浓度。

许多非金属氯化物能完全水解生成含氧酸和盐酸，如：

$$BCl_3 + 3H_2O \Longrightarrow H_3BO_3 + 3HCl \qquad PCl_5 + 4H_2O \Longrightarrow H_3PO_4 + 5HCl$$

$$SiCl_4 + 3H_2O \Longrightarrow H_2SiO_3 + 4HCl$$

由于 BCl_3、PCl_5、$SiCl_4$ 等这类化合物都极易水解，在潮湿的空气中也能因水解而冒烟(酸雾)，因此必须密封保存。

10.2.2 氧化物

氧化物是指氧与电负性比它小的元素化合生成的二元化合物。氧化物的存在也很普遍，除大部分稀有气体外，几乎所有元素都能形成氧化物。

1. 氧化物的结构和物理性质

氧化物按键型可分为离子型、共价型两种。碱金属、碱土金属及稀土等活泼金属的氧化物一般为离子型氧化物，如 Na_2O、MgO、CaO、BaO、La_2O_3 等，它们都是离子晶体，熔点、沸点大都较高。非金属氧化物，8 电子构型高氧化态金属、18 及 18+2 电子构型金属的氧化物一般为共价型氧化物，如 SO_2、N_2O_5、CO_2、Ag_2O、SnO、TiO_2、Mn_2O_7 等，它们在固态时是分子晶体，熔点、沸点低；少数非金属氧化物能形成原子晶体，如 SiO_2，其熔点、沸点较高。而对于活泼性不太强的金属元素，其氧化物往往是离子型氧化物与共价型氧化物之间的过渡型化合物，即有些离子型氧化物也含部分共价性，如 Al_2O_3、Cr_2O_3、NiO、CuO 等，而有些主要为共价型氧化物也具有部分离子性，如 V_2O_5、CrO_3、Ag_2O、GeO_2 等。

若同一金属元素具有多种不同价态的氧化物，则随着化合价的增高，其氧化物由离子晶体逐渐向分子晶体过渡，它们的熔点也随之降低，如锰的氧化物的熔点如表 10.2 所示。

表 10.2 锰的氧化物的熔点

氧化物	MnO	Mn_3O_4	Mn_2O_3	MnO_2	Mn_2O_7
熔点/℃	1 785	1 564	1 080	535	5.9

氧化物的硬度也与晶体结构有关，离子型或偏离子型的金属氧化物一般硬度较大。表 10.3 为一些金属氧化物的硬度。

表 10.3 一些金属氧化物的硬度

氧化物	BaO	SrO	CaO	MgO	TiO_2	Fe_2O_3	SiO_2	Al_2O_3	Cr_2O_3
莫氏硬度	3.3	3.8	4.5	5.5~6.5	5.5~6	5~6	6~7	7~9	9

元素周期表中元素的氧化物从难以冷凝的气体,如 CO(沸点为−191.5℃),到耐火氧化物,如 ZrO_2(熔点为 2 680℃);从最好的绝缘体(如 MgO),经半导体(如 NiO),变为金属良导体(如 ReO_3),在性质上跨越了很大的范围。

2. 氧化物及其水合物的酸碱性

根据氧化物与水的反应情况,可将氧化物分为 4 类:难溶于水也不与水发生显著化学反应的氧化物;溶于水但与水无显著化学反应的氧化物;与水反应生成可溶性酸或碱的氧化物;与水反应生成难溶性氢氧化物的氧化物等。

按酸碱性的不同,又可将氧化物分为酸性氧化物、碱性氧化物、两性氧化物和中性氧化物。大多数非金属氧化物和某些高氧化态的金属氧化物均显酸性,如 CO_2、SO_3、P_2O_5、Cl_2O_7 和 CrO_3 等;大多数金属氧化物显碱性,如 K_2O、MgO、CaO 和 Fe_2O_3 等;一些金属氧化物(如 Al_2O_3、ZnO、Cr_2O_3、Ga_2O_3 等)和少数非金属氧化物(如 As_4O_6、Sb_4O_6、TeO_2 等)显两性;不显酸、碱性,即呈中性的氧化物有 NO、CO 等。

氧化物及其水合物的酸碱性强弱呈周期性的变化,具体的变化规律如下。

(1)同周期各元素最高价态的氧化物及其水合物,从左到右碱性减弱而酸性增强。例如,第 3 周期元素氧化物及其水合物的酸碱性变化为:

碱性递增 →

Na_2O	MgO	Al_2O_3	SiO_2	P_2O_5	SO_3	Cl_2O_7
NaOH	$Mg(OH)_2$	$Al(OH)_3$	H_2SiO_3	H_3PO_4	H_2SO_4	$HClO_4$
强碱	中强碱	两性	弱酸	中强酸	强酸	极强酸

酸性递增 →

(2)同一元素形成的不同价态的氧化物及其水合物,其酸性随价态的升高而增强。例如:

HClO	$HClO_2$	$HClO_3$	$HClO_4$
弱酸	中强酸	强酸	极强酸

酸性增强 →

又如:

$Mn(OH)_2$	$Mn(OH)_3$	$Mn(OH)_4$	H_2MnO_4	$HMnO_4$
强碱	弱碱	两性	弱酸	强酸

酸性增强 →

(3)主族中的同族元素从上到下,随原子序数增大,其相同价态的氧化物及其水合物的酸性逐渐减弱,碱性逐渐增强。

此外,稀土元素从 La 到 Lu 随着原子序数增大,其氧化物及其水合物的碱性逐渐减弱。

那么,氧化物的水合物其酸碱性递变规律应该如何解释呢?

我们知道，氧化物的水合物都可以用通式 $R(OH)_n$ 来表示。它们呈酸性或碱性的原因，实际上是元素离子 R^{n+} 与 H^+ 争夺 O^{2-} 的结果，因为 $R(OH)_n$ 有两种解离方式，即

$$R\cdots\underset{\text{I}}{\downarrow}\cdots O\cdots\underset{\text{II}}{\downarrow}\cdots H$$

H^+ 的半径小，对 O^{2-} 的吸引力较大，如果 R^{n+} 对 O^{2-} 的吸引力比 H^+ 小，I 处的化学键就会断裂，即发生碱式断裂，化合物呈现碱性；反之，如果 R^{n+} 对 O^{2-} 的吸引力比 H^+ 大，II 处的化学键就会断裂，即发生酸式断裂，化合物呈酸性。

例如，KOH 中的 K^+ 对 O^{2-} 的吸引力没有 H^+ 大，只能发生碱式断裂，故该化合物呈碱性；$Al(OH)_3$ 中的 Al^{3+} 与 H^+ 对 O^{2-} 的引力基本相当，导致其化合物的两种断裂方式的可能性差不多，故呈两性。此外，VIIA 族中的 HClO、HBrO、HIO 的酸性依次减弱以及 HClO、$HClO_2$、$HClO_3$、$HClO_4$ 的酸性依次增强的原因也是如此。次氯酸至高氯酸的酸性依次增强，其具体原因是：HClO 中 Cl^+ 对 O^{2-} 的引力稍大于 H^+，故呈弱酸性，随着 Cl 氧化数的升高，正电荷逐渐增加（Cl^{1+}、Cl^{3+}、Cl^{5+}、Cl^{7+}），半径逐渐减小，对 O^{2-} 离子的引力逐渐增大，在 II 处断裂的趋势也越大，故其酸性也就越强，且 $HClO_4$ 的酸性最强。

氧化物及其水合物的酸碱性是工程实际中广泛利用的性质之一。例如，炼铁时的成渣反应、三废处理、金属材料表面处理等都需要考虑和利用物质的酸碱性。此外，一些具有高熔点、高强度的氧化物作为耐火材料被广泛使用。

10.2.3 硫化物

硫化物是指硫与电负性比它小的元素所形成的二元化合物。多数的金属硫化物具有特殊的颜色，且绝大多数难溶于水，有些还难溶于稀酸。因此，可利用溶解度的差别来鉴别金属离子，或从金属盐的混合物中使不同的金属离子分步沉淀析出。根据硫化物溶解度的不同，可将其分为以下 3 类。

1. 溶于水的硫化物

第 I 和第 II 主族元素的硫化物可溶于水，并发生水解反应。例如：

$$K_2S + H_2O =\!=\!= KHS + KOH$$

$$2CaS + 2H_2O =\!=\!= Ca(HS)_2 + Ca(OH)_2$$

2. 不溶于水而溶于稀酸的硫化物

MnS（粉红色）、FeS、CoS、NiS（黑色）、ZnS（白色）等都属于不溶于水而溶于稀酸的硫化物。若将 H_2S 通入 Mn、Fe 或 Zn 等元素的盐溶液中，不会产生沉淀，其原因是反应中有酸生成，会使这类硫化物溶解。例如：

$$FeCl_2 + H_2S =\!=\!= FeS + 2HCl$$

实际上，上述反应向左进行，这正是制备 H_2S 的方法。若继续向溶液中加入碱，则碱产生的 OH^- 将与溶液中的 H^+ 结合生成水，使得上述平衡向右移动，这时就会有 FeS 沉淀生成。如果不用 H_2S，而用可溶性硫化物，如 $(NH_4)_2S$ 等，作为 S^{2-} 的来源，则即使不加碱，也会产生 FeS 黑色沉淀。因为在反应中没有 H^+ 生成，而析出的 FeS 并不溶于水，即

$$FeCl_2 + (NH_4)_2S == FeS\downarrow + 2NH_4Cl$$

3. 既不溶于水又不溶于稀酸的硫化物

CuS、Ag_2S、PbS(黑色)、HgS(有异形体,呈黑色或红色)、CdS、SnS_2、As_2S_3(黄色)等均属于既不溶于水又不溶于稀酸的硫化物。当把 H_2S 气体通入这些金属的盐溶液中时,尽管有酸(H^+)生成,但仍能形成相应的硫化物沉淀。例如,将 H_2S 通入 $CuSO_4$ 溶液中,则溶液中有黑色的 CuS 沉淀析出,即

$$CuSO_4 + H_2S == CuS\downarrow + H_2SO_4$$

不同类型的硫化物在水中或稀酸中表现出不同的溶解性,这一点可通过沉淀溶解平衡的有关原理予以解释。

要使不溶于稀酸的硫化物溶解,可利用硝酸做溶剂。HNO_3 具有强氧化性,它在提供 H^+ 的同时,还能将溶液中的 S^{2-} 氧化成 S 单质或 SO_4^{2-},使溶液中 S^{2-} 浓度降低,进而使硫化物溶解。例如:

$$3CuS + 8HNO_3 == 3Cu(NO_3)_2 + 3S\downarrow + 2NO\uparrow + 4H_2O$$

HgS 不溶于 HNO_3,但可溶于王水。因为王水在将 S^{2-} 氧化成 S 的同时还使 Hg^{2+} 转化为稳定的 $[HgCl_4]^{2-}$,使 S^{2-} 和 Hg^{2+} 的浓度同时减小,从而使 HgS 溶解。

10.2.4 碳化物、氮化物和硼化物

通常所说的碳化物、氮化物和硼化物是指 C、N 和 B 元素与比它们电负性小的元素(氢除外,因为它们的氢化物自成一大类)所形成的二元化合物。

1. 碳化物

碳化物有离子型碳化物、共价型碳化物和金属型碳化物 3 种结构类型,下面分别加以介绍。

(1)离子型碳化物通常由活泼金属所形成,例如 CaC_2,其熔点较高(2 300℃),工业名叫电石,是获得乙炔的重要来源,其化学性质活泼,能够与水反应生成氢氧化钙和乙炔,即

$$CaC_2 + 2H_2O == Ca(OH)_2 + C_2H_2\uparrow$$

(2)共价型碳化物都是非金属碳化物,SiC 和 BC_4 是共价型碳化物的典型代表,它们的晶体结构与金刚石相似,均为原子晶体,熔点高,硬度大。SiC 熔点为 2 827℃,并由于硬度大而被称为金刚砂,它耐高温、抗氧化、耐磨损、耐腐蚀,高温下又不易变形,可在 1 700℃ 高温下稳定使用。由于 SiC 有很好的热稳定型和化学稳定性,机械强度高而热膨胀率低,因此可作为高温结构陶瓷材料,还可用作电阻发热体、变阻器、半导体材料(单晶)。BC_4 的熔点为 2 350℃,硬度与金刚石相近,其耐研磨能力比 SiC 高出 50%,现已在工业上广泛用作磨料、砂轮、轴承、防弹甲和核反应堆的保护及控制材料等。

(3)金属型碳化物是由碳与 d 区金属元素如钛、锆、铌、钽、钼、钨、锰、铁等作用而形成的,实际上是原子半径小的碳原子进入金属晶格中形成的一种金属间隙化合物。这类碳化物的结构是一种合金形成的固熔体,其共同特点是具有金属光泽、能导电导热、熔

点高、硬度大，但脆性也大。金属型碳化物中的碳与金属的量之比是可变的，一般来说，碳的比例越高，其硬度越大，脆性也越大；碳的比例低，则硬度变小，韧性增强。例如，生铁含碳比例高，其硬度就大，脆性也大；而碳含量减少到一定程度，就变成了硬度大、脆性得到极大改善的钢；如果在此基础上碳含量进一步减少到一定程度，则钢变成了较软但韧性好的熟铁。

金属型碳化物是许多合金钢中的重要成分，对合金钢的性能有很大的影响。例如，含有较多钨、钼和钒的碳化物的合金钢称为高速钢，用它做的刀具在600℃的高温下仍能保持足够的硬度和耐磨性能（一般工具钢刀具在300℃以上就不能进行切削了）。

2. 氮化物和硼化物

氮化物和硼化物在其组成、结构及性质等方面与碳化物类似。ⅣB、ⅤB、ⅥB族金属与C、N、B形成的金属间隙化合物，都具有特别高的熔点和硬度，如TiN、TiB_2和TiC、VN、VB_2及VC等，它们熔点都在3 000℃左右，硬度（莫氏硬度）在9左右，被统称为硬质合金，是制造高速切削和钻探工具主要部件的优良材料。利用碳化物、氮化物和硼化物处理钢铁表面，让碳、氮和硼渗透到低碳钢的表层，可以使钢件的表层具有高硬度和耐磨性。此外，共价型氮化物、硼化物（如Si_3N_4、BN等）与SiC相似，是一类新型无机非金属材料。

10.2.5 氢化物

严格地说，氢化物是指氢与电负性比它小的元素所生成的二元化合物，但习惯上通常把一切与氢元素结合的二元化合物都称为氢化物，如HCl、H_2S、NH_3等。除稀有气体之外，几乎所有元素都能生成氢化物。按结构特点的不同可将氢化物分为离子型氢化物、共价型氢化物和金属型氢化物3类。

1. 离子型氢化物

s区元素（Be、Mg除外）在加热条件下可与氢化合形成离子型氢化物，在这类氢化物中氢元素以H^-的形式存在，由于此类氢化物的成键方式和结构特点类似于金属卤化物，所以又被称之为盐型氢化物。离子型氢化物的一个重要特性是容易与水发生反应生成氢气，由于所得氢气纯度较高，故经常作为一种高纯氢气源而被广泛应用。此外，离子型氢化物还常被作为有机化工中的还原剂或加氢剂。

2. 共价型氢化物

p区元素（Al、In、Tl除外）与氢化合可生成共价型氢化物。

1）硼的氢化物

硼的氢化物分子中存在着两个由两个B原子和一个H原子共享两个电子所形成的"三中心两电子"的特殊共价键。硼的氢化物的组成和物理性质与碳的氢化物（烷烃）非常相似，因此将其称为硼烷。

2）碳、硅的氢化物

碳的氢化物即烃类，是有机化合物中十分重要的一个基本部分，也是当今世界最为重要的能源之一。其中低碳烃是石油热裂解的主要生成物，是有机化工的主要原料。硅的氢化物在结构上与碳的氢化物相似，故被称为硅烷。但硅烷系列中通常只包括少数几个硅原子所形成的链，其数目远少于碳氢烷烃的数目。

3）氮、磷的氢化物

由于 N—N 键和 P—P 键都难以形成长链，因此氮和磷的氢化物，除了 NH_3 和 PH_3 之外，只有联氨（H_2N-NH_2）、联磷（H_2P-PH_2）和氢叠氮酸（HN_3）等少数几种。无水联氨易被过氧化氢氧化为氮气和水，并释放出大量的热量，因而联氨与过氧化氢一起被用作火箭发射的助推剂。

4）氧、硫的氢化物

氧、硫的氢化物除水、硫化氢外，还有过氧化氢和多硫化氢。过氧化氢是一种干净的氧化剂或还原剂，其作用的结果是生成水或氧气；多硫化氢在实验室中常被作为供硫剂使用。

5）卤素的氢化物

每种卤素与氢化合只能生成一种氢化物，即卤化氢 HX。卤化氢中的氢卤键属于共价键，其极性较强，因此当卤化氢溶于水中时，会发生强烈离解使其水溶液呈强酸性。但 HF 是卤化氢中的例外情况，它的水溶液中呈弱酸性。

3. 金属型氢化物

d 区和 ds 区金属元素与氢反应时，氢原子能钻入至金属晶格的空隙中，生成间隙式的氢化物。氢原子填充在金属晶格空隙中时，由于氢原子体积很小，金属晶格基本仍保持原有金属的特性，所以将此类氢化物称为金属型氢化物。

多数的铂系元素均能吸收氢气，所以铂系金属对有氢气参与的反应，如合成氨、催化加氢等，有很好的催化作用。钯的吸氢能力最强，常温下 1 体积钯能吸收超过 700 体积的氢气，若在真空中把吸足氢的钯加热至 100℃，则所吸的氢气将会全部放出，因此可将其作为高效的贮氢剂。此外，还可将钯合金制成特殊的氢过滤器，用来制备高纯度的氢气。

10.2.6 非金属含氧酸盐

常见的非金属含氧酸盐有氯化物、碳酸盐、硫酸盐、亚硝酸盐、硝酸盐及硅酸盐等，这里主要介绍碳酸盐、硅酸盐、硝酸盐及亚硝酸盐的性质。

1. 碳酸盐

碳酸盐有正盐、酸式盐、碱式盐 3 类，通常所说的碳酸盐则是指其正盐。碳酸盐的重要性质包括其溶解性、热稳定性等。

1）碳酸盐的溶解性

所有的碳酸氢盐都溶于水，正盐中只有铵盐和碱金属（Li 除外）的盐溶于水，如 $CaCO_3$ 难溶，$Ca(HCO_3)_2$ 易溶。对于易溶的碳酸盐，其相应的酸式盐溶解度却比较小，如工业上生产碳酸氢铵肥料就是向碳酸铵的浓溶液中通入 CO_2 至饱和，析出碳酸氢铵：

$$2NH_4^+ + CO_3^{2-} + CO_2 + H_2O \rightleftharpoons 2NH_4HCO_3$$

这种溶解度的反常和 HCO_3^- 离子通过氢键形成双聚或多聚离子有关。

2) 碳酸盐的热稳定性

碳酸盐的热稳定性不是很高,低于对应的硫酸盐和硅酸盐。酸式盐的热稳定性均比相应的正盐热稳定性差,但比碳酸稳定,即碳酸、酸式盐和碳酸(正)盐的热稳定性顺序为:碳酸(正)盐>酸式盐>碳酸,如 M_2CO_3>$MHCO_3$>H_2CO_3,即

$$Na_2CO_3 \xrightarrow{>850℃} Na_2O + CO_2 \uparrow$$

$$2NaHCO_3 \xrightarrow{>270℃} Na_2CO_3 + CO_2 \uparrow + H_2O$$

$$H_2CO_3 \xrightarrow{稍加热即分解} CO_2 \uparrow + H_2O$$

表 10.4 为一些碳酸盐的分解温度(注意:表中所列温度不是碳酸盐开始分解的温度,而是分解生成物 CO_2 的分压力达到 101.325 kPa 时的温度)。由表中数据可以看出,碱金属碳酸盐比碱土金属碳酸盐的分解温度高得多,而过渡元素的碳酸盐分解温度则比主族元素碳酸盐的分解温度低得多,如:Na_2CO_3>$CaCO_3$>$FeCO_3$;同族元素的碳酸盐从上至下分解温度逐渐提高,如碱土金属的碳酸盐热稳定性的顺序为:$BeCO_3$<$MgCO_3$<$CaCO_3$<$SrCO_3$<$BaCO_3$。

表 10.4 一些碳酸盐的分解温度

碳酸盐	Li_2CO_3	Na_2CO_3	$BeCO_3$	$MgCO_3$	$CaCO_3$	$SrCO_3$	$BaCO_3$
分解温度/℃	约 1 100	约 1 800	25	540	900	1 290	1 360
碳酸盐	$(NH_4)_2CO_3$	Ag_2CO_3	$NaHCO_3$	$FeCO_3$	$PbCO_3$	$ZnCO_3$	$CdCO_3$
分解温度/℃	58	170	270	280	300	350	360

碳酸盐受热分解的难易程度与金属离子的极化作用有关,金属离子极化作用越强,碳酸盐越不稳定。

在碳酸盐及酸式盐中,比较重要的是碳酸钠(纯碱)和碳酸氢钠(小苏打),它们都是基本化学工业的重要产品,在玻璃、肥皂、染色、造纸等工业生产中及日常生活中都有广泛的应用。

2. 硝酸盐和亚硝酸盐

硝酸盐大部分是无色易溶于水的离子型化合物,在常温下较稳定,但在高温时固体硝酸盐会发生分解。硝酸盐受热分解的生成物较为复杂,这主要取决于金属离子的性质,但几乎所有硝酸盐分解后都能放出氧气。活泼性较强的碱金属和碱土金属的硝酸盐受热分解生成相应的亚硝酸盐和氧气;活泼性在 Mg 和 Cu 之间的金属所形成的硝酸盐受热分解时生成相应的氧化物、氧气和二氧化氮;活泼性在 Cu 以后的金属形式的硝酸盐则分解为相应的金属单质、氧气和二氧化氮。例如:

$$2NaNO_3 \xrightarrow{\Delta} 2NaNO_2 + O_2 \uparrow \qquad 2Pb(NO_3)_2 \xrightarrow{\Delta} 2PbO + 4NO_2 \uparrow + O_2 \uparrow$$

$$2AgNO_3 \xrightarrow{\Delta} 2Ag + 2NO_2 \uparrow + O_2 \uparrow$$

由于各种金属的亚硝酸盐和氧化物的稳定性不同(活泼金属的亚硝酸盐比较稳定;活泼性较低的金属,其氧化物比较稳定;不活泼金属的氧化物和亚硝酸盐均不稳定),所以受热分解后的生成物不同。

硝酸盐常被用于烟火制造中,其原因正是由于固体硝酸盐热分解能放出 O_2,致使它们与可燃物混合在受热条件下可发生急剧燃烧甚至爆炸。

亚硝酸盐易溶于水,且当金属离子无色时亚硝酸盐为无色晶体。与硝酸盐相似,亚硝酸盐的热稳定性较差,受热易分解。亚硝酸盐一般通过硝酸盐得到,其制备方法包括用碳、铁、铅还原熔融的硝酸盐或硝酸盐热分解,即

$$NaNO_3 + Pb =\!=\!= NaNO_2 + PbO$$

用碱液吸收 NO_2 和 NO 的混合气体,即

$$NO + NO_2 + 2NaOH =\!=\!= NaNO_2 + H_2O \qquad NO + NO_2 + 2Ba(OH)_2 =\!=\!= Ba(NO_2)_2 + H_2O$$

以亚硝酸钠为原料进行各种复分解反应,即

$$NaNO_2 + AgNO_3 =\!=\!= NaNO_3 + AgNO_2$$

不同的亚硝酸盐在溶解性、热稳定性等方面的性质差别很大。

亚硝酸盐中的氮的氧化数为+3,处于中间价态,因此它既有氧化性又有还原性。

亚硝酸盐遇强氧化剂如 $KMnO_4$、$K_2Cl_2O_7$、Cl_2 等物质时,可作为还原剂,并被氧化为硝酸盐,如:

$$2MnO_4^- + 5NO_2^- + 6H^+ =\!=\!= 2Mn^{2+} + 5NO_3^- + 3H_2O$$

亚硝酸盐在酸性介质中主要表现为氧化性,其还原生成物随还原剂的不同而不同,包括 NO、N_2O、N_2、NH_3,如:

$$NO_2^- + 3H_2S + 2H^+ =\!=\!= NH_4^+ + 3S\downarrow + 2H_2O \qquad 2NO_2^- + 2I^- + 4H^+ =\!=\!= 2NO\uparrow + I_2\downarrow + 2H_2O$$

亚硝酸盐有毒,并且是致癌物质。在食品工业中,尽管用亚硝酸钠处理肉类能使其显色,并具有一定的防腐剂作用,但也应限制使用。在化学工业中,亚硝酸钠大量用于合成羟氨以及偶氮化合物,偶氮化合物是染料、医药的重要原料。

3. 硅酸盐

硅酸盐是硅酸或多硅酸的盐,除碱金属外,其他金属的硅酸盐都难溶于水,也不与水作用。

下面简要介绍硅酸盐中的硅酸钠,以及天然硅酸盐。

1) 硅酸钠

Na_2SiO_3 是一种常见的可溶性硅酸盐,可由石英砂与烧碱或纯碱反应制得,如:

$$SiO_2 + 2NaOH \xrightarrow{熔融} Na_2SiO_3 + H_2O \qquad SiO_2 + Na_2CO_3 \xrightarrow{熔融} Na_2SiO_3 + CO_2\uparrow$$

硅酸钠的熔体是一种玻璃态物质,溶于水后成为黏稠溶液,被称为水玻璃,俗称泡花碱,市售水玻璃因含有铁盐等杂质而呈蓝绿色或浅黄色。硅酸钠实际上是多硅酸盐,其化学组成可表示为 $Na_2O \cdot nSiO_2$,但通常将它简化地表示为 Na_2SiO_3 或 $Na_2O \cdot SiO_2$。水玻璃的用途很广,在建筑工业及造纸工业上常用它作黏合剂;木材或织物用水玻璃浸泡之后可以防腐、防火;还可用作软水剂、洗涤剂和制肥皂的填料,也是制硅胶和分子筛的原料。

可溶于水的硅酸盐在水中因 SiO_3^{2-} 发生强烈水解而呈碱性，其化学反应方程式可简化表示为：

$$SiO_3^{2-} + 2H_2O = H_2SiO_3\downarrow + 2OH^-$$

若在硅酸盐的水溶液中同时加入铵盐，可使水解更加完全，其化学反应方程式可简化表示为：

$$SiO_3^{2-} + 2NH_4Cl = H_2SiO_3\downarrow + 2Cl^- + 2NH_3\uparrow$$

2）天然硅酸盐

不溶于水的硅酸盐种类繁多，分布也极为广泛，地表主要就是由各种硅酸盐组成的。很多矿物如长石、云母、高岭土、石棉、滑石、泡沸石等都是天然的硅酸盐，它们的成分都比较复杂，化学反应方程式通常写成氧化物的形式，如：

(1) 正长石：$K_2O \cdot Al_2O_3 \cdot 6SiO_2$ 或 $K_2Al_2Si_6O_{16}$；

(2) 白云母：$K_2O \cdot 3Al_2O_3 \cdot 6SiO_2 \cdot 2H_2O$ 或 $K_2H_4Al_6(SiO_4)_6$；

(3) 高岭土：$Al_2O_3 \cdot 2SiO_2 \cdot 2H_2O$ 或 $Al_2H_4Si_2O_9$；

(4) 石棉：$CaO \cdot 3MgO \cdot 4SiO_2$ 或 $Mg_3Ca(SiO_3)_4$；

(5) 滑石：$3MgO \cdot 4SiO_2 \cdot H_2O$ 或 $Mg_3H_2(SiO_3)_4$；

(6) 泡沸石：$Na_2O \cdot Al_2O_3 \cdot 2SiO_2 \cdot nH_2O$ 或 $Na_2Al_2(SiO_4)_2 \cdot nH_2O$。

天然硅酸盐的组成尽管较为复杂，但就其晶体内部结构而言，不论含的是哪种金属正离子，绝大多数都是以 SiO_4^{4-} 的四面体作为基本结构单元，硅原子处于四面体的中心位置，4 个氧原子则占据 4 个顶角，如图 10.1 所示。SiO_4^{4-} 的四面体之间通过彼此顶角的氧原子相连组成各类硅酸盐，其中有的被连成链状结构，如石棉（见图 10.2）；有的连成层状结构，如云母（见图 10.3）；有的则呈骨架状结构，如石英（见图 10.4）。

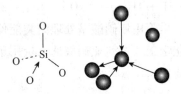

图 10.1 SiO_4^{4-} 的四面体结构

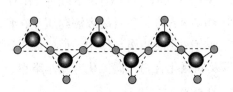

图 10.2 石棉的结构

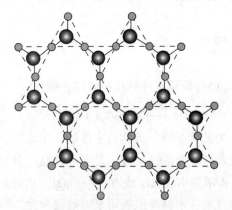

图 10.3 云母的结构

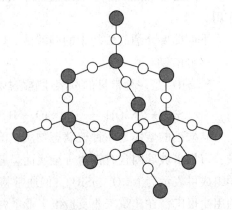

图 10.4 石英的结构

显然，这些硅酸盐的结构特征与它们的特性存在必然的关联，如石棉具有纤维性质，云母具有片状的性质等。

10.3 无机非金属材料

无机非金属材料的种类繁多，前面已经对硅酸盐材料、金属与非金属元素形成的化合物及非金属单质等做了介绍，本节主要是从无机非金属材料的应用方面介绍半导体、低温材料和惰性材料、耐高温材料和碳纤维等几种重要的材料。

10.3.1 半导体

按照金属能带理论，空带和满带之间的禁带能级小于 3 eV 的物质为半导体，与金属通过电子流动而导电的机理不同，它是通过电子和空穴两类所谓载流子的迁移来实现的。满带中少部分电子受热或通过其他方式被激发后，可以跃迁至没有电子的空带上，而在满带中留下空穴，在外电场作用下，满带中其他电子通过移动来填补这些空穴，而这些电子又留下新的空穴，形成空穴不断移动，就好像是带正电的粒子沿着与电子流动相反的方向移动。

按半导体的化学组成，可将其分为单质半导体和化合物半导体；按半导体是否含有杂质，其又可分为本征半导体和非本征半导体。本征半导体的自身纯度要求非常高，如大规模集成电路用的单晶硅的纯度要求 9 个 "9"（现在的技术已经能使其纯度达到 14 个 "9"），跃迁到空带中的电子数完全受禁带能级大小和温度的支配。非本征半导体又称杂质半导体，其电导率比本征半导体要高得多，且电导率的大小与杂质的性质和量有关，因此可通过改变掺入杂质的量来准确地控制这类半导体的电导率。在电子工业中，非本征半导体的使用更多也更为普遍。例如，非本征半导体又分为 P 型（空穴型）半导体和 N 型（电子型）半导体。目前，以掺杂硅、锗和砷化镓等物质的半导体的使用最多。

半导体主要用于晶体管、集成电路、发光二极管、激光器、整流器、微波器件和光电器件等方面的半导体器件和电子元件，应用非常广泛。在利用太阳能方面，半导体也具有非常重要的作用，单晶硅做成的太阳能电池具有较高的光电转换率，但它由于对材料要求高、价格昂贵而难以实现广泛应用。非晶态硅或多晶硅的价格更为便宜，但其光电转换率较低，除了掺杂砷化镓的半导体可达 20%～28% 外，其他材料的转化率仅有 13% 左右，不过 IBM 公司已研制出了一种转换率可达 40% 的多层复合型半导体器件。

10.3.2 低温材料和惰性材料

许多非金属或化合物分子晶体，由于具有较低的熔点和沸点而被用作低温冷液和低温材料，如一些盐的水溶液常被用来作冷却液（$CaCl_2$ 水溶液可以将冰点降低至 -55℃ 的低温）；常用的制冷剂有冰、固态 CO_2（干冰）、液氨、液氮、液氢和液氩等，利用液氦可获得超低温。

低温制冷还可以通过利用某些化合物溶解过程吸热的效应来实现。例如，将硝酸铵与十二水磷酸氢二钠盐均匀混合,体系的温度可降低至-15℃左右。

有些非金属元素或化合物的化学活泼性很差,是很好的惰性材料,常被用来做保护气体。例如,CO_2 和 N_2 等被用于无氧反应的保护气体;在一些反应中,若 CO_2 和 N_2 也参与,则通常以稀有气体 Ar 作保护气体。白炽灯泡和日光灯管中,为了防止钨丝被氧化就是通过充入氩气来作为保护。

10.3.3 耐高温材料

耐高温材料是指在高温(超过1 400℃)条件下仍然具有高的强度、高的机械性能等特征的材料,又可称之为耐火材料。

按酸碱性的不同,可将耐火材料分为酸性、碱性和中性3类。酸性耐火材料的主要成分是 SiO_2 等酸性氧化物,如硅砖;碱性耐火材料的主要成分是 MgO、CaO 等碱性氧化物,如镁砖;中性耐火材料的主要成分是 Al_2O_3、Cr_2O_3 等两性物质,如高铝砖。在高温下,酸性耐火材料会受碱性物质的侵蚀,碱性耐火材料会受酸性物质的侵蚀,而中性耐火材料由于既不容易与酸性物质作用,又不容易与碱性物质作用,因而具有较好的抗酸、抗碱腐蚀的性能。在实际应用中,应根据不同用途选择不同性质的耐火材料。

随着空间技术和能源技术的发展,需要能耐高温且强度高的材料。由于 SiC、BN、Si_3N_4 能同时满足耐高温和高强度的双重要求,而且价格较为低廉,是目前首选的耐热高强结构材料。例如,航天器的喷嘴、燃烧室的内衬、喷气发动机的涡轮叶片和高温热交换器等都需使用这类材料。

10.3.4 碳纤维

碳纤维是一种比人发细、比铝轻、比钛刚、比钢强的特种纤维材料,目前广泛应用于航天、航空、体育用品和运输机械等诸多工业领域,而且随着现代工业科技的不断进步和发展,碳纤维发挥的作用越来越重要。

碳纤维耐疲劳、抗损坏的能力较强。在飞机制造工业上,由于金属材料在使用一段时间后将发生疲劳而存在很大的安全隐患,而碳纤维与环氧制成的复合材料在这方面表现出了优异性能,因此为了提高飞机的安全性能,它被用来替代金属材料应用于飞机制造中。

碳纤维的热膨胀系数很小,它与环氧制成的复合材料的膨胀系数几乎可以降低至零,适合于制作对尺寸和稳定性要求特别精确的构件,如太空的卫星天线反射器,其昼夜工作的温度相差很大,当转向地球阳面时,温度可高达100℃,而转向地球阴面时,温度降为-160℃,因此反射器材料的热膨胀系数只有接近于零才能在这么大的温差下稳定地工作。

10.3.5 光导纤维

光纤通信被誉为"现代社会的神经",这是由于光导纤维在信息传输过程中发挥着重要作用。光导纤维(简称光纤)是以光信号传输信息的具有特殊光学性能的玻璃纤维,光纤通信就是以光为信息载体沿着光导纤维传递信息的过程,即在发送端先将文字、声音和图像等转换为电信号,然后利用电信号调制激光的强度,使激光负载着信息沿光导纤维传送到终端，在终端将光信号再还原为起始的声音或图像，从而达到通信的目的。与普通电缆相比，光纤通信具有诸多优点：

(1) 光纤通信可传输的信息量大；

(2) 光纤通信用激光作载波，不受外界电磁场干扰，具有很高的稳定性和保密性；

(3) 光纤通信损耗很低，在远距离信息传输方面性能突出，电缆通信每隔几千米就要设一个中继站，而光纤通信则可以连续传送 30～70 km。

石英玻璃制的光导纤维，其制备技术的核心就是控制光导纤维的纯度，光导纤维对光的传导效率随着化学纯化技术的发展而提高。

目前，我国不仅在自己的疆域铺设了大量的光导纤维，使信息公路通往千家万户，还参与了两条国际海底光缆工程的建设。一条是横跨太平洋的中美国际海底光缆工程，在中国的上海、汕头和美国之间形成环形，以南北两条线路从中国直达美国，全长 2.6 万公里；另一条是亚欧国际海底光缆工程，西起英国，东到日本，途经 33 个国家和地区，全长 3.8 万公里，我国的广东汕头是登陆点。这两条光缆均采用最先进的传输技术，总容量高达 140 万门电话线路。

光导纤维还被应用于医学诊断和治疗中，如肠镜、胃镜等内窥镜就是用光导纤维做的。利用内窥镜可以观察肠胃部位，以便于医生进行科学诊断。还可通过细微的光导纤维用高强度的激光来切除病变部位，避免切开病人皮肤和切割其肌肉组织，减少患者的痛苦，从而达到治疗部位准确，手术效果好的目的。目前，科学家仍在不断研发新的光导纤维，如氟化物玻璃，在 ZrF_4-BaF_2-NaF 三元体系中，存在一种有用的玻璃相，这种玻璃透明度比氧化物玻璃大百倍，而且在辐照条件下不会出现氧化物玻璃的变暗现象，但对于如何解决超纯氟化物制备中的氧污染及氟化物怕水怕潮的问题，还有待进一步研究。

10.3.6 荧光材料

电灯又称白炽灯，作为一种热光源由于其很大一部分电能被转化为了热能，故电能利用率很低。为了使电能更有效地转化为光能，人们通过模仿萤火虫能发出"冷光"的原理，制造出日光灯，大大提高了电能的利用效率，且照明效果更好，其中起关键作用的便是荧光材料。荧光材料在一定能量的激发下，可以发出可见光。在太阳光、普通灯光或紫外光的照射下能够发射出具有另一种波长的可见光的为光致发光材料，如灯用荧光粉；当用阴极射线激发时，能够发射可见光的为阴极射线发光材料，如彩色电视用荧光粉。目前，越来越多的荧光材料被人们合成，并被应用于生产、生活等各个领域。

10.3.7 人造宝石

氧化铝的硬度较大，仅次于金刚石和金刚砂，因此被称为刚玉。刚玉中如果含有少量的铁、钛的氧化物，便成为人造蓝宝石；如果含有少量的 Cr_2O_3，便变成了人造红宝石，人造红宝石可做激光材料。

10.3.8 纳米材料

1959年,美国著名物理学家、诺贝尔物理学奖得主理查德·费曼曾预言人类可以用小的机器制作更小的机器,并最终实现根据人类的意愿,完成对原子的逐个排列,从而制造出满足人类需求的"产品",这是关于纳米技术最早的梦想。自从科学家唐尼古奇于1974年首次使用纳米技术(Nanotechnology)一词描述"精密机械加工"之后,科学家便开始从不同的角度提出有关纳米科技的构想,从此拉开了纳米技术研发的序幕。现在,我们正处于一个"纳米科技"时代,各种纳米产品成为人们津津乐道的话题。

纳米(nm)是一个长度计量单位,$1nm = 10^{-9} m$。如此微小的尺寸,人的肉眼无法分辨,甚至用光学显微镜、电子显微镜都难以明辨。通常将尺寸在1 nm到100 nm之间的超细微粒称为纳米粒子,由纳米粒子形成的材料称为纳米材料。纳米材料因其特殊结构而具有不同于传统块体材料的理化特性,具体表现在小尺寸效应、表面效应、量子尺寸效应和宏观量子隧道效应等方面。

1982年,科学家发明扫描隧道显微镜,使人类首次在大气和常温下看见原子,为我们揭示一个可见的原子、分子世界,扫描隧道显微镜的发明也为人类能够进入神奇的纳米世界起到十分重要的作用。1990年7月,第一届国际纳米科学技术会议在美国巴尔的摩举办,标志着纳米技术的正式诞生。所谓纳米技术是指在0.1nm到几百纳米的尺度范围内对原子、分子及原子团进行观察、操纵和加工的技术。1993年,继1990年美国IBM公司的科研人员利用纳米技术在镍金属表面用35个氙原子拼写出"IBM"之后,中国科学院北京真空物理实验室自如地操纵原子成功写出"中国"两字,标志着我国开始在国际纳米科技领域占有一席之地。

进入21世纪以来,随着科学技术的迅猛发展,纳米技术和纳米材料的发展更是达到了一个前所未有的高度,并展示出广阔的前景。目前,纳米材料已广泛应用于光学、传感、半导体、医药、生物工程和陶瓷工业等领域。当然,在纳米技术不断发展的同时,它对环境和人类可能造成的负面效应也开始引起人们的关注。总之,我们更加期待对纳米效应本质的进一步研究能给人类带来更多、更大的惊喜。

习 题

10.1 概述非金属元素在元素周期表中的独特位置以及非金属元素单质的分类。

10.2 写出常温下 Cl_2、Br_2、I_2 与水反应的化学反应方程式。

10.3 举例说明具有中间价态的 $NaNO_2$ 的氧化还原性。

10.4 可溶性硅酸盐溶液的酸碱性如何?试用化学反应方程式说明之。

10.5 碳酸盐受热分解的一般规律如何?碳酸盐的分解温度高低和金属离子有何关系?

10.6 金刚石和石墨都是碳元素单质,为什么它们的物理性质相差很大?

10.7 为什么硅和硼的碳化物具有高熔点和高硬度?

10.8　半导体有哪两类载流子？何谓本征半导体或非本征半导体？

10.9　碳纤维如何制备，有哪些主要用途？

10.10　SiC、BN、Si_3N_4作为无机非金属材料在性能上有什么共同特点？

10.11　什么是光导纤维？光纤通信有哪些优点？

10.12　什么纳米材料和纳米技术？纳米材料表现出哪些特性？

10.13　写出下列氯化物与水反应的化学反应方程式：

(1)$MgCl_2$；(2)$ZnCl_2$；(3)PCl_5；(4)$SnCl_2$；(5)$GeCl_4$。

10.14　下列各氧化物的水合物中，哪些能与强酸溶液作用？哪些能与强碱溶液作用？写出反应的化学反应方程式。

(1)$Mg(OH)_2$；(2)$Sn(OH)_2$；(3)$SiO_2 \cdot H_2O$；(4)$Cr(OH)_3$；(5)$Fe(OH)_3$。

10.15　要把$SnCl_2$晶体配制成溶液，如何配制才能得到澄清的溶液？

10.16　比较下列化合物的酸性，并解释其原因。

(1)HClO、HBrO、HIO；

(2)$HClO_4$、HNO_3、HNO_2；

(3)$HMnO_4$、H_2MnO_4、$Mn(OH)_2$。

10.17　写出下列化学反应的生成物并配平化学反应方程式：

(1)氯气通入热的氢氧化钠溶液中；

(2)次氯酸钠溶液中通入CO_2；

(3)CO_2通入泡花碱溶液中；

(4)Si加入至NaOH溶液中；

(5)单质硫与浓硝酸作用。

第 11 章 化学与生命

化学与生命从来都是紧密联系在一起的。地球上的所有生命都是由无生命的物质,经过无数的化学变化,完成从无到有、从低级向高级的过程进化而来。同时,生命体的生命停止后,残体留在地球上,又经化学变化、微生物的降解而变成无机(无生命)物质。因此,化学运动与生命运动是一个相互渗透的循环运动。地球上生物种类繁多,且都处于地球表面的岩石圈、水圈和大气圈所构成的环境中,并与环境进行物质交换,以维持生命活动,从而形成了生命体与自然环境紧密而和谐的联系。元素周期表中约有 90 种稳定元素,天然条件下地球表面或多或少都有它们的踪迹。但在漫长的进化历程中,生物体配备并逐步改善了自身适用的一套控制系统,并选择了一部分元素来构成机体和维持生存。生命现象的物质基础涉及约 30 多种元素。

11.1 生物体中的元素及其主要功能

11.1.1 生物体中的化学元素

化学元素构成了自然界的一切物质,生物体也不例外。生物体的元素组成与环境有关,生物在进化过程中形成了与环境相适应的代谢机制,以保证在正常条件下不缺乏生存和繁衍所必需的物质,这些物质在众多反应中发挥开关、调节、传递和控制等作用,其所参加的反应起着物质和信息的运送、传递等作用。

地球表面约 70% 的面积被水覆盖,而生物体中,H 和 O 两种元素也占很大比例,K、Na、Ca、Mg 是地壳和海洋中丰富的金属元素,也是生物体中含量较高且有重要生理功能的金属元素。当然,生物体也有自身的特点。例如,尽管地球表面 Si 的丰度很高(是 S 的 146 倍),但由于 CO_2 的稳定性和在水中的溶解度,以及形成碳链和碳环的能力都要优于 Si,因此生物还是选择了 C 而不是 Si 来构造自身的机体。人体中所含非金属元素种类虽少,但占了人体绝大部分的质量。

存在于生物体内的元素可以分为 3 大类:必需元素、非必需元素及有害元素。

必需元素是指为维持生物体的基本结构并保证正常的生理功能而不可或缺的元素,按其在生物体内含量的高低，又分为常量元素与微量元素。常量元素指含量占生物体总质量0.01%以上的元素。例如，在组成人体的约30种元素中，其中常量元素为H、C、O、N、P、S、Cl、Na、K、Ca和Mg。这11种元素约占人体总质量的99.95%，具体各元素在人体中的质量百分数如表11.1所示。微量元素指占生物体总质量0.01%以下的元素，如Fe、Zn、Cu、Mn、Mo、Co、Cr、V、Ni、Sn、F、I、B、Si和Se等，这些微量元素占人体总质量的0.05%左右。这些微量元素在人体内的含量虽小，但在生命活动中却具有十分重要的作用。

表11.1　人体中常量元素的质量百分数

元　素	质量百分数/%	元　素	质量百分数/%
O	65.0	K	0.35
C	18.0	S	0.25
H	10.0	Na	0.15
N	3.0	Cl	0.15
Ca	2.0	Mg	0.05
P	1.0		

有一些元素被确定为对人体有毒，如Cd、Hg、Pb、Be、Ga、Ge、As、In、Sn、Te、Sb、Ba、Tl和Bi等，它们会妨碍人体正常的代谢过程，影响人体的生理机能，被称为有害元素。还有一些元素如Li、Al、Sc、Ti和Br等在人体中的作用尚不清楚，称之为非必需元素。

一种元素对人体有益还是有害不是绝对的，而是与其含量密切相关。各种元素在人体内都有严格的存量范围，过量或不足都会对机体造成损害，当摄入量不足时，人体可以动用体内贮存的元素在负平衡状态下暂时维持正常的生理功能，但如果这种状态继续下去，则势必发展成为一种疾病；当摄入量略为偏高时，体内的平衡机制可以把多余的摄入量排出体外，但摄入量过大超出了人体的排泄能力时，这些元素就会在人体内积累，最终导致某些器官或组织的受损。例如，氟是形成强硬骨骼和完好牙釉所必需的元素，缺氟的人骨骼较脆，且易发生龋齿；但若氟摄入量过多，可能会得骨骼畸形症(氟骨病)和斑齿症。

11.1.2　人体内化学元素的主要功能

人体内化学元素各有其功能，主要表现在以下几个方面。

1) 组成人体组织

H、C、O、N、P、S元素构成了人体内的所有有机物，如蛋白质、脂肪、糖类、核酸等；Ca、P、Mg和F是骨骼、牙齿的主要部分。

2) 调节体液

人体的大部分生命活动都是在体液中进行的，K^+、Na^+、Cl^-等离子可起到调节体液酸碱平衡、离子平衡和维持渗透压的作用，保证了人体内正常的生理、生化活动和功能。

3）组成金属酶或作为金属激活酶的激活剂

人体内有四分之一的酶的活性与金属有关，有的金属参与酶的固定组成并成为酶的活性中心，这样的酶称为金属酶，如胰羧肽酶、乙醇脱氢酶和碳酸酐酶均含有锌；铁氧化还原蛋白、过氧化氢酶含铁。还有一些酶虽然在组成上不含金属，但只有在金属离子存在时才能被激活，发挥其功效，这些酶称为金属激活酶，如 K^+、Na^+、Mg^{2+}、Zn^{2+}、Co^{2+}、Mn^{2+}、Cu^{2+}、Fe^{2+} 等金属离子常作为金属激活酶的激活剂。

4）运输

金属离子或它们所形成的一些配合物在物质的吸收、运输，以及在人体内的传递过程中担负着重要的载体作用，如血红蛋白执行运输氧的功能；含有钴的甲基钴胺素作为辅酶催化甲基转移反应。

5）参与激素的组成或影响激素功能

激素可以调节人体重要的生理功能。例如，碘参与甲状腺激素的构成，对维持甲状腺的正常功能十分重要；锌是构成胰岛素的成分；钾、钠、钙能促进或刺激胰岛素的分泌。

6）传递信息

人体通过各种信息传递系统来不断地协调机体内的各种生化过程，因此信息的传递十分重要。例如，化学信号传递信息就是其中的一种方式，人体最常用的化学信使就是 Ca^{2+}。

11.2 微量元素与人体健康

11.2.1 微量元素对人体的影响

尽管微量元素在人体内含量极低，但它们对维持人体中的一些决定性的新陈代谢是十分必要的，一旦缺少了这些必需的微量元素，人体就会出现疾病，甚至出现生命危险。此外，微量元素在抗病、防癌、延年益寿等方面都起着不可忽视的作用。

目前，被确认与人体健康和生命有关的必需微量元素有 18 种之多，即 Fe、Cu、Zn、Mn、Mo、Co、Cr、V、Ni、Sn、F、I、B、Si、Se、Sr、Ru、As，它们大多为过渡金属元素。微量元素对人体必不可少，但在人体内必须保持一种特殊的内稳态，一旦稳态被破坏就会影响健康，也就是说某种元素对人体有益还是有害是相对的，关键在于适量。一些微量元素对人体的影响如表 11.2 所示。

表 11.2 一些微量元素对人体的影响

微量元素	主要功能	微量元素含量过多的症状	微量元素含量不足的症状
Fe	输送氧	智力发育缓慢、肝硬化	缺铁性贫血、龋齿、无力
Cu	胶原蛋白和许多酶的重要成分	类风湿关节炎、肝硬化	低蛋白血症、贫血、心血管受损、冠心病

续表

微量元素	主要功能	微量元素含量过多的症状	微量元素含量不足的症状
Zn	控制代谢的酶的要害部位	头昏、呕吐、腹泻	贫血、高血压、食欲不振味觉差、伤口不易愈合、早衰
Mn	许多酶的要害部位	头痛、昏昏欲睡、精神病	软骨畸形、营养不良
Mo	染色体有关酶的要害部位	龋齿、肾结石、营养不良	生长发育迟缓
Co	维生素 B_{12} 的核心元素	心脏病、红血球增多	巨红细胞贫血、心血管病
Cr	Cr(Ⅲ)使胰岛素发挥正常功能	肺癌、鼻膜穿孔	糖尿病、糖代谢反常、粥样动脉硬化、心血管病
Se	正常肝功能必需酶的要害部位	头痛、精神错乱、肌肉萎缩中毒致命	心血管病、克山病、肝病,易诱发癌症
I	在甲状腺中控制代谢过程	甲状腺肿大	甲状腺功能衰退

11.2.2 食物中的微量元素

人体缺乏某种微量元素,将会导致某些疾病。若能在药物治疗的同时,辅以食补,效果将会更好。部分微量元素的主要来源如表 11.3 所示。

表 11.3 部分微量元素的主要来源

微量元素	主要来源
Fe	肝、蛋、黑木耳、海藻类、血豆腐、腐竹、水果、绿色蔬菜等
Cu	干果、葡萄干、葵花子、肝、茶等
Zn	肉、肝、鱼、牡蛎、蛋、奶制品、花生、芝麻、大豆、核桃等
Mn	干果、粗谷物、核桃仁、板栗、菇类等
Mo	豌豆、植物、谷物、肝、酵母等
Co	肝、瘦肉、奶、蛋、鱼等
Cr	一切动、植物
Se	日常饮食、井水等
I	海产品、奶、肉、水果等
Ca	海产品、骨头汤、大豆、核桃、花生等
Mg	紫菜、芝麻、大豆、小麦、菠菜、黄花菜、黑枣、香蕉、菠萝等

人体所需要的各种微量元素都可从食物中得到补充,因此在平时的饮食中,要做到粗、细粮结合,荤素搭配,不偏食、挑食,这样才能基本满足人体对各种元素的需要。

11.2.3　中医中的微量元素

微量元素与现代中医辨证的研究证明，不同的实症与虚症和微量元素之间存在着某种特征性的关系。

1）心病

冠心病、高血压、心律失常、心肌炎等多表现为中医的心气虚症、心血虚症、心脉瘀阻症等，患者的锌、铜含量低于正常人，铁含量下降。

2）脾胃虚弱

脾胃虚弱患者体内的血清中锌和铜的含量较低，且患者往往存在微量元素锌、铜、镁、铁等的代谢异常，这些变化已被一些中医作为虚症的辅助检查项目。

3）肺气虚症

肺气虚症患者红细胞中锌、铁的含量高，铜的含量低；血清中锌、铁的含量降低，铜的含量升高；尿液中锌的含量高，铜、铁的含量低。肺气虚症患者存在微量元素的代谢紊乱，肺气的强弱、虚实与免疫防卫功能有一定的关联。

4）肝病

肝病患者体内的铁、锌、锰的含量低于正常人，而铜的含量高于正常人。

5）肾虚

男性的肾阳不足、不育症状与体内缺锌、缺锰有关，因此中医里富含锌、锰的温肾阳中药对男性的肾阳不足、不育症状有一定的疗效。

6）消渴

消渴症即为糖尿病，现代中医研究发现，消渴症患者血清中锌、铁含量下降，铜的含量升高。

微量元素的变化与人类病症的轻重变化及中医的演变都有一定的关联。

11.3　构成生命的基础物质

11.3.1　氨基酸

氨基酸有两种官能团（除脯氨酸外），即氨基（—NH_2）和羧基（—COOH），它是蛋白质的基本结构单位。

自然界中，已有一百多种氨基酸被发现，但从蛋白质水解生成物中分离出来的天然氨基酸通常只有 20 种，如表 11.4 所示。其中，1~7 号为非极性疏水性氨基酸，8~15 号为极性中性氨基酸，16、17 号为酸性氨基酸，18~20 号为碱性氨基酸。除脯氨酸外，这些氨基酸在结构上具有一个共同特征，即与羧基相邻的 α-碳原子上都有一个氨基，因此称为 α-氨基酸，可以用通式 $NH_2CHRCOOH$ 表示。α-氨基酸都是白色的晶体，且各自有独特的结晶形状，都有很大的水溶性，且都具有较高的熔点（常在 200℃ 以上）。

表 11.4 20 种天然氨基酸

序号	化学名称	结构式	英文简称	序号	化学名称	结构式	英文简称
1	甘氨酸		Gly	11	半胱氨酸		Cys
2	丙氨酸		Ala	12	蛋氨酸		Met
3	缬氨酸		Val	13	天冬酰胺		Asn
4	亮氨酸		Leu	14	谷氨酰胺		Gln
5	异亮氨酸		Phe	15	苏氨酸		Thr
6	苯丙氨酸		Phe	16	天冬氨酸		Asp
7	脯氨酸		Pro	17	谷氨酸		Glu
8	色氨酸		Try	18	赖氨酸		Lys
9	丝氨酸		Ser	19	精氨酸		Arg
10	酪氨酸		Tyr	20	组氨酸		His

11.3.2 蛋白质

人体的结构，如肌肉、皮肤、毛发、手指甲等都是蛋白质，对各种使人体能够不停活动的化学反应起催化作用的酶也是蛋白质，没有蛋白质就没有生命，蛋白质存在于所有活细胞中，它可以精妙地完成生命的特定功能。蛋白质由氨基酸构成，氨基酸的基本连接方式是彼此以肽键结合成多肽链，再由一条或多条肽链按各种特殊方式即可组合成蛋白质分子。后面介绍的另一非常重要的天然聚合物——核酸则是控制和指挥蛋白质的合成。

1. 蛋白质的元素组成

蛋白质是一类重要的生物高分子。不同来源的蛋白质，其分子大小虽有不同，但其化学元素的组成数量大致是相似的，它们除含 N 外，还含有 C、H、O，同时含有少量的 S、P，有的还含有 Fe、Cu、Mn、Zn 等金属元素，个别的还含有 I。蛋白质分子的含氮量有一定的比例（一般为 15% ~17.6%），这是蛋白质的一个重要特点。因此，任何生物样品中每有 1 g 氮的存在，表示该样品大约含有 6.25 g 蛋白质。

2. 蛋白质的分子组成

从蛋白质的水解生成物就可以得知其分子组成。我们可以采用酸、碱或酶的催化作用，将蛋白质大分子逐次水解为分子量较小的䏡、胨、肽，最终生成 α-氨基酸。按分子量大小，蛋白质水解示意图如下：

$$蛋白质 \rightarrow 䏡 \rightarrow 胨 \rightarrow 肽 \rightarrow \alpha\text{-氨基酸}$$

䏡、胨、肽均为蛋白质水解的中间生成物，它们进一步水解，最终生成 α-氨基酸，因此 α-氨基酸为蛋白质分子组成的基本单位。蛋白质的水解分为完全水解和不完全水解，完全水解一般在 100~110℃ 的高温条件下，加酸（酸法）或加碱（碱法）进行；不完全水解则是在稀酸、稀碱或酶等较温和的条件下进行，所得的水解生成物中除含有 α-氨基酸外，还含有一定数量的䏡、胨和肽等中间生成物。例如，微生物培养基中所用的蛋白胨和医药上应用的水解蛋白等均为蛋白质不完全水解的生成物。

3. 蛋白质的结构

蛋白质的结构可分为四级，虽然组成人体主要蛋白质的氨基酸只有 20 种，但由于氨基酸的连接次序不同，可以形成多种蛋白质。肽链中氨基酸的连接次序称为一级结构；肽链盘曲和折叠成特有的空间构象称为二级结构，二级结构主要是 α-螺旋结构和 β-折叠结构。二级结构的形成源于氢键作用，α-螺旋结构中氢键作用存在同一肽链中，而 β-折叠结构则由相邻肽链间的氢键作用而成；蛋白质螺旋或折叠结构的盘绕形式或折叠方式为三级结构，即三级结构是指肽链在二级结构基础上进一步折叠；而蛋白质单位的聚集度称为四级结构，如血红蛋白由 4 条肽链形成。蛋白质的生物活性不仅决定于一级结构，而且与其特定的空间结构密切相关，一、二、三、四级结构共同决定了蛋白质的生物活性。

4. 蛋白质变性

天然蛋白质都有紧密的特殊空间结构，并因此决定其具有特殊的生理功能与活性。蛋白质变性是指蛋白质结构中的氢键等副价键在外界因素的作用下受到破坏，使蛋白质的空间构象解体，造成蛋白质的理化性质改变并失去原来的功能和生理活性。

1）蛋白质变性的外界因素

蛋白质变性的外界因素主要包括物理因素和化学因素。

(1)物理因素。

加热、紫外线、超声波、强烈的搅拌、振荡及各种射线均能引起蛋白质变性。这些物理因素均具有较高能量,一方面促使蛋白质分子的剧烈运动,造成分子间相互碰撞,破坏了氢键;另一方面破坏其构象中的其他副价键,引起蛋白质空间构象的改变而使其变性。

(2)化学因素。

重金属盐、浓酸、浓碱及醇、酚、醛、酮、醌和脲等化学试剂均能破坏蛋白质的空间构象而使其变性。

2)变性蛋白质的特性

变性蛋白质的物理性质和化学性质均会改变,同时生物学功能及生理活性也会改变。生理功能及活性的减弱或丧失,是变性蛋白质的主要特征。例如,具有催化功能的酶,变性后则会失去其催化活性。

蛋白质变性并非都是坏事,有时人们必须设法防止其变性,有时人们又促使其变性。例如,发酵生产酶制剂中,为防止微生物合成的酶在提取、干燥、贮运过程中变性,而有利于保持其催化性,则要求在操作中注意保持低温,避免强酸、强碱、重金属盐类及振荡。相反,采用高温消毒的方法,其本质是使杂菌的菌体蛋白变性失活。

11.3.3 糖类

糖类是有机体生命活动的一种重要能源物质,人体70%以上的能量由它供给。糖类是由C、H、O组成的化合物,其化学通式可写成$C_n(H_2O)_m$,因此又被称为碳水化合物。从结构上看,糖类是多羟基醛或多羟基酮及能水解生成多羟基醛或多羟基酮的一类化合物。糖类的基本类型包括单糖、低聚糖和多糖。

在水溶液中不被水解的多羟基醛糖称为单糖,单糖是糖类中的最基本单元,也是最简单的糖类,如葡萄糖、果糖和半乳糖等;能水解成含几个单糖分子的糖称为低聚糖(寡糖),如蔗糖、麦芽糖和乳糖等;凡能水解为很多个单糖分子的糖称为多糖,如淀粉、纤维素等,多糖广泛存在于自然界,在性质上与前两种糖差别很大,如没有甜味,不溶于水。

糖类主要来源于植物的光合作用:

$$6CO_2 + 6H_2O \xrightarrow{\text{叶绿素光合作用}} C_6(H_2O)_6 + 6O_2$$
$$\text{葡萄糖}$$

$$nC_6(H_2O)_6 \longrightarrow C_{6n}(H_2O)_{5n} + nH_2O$$
$$\text{葡萄糖} \qquad \text{淀粉或纤维素}$$

在淀粉酶的作用下,淀粉在肠胃中水解为葡萄糖:

$$C_{6n}(H_2O)_{5n} + nH_2O \xrightarrow{\text{淀粉酶}} nC_6(H_2O)_6$$
$$\text{淀粉} \qquad\qquad\qquad \text{葡萄糖}$$

葡萄糖被小肠吸收并由血液运送到全身各组织器官,供细胞利用。在细胞内,葡萄糖

经多步酶催化反应,氧化成 CO_2 和 H_2O 并放出能量:

$$C_6(H_2O)_6 + 6O_2 \xrightarrow{\text{酶催化}} 6CO_2 + 6H_2O + \text{能量}$$
葡萄糖　　　　　　　　　　　(储存在 ATP 中)

这种生物氧化作用叫细胞呼吸,过程中所释放的能量并不能直接利用,而是由 ADP(二磷酸腺苷)吸收能量转变为 ATP(三磷酸腺苷)储存起来,ATP 在酶催化下变成 ADP 的过程中再释放能量供给生命活动使用。ADP 与 ATP 之间的相互转化及相应的能量储存与释放过程如下:

$$ADP + H_3PO_4 + \text{能量} \longrightarrow ATP + H_2O$$

ATP、ADP 及 AMP(单磷酸腺苷)的化学结构式如图 11.1 所示。

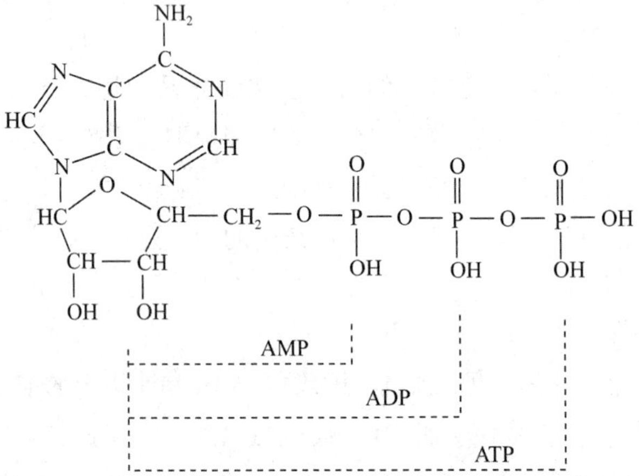

图 11.1　AMP、ADP 及 ATP 的化学结构式

糖类是生命的动力,也是人体重要的组成成分之一,1 g 葡萄糖完全氧化时可释放 16.7 kJ 能量。糖类和蛋白质结合可以形成糖蛋白,糖蛋白是某些激素、酶、血液中凝血因子和抗体的成分,细胞膜上某些激素受体、离子通道和血型物质等也是糖蛋白。糖和脂类结合则形成糖脂,糖脂是神经组织和生物膜的重要组分。

11.3.4　酶

生命的基本特征之一是新陈代谢,一切生物体体内时刻都在进行着一系列复杂的化学变化。生物体内几乎所有的化学反应都是由酶的催化完成的,因此可以认为没有酶便没有生命。

1. 酶的化学本质

酶是一类由活细胞产生,并具有催化活性和高度专一性的特殊蛋白质。因此,酶的化学本质是蛋白质,并具有蛋白质的各种理化性质。

2. 酶的组成

有些酶是简单蛋白质,其水解生成物全是氨基酸,催化活性只取决于蛋白质结构,如脲酶、淀粉酶、核糖核酸酶等。另一些酶则是结合蛋白,需要有非蛋白质组分才表现出酶的活性,在此类酶中,把不表现催化活性的蛋白质部分称为酶蛋白,非蛋白部分称为辅助因子,它包括金属离子及小分子有机物,这两部分的复合物称为全酶。全酶的酶蛋白决定着酶促反应的专一性与高效率,辅助因子在反应中直接传递电子、原子或某些基团。

3. 酶的分类

国际系统分类法根据酶促反应类型,把酶分为6大类:

(1) 氧化还原酶类,催化氧化还原反应;
(2) 转移酶类,催化功能基团转移反应;
(3) 水解酶类,催化水解反应;
(4) 裂解酶类,催化从底物移去一个基团而留下双键的反应或其逆反应;
(5) 异构酶,催化异构体互相转变;
(6) 合成酶,催化双分子合成一种新物质并同时使 ATP 分解的反应。

4. 酶的活性中心与特性

酶的特殊催化功能只局限于整个大分子的某一部分。在酶催化过程中,酶(E)首先与底物(S)结合成中间生成物(ES),然后再由中间生成物分解为生成物(P)和酶,即

$$E + S \rightarrow ES \rightarrow E + P$$

酶的活性中心是指酶中直接与底物结合形成酶-底物复合物的区域。一般认为酶的活性中心有两个功能部位,直接与底物结合的部位称为结合部位,催化底物发生特定化学反应的部位称为催化部位。

酶作为生物催化剂与一般催化剂相比具有下列特性:(1)催化效率非常高,酶促反应速率比非催化反应高 $10^8 \sim 10^{20}$ 倍,比其他催化反应高 $10^7 \sim 10^{13}$ 倍;(3)高度的专一性,一种酶通常只作用于一类或一种特定物质;(3)反应条件温和,酶促反应可以在常温、常压、接近中性的酸碱度下进行;(4)易失活性;(5)酶的活性可以受到多种形式的调节控制。

11.3.5 核酸

1. 核酸的组成与结构

核酸是细胞中具有遗传性的物质,也是细胞中最重要的物质之一,在有机体内通常与蛋白质结合成核蛋白。核酸由核苷酸聚合而成,因此核酸又称为多聚核苷酸。核苷酸由戊糖、碱基和磷酸3个基本结构单元组成,它们之间的关系如下:

$$\left.\begin{array}{c}\text{戊糖}\\ \text{碱基}\end{array}\right\} \xrightarrow{\text{脱水缩合}} \left.\begin{array}{c}\text{核苷}\\ \text{(磷酸)}\end{array}\right\} \xrightarrow{\text{脱水缩合}} \text{核苷酸} \xrightarrow{\text{聚合,顺序排列}} \text{核酸}$$

核酸中的戊糖分为两种:核糖和脱氧核糖,分子结构上两者的区别仅在于连接在2位碳原子上的基团不同,如图 11.2 所示。

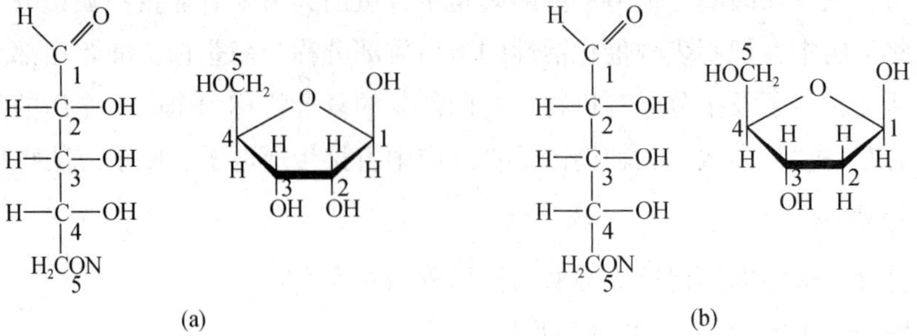

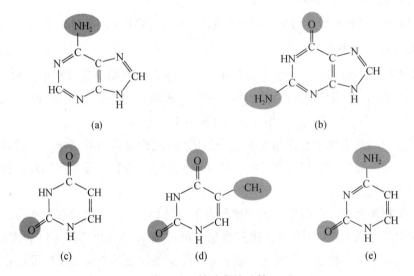

图 11.2 核糖和脱氧核糖的化学结构式
(a)核糖；(b)脱氧核糖

如图 11.3 所示，核酸中的碱基主要有 5 种：两种嘌呤碱，即腺嘌呤和鸟嘌呤，它们都是嘌呤的衍生物；3 种嘧啶碱，即尿嘧啶、胸腺嘧啶和胞嘧啶，它们则是嘧啶的衍生物。

图 11.3 核酸中的碱基
(a)腺嘌呤；(b)鸟嘌呤；(c)尿嘧啶；(d)胸腺嘧啶；(e)胞嘧啶

核酸可以分为核糖核酸(RNA)和脱氧核糖核酸(DNA)两大类。RNA 主要由含腺嘌呤、鸟嘌呤、胞嘧啶和尿嘧啶的核苷酸构成，而 DNA 主要由含腺嘌呤、鸟嘌呤、胞嘧啶和胸腺嘧啶的核苷酸构成，二者的差别是 DNA 的胸腺嘧啶代替了 RNA 的尿嘧啶。RNA 和 DNA 的基本化学组成如表 11.5 所示。

表 11.5 RNA 和 DNA 的基本化学组成

类型	嘌呤碱	嘧啶碱	戊糖	酸
RNA	腺嘌呤、鸟嘌呤	胞嘧啶、尿嘧啶	D-核糖	磷酸
DNA	腺嘌呤、鸟嘌呤	胞嘧啶、胸腺嘧啶	D-2-脱氧核糖	磷酸

根据功能不同，RNA 又分 3 类：信使 RNA(mRNA)，其功能是传递 DNA 的遗传信息；转运 RNA(tRNA)，它在蛋白质生物合成过程中具有转运氨基酸的功能；核糖体 RNA (rRNA)，其功能是接收 RNA 转移来的氨基酸，使蛋白链增长。

DNA 分子是由两条螺旋状的多聚核苷链构成的双螺旋结构，每条多聚核苷链由糖分子(脱氧核糖)和磷酸酯交替形成，即

—糖—磷酸酯—糖—磷酸酯—

多聚核苷链内侧由嘌呤碱和嘧啶碱构成，碱基之间的氢键维持了两条链的双螺旋结构，即一条链上的嘌呤碱必须与另一条链上的嘧啶碱相配(碱基互补原则)，才能形成双螺旋结构。因此，当一条多聚核苷链的碱基序列被确定后，就能推知另一条互补的多聚核苷链的碱基序列。1953 年，科学家 J. D. Watson 和 F. H. Crick 提出的 DNA 分子的双螺旋结构对于生命化学具有里程碑的意义，也为遗传工程发展奠定了理论基础。核酸作为遗传信息的携带者与传递者，对于生物的遗传变异、生长发育及蛋白质合成均发挥着重要作用。

2. 核酸与基因的遗传信息传递

核酸是生物遗传的物质基础。DNA 分子储存的信息是根据其分子中的脱氧核苷酸(用 A、G、C、T，共 4 种碱基表示)以特定顺序排列成 3 个一组的三联体表示的，这种三联体称为遗传密码，4 种碱基可组成 64(即 4^3)个密码子。通俗地讲，可以将每条链看作一根磁带，磁带上记录着细胞和有机生长发育的信息。信息储存在与糖基结合的碱基分子中，碱基就像分子语言中的字母，碱基在多聚核苷链上出现的顺序也就构成了分子信息(即遗传编码)。

蛋白质生物合成是在基因控制下进行的，每个基因包含有关单一蛋白质完整序列的信息。细胞核中的 DNA 是由许多信息片段所组成的，每一个片段就是一个基因，基因控制单一蛋白质的氨基酸序列，而 DNA 分子中糖—磷酸酯链上所连接的碱基是真正信息的载体，它们在 DNA 分子中的序列又决定了蛋白质分子中氨基酸的序列。

蛋白质生物合成过程如下：基因作为合成 mRNA 分子的模板，在合成 mRNA 时，DNA 的双螺旋结构先解开，使要复制的基因(或电荷)暴露出来，同时单股 DNA 便作为合成新的互补股的模板，形成新的 DNA 分子。每个新的 DNA 分子中的一股由亲代 DNA 遗传而来，另一股则是新的。因而这两个新的 DNA 分子既彼此相同又与亲代一致，这样就保证了染色体的遗传信息在细胞分裂时能精确地传给新细胞，这种形成新 DNA 的过程称为复制。在后代的生长发育过程中，遗传信息自 DNA 转录给 RNA，然后翻译成特异的蛋白质，以执行各种生命功能，使后代表现出与亲代相似的遗传形状。

11.3.6 维生素

维生素(vitamin)又名维他命，是维持人体生命活动必需的一类小分子有机物，也是保持人体健康的重要活性物质。维生素在人体内含量很少，它并不是构成人体组织和细胞的组分，也不会产生能量，但对维持人体正常的新陈代谢和生理机能极为重要。大多数维生素在人体中不能合成或合成量不足，因而必须经常从食物中摄取。维生素种类繁多，本书主要介绍以下几种。

维生素 C 是知名度最高的维生素"明星"，人体不能合成，但广泛存在于新鲜水果和

蔬菜中。维生素 C 在光、热及强氧化性物质等条件下都不稳定。维生素 C 最主要的功能是促进胶原蛋白的合成,从而预防坏血病。此外,维生素 C 还具有促进伤口愈合、增强免疫力、预防关节炎、增加皮肤弹性和预防色斑等功能。著名化学家鲍林认为维生素 C 可预防癌症的发生,但这一观点目前尚未得到医学界的公认。

维生素 D 目前被认为是一种类固醇激素,也是一类化合物的总称,主要包括 VD_2(麦角钙化醇)和 VD_3(胆钙化醇)。维生素 D 有两个来源,一是在日光照射下人体内的胆固醇可转变成维生素 D;二是从含维生素 D 较为丰富的食物如动物肝脏、蛋黄、奶酪和鱼类等中摄取。维生素 D 的主要功能是提高人体对钙、磷的吸收,促进骨骼的生长和钙化。如果幼儿缺乏维生素 D,可引发佝偻病,成人缺乏维生素 D,则会引发软骨病。

维生素 E 具有延缓衰老的作用,是女性化妆品和美容产品中不可缺少的物质,还能增强女性生育机能,提高其受精几率,预防流产。同时,维生素 E 作为一种酚类物质具有很强的抗氧化作用,可有效消除人体在新陈代谢过程中产生的强氧化性自由基,保护机体细胞免受自由基的毒害,提高人体的活力。此外,维生素 E 还是一种重要的血管扩张剂和抗凝剂,可促进人体血液循环。维生素 E 在植物油中含量较高,但高温烹饪会破坏维生素 E。

维生素 B_{12} 是唯一含有金属离子的维生素,同时也是人体内极少见的金属有机化合物之一,它可促进红血球的形成和再生,防止贫血,维持造血系统和神经系统的正常功能。除人工合成外,维生素 B_{12} 还广泛存在于动物类食品如肉类和奶制品中。

11.4 基因工程简介

11.4.1 DNA 重组技术——克隆技术

1996 年 7 月,英国爱丁堡罗斯林研究所的科研人员首次通过克隆技术复制出了世界上第一只"克隆羊",并取名为"多莉",这标志着基因工程进入了一个新的水平。

基因工程的核心技术是 DNA 重组技术,即所谓的克隆技术,主要包括基因克隆、细胞克隆和个体克隆。基因克隆指的是在分子(DNA)水平上得到大量的相同基因及其表达生成物;细胞克隆是在细胞水平上进行研究工作产生大量相同的细胞;个体克隆是指通过一系列的操作获得一个或多个与亲代完全相同的生物个体。

"多莉"与多塞特母绵羊具有完全相同的外貌。"多莉"出生后生长正常,1997 年年底,其与一头威尔士高山羊自然交配怀孕,并于 1998 年 4 月 13 日生下了一只体重为 2.7 kg 的雄性小羊羔——"邦妮"。这说明克隆出来的"多莉"具有正常的生育能力。

"多莉"诞生之后,包括我国在内的一些国家,也先后成功地克隆出了猪、猴和牛等,所用的生物材料也都是体细胞。由于涉及人类的伦理等问题,许多国家立法禁止将克隆技术用于人类,不过也有些国家准许克隆一些人体的器官用于医疗。

11.4.2 转基因技术

根据人们的需要,利用转基因技术可以赋予农作物新的特性。例如,可以使农作物释放出杀虫的物质；可以使农作物具有异常的抗干旱或抗盐碱性，从而在旱地或盐碱地上生长或产出营养丰富的食品。这种农作物称为转基因改制作物，由这些农作物而得到的食品称为转基因食品。此外，科学家利用转基因技术，还能开发出能够产生防病作用的疫苗和具有抗病性的农作物。

转基因技术主要有如下优点：

(1)可以培育出具有抗病虫害和抗杂草能力的新品种农作物，从而减少农药和除草剂的用量，可以降低生产成本；(2)通过基因改良培育出新品种农作物，可以使农作物的产量大幅度增加；(3)传统的育种方法培育一个新品种农作物需要7~8年时间，而采用转基因技术可以使开发一种全新农作物的时间缩短为2~3年。

随着转基因技术的发展和进步，转基因作物的增多和转基因食品的大量上市，人们对转基因食品是否会影响人体的健康或是否会产生什么副作用等问题都十分关心，但目前这些问题都还无法得到解答。

11.4.3 基因疗法

基因疗法是应用转基因技术，把特定的基因或病毒植入病灶细胞内以治疗疾病的一种方法。例如，关节炎、肝硬化、心脏病、肺炎、前列腺炎、血友病、白血病、胰腺癌、食道癌、脑肿瘤、乳腺癌、帕金森氏症、糖尿病等许多疑难病症都可以用基因疗法进行治疗。2002年9月，科学家宣布用基因疗法可以使糖尿病人恢复产生胰岛素的功能，从而给根治糖尿病带来希望。

科学家制作了存储着大量信息的基因芯片(DNA阵)，在指甲盖大小的芯片上，排列着许多已知碱基顺序的DNA片段，根据碱基互补原则，芯片上的单链的DNA片段能捕捉样品中相应的DNA，从而确定对方的身份，通过这种方式可以准确地识别异常蛋白等物质。利用基因芯片可以代替传统的身体检查和疾病诊断，即通过几个基因芯片探查一个人基因，就可以了解其全部的遗传缺陷并提醒他身体可能患有的疾病，以便采用相应的对策进行预防和治疗。有人预测，将来可以用一张"个人医疗基因卡"来记录患者详细的个人基因信息，医生根据临床表现结合"基因图"就可以做出正确的诊断和选用有效的药物。

可以断言，基因疗法将会产生一场新的医学革命，将会给许多被认为患上不治之症的病人带来福音。

习 题

11.1 简述什么是必需元素？什么是微量元素？

11.2 微量元素摄入量与人体健康有何关系？当人体内金属离子浓度发生异常时，人们通常会采取哪些措施？

11.3 人体内缺乏Na^+、K^+、Ca^{2+}可能引发什么病症？

11.4 纤维素是维持人体健康所必需的营养素吗？为什么？

11.5 构成生命的基础物质是哪几类有机化合物？

11.6 什么是蛋白质的基本结构单位？说明氨基酸、肽和蛋白质之间的关系。

11.7 酶是生物催化剂，它与一般催化剂有何区别？

11.8 简述核酸与蛋白质的关系。

11.9 简述核酸的组成及其在生命体中的主要作用。

11.10 简述 DNA 的结构特征和复制过程。

11.11 什么是克隆技术？克隆技术可分为哪几类？

11.12 什么是转基因食品？如何辩证地看待转基因食品？

附 录

附录 I 常见物质的 $\Delta_f H_m^\theta$、$\Delta_f G_m^\theta$ 和 S_m^θ(298.15 K, 101.3 kPa)

物质	$\Delta_f H_m^\theta/(\text{kJ}\cdot\text{mol}^{-1})$	$\Delta_f G_m^\theta/(\text{kJ}\cdot\text{mol}^{-1})$	$S_m^\theta/(\text{J}\cdot\text{K}^{-1}\cdot\text{mol}^{-1})$
Ag(s)	0.00	0.00	42.55
AgCl(s)	-127.07	-109.80	96.20
AgBr(s)	-100.40	-96.90	107.10
AgI(s)	-61.84	-66.19	115.00
Ag$_2$O(s)	-31.10	-11.20	121.00
Al(s)	0.00	0.00	28.33
AlCl$_3$(s)	-704.20	-628.90	110.70
α-Al$_2$O$_3$(s)	-1 676.00	-1 582.00	50.92
B(s, β)	0.00	0.00	5.86
B$_2$O$_3$(s)	-1 272.80	-1 193.70	53.97
Ba(s)	0.00	0.00	62.80
BaO(s)	-548.10	-520.41	72.09
BaSO$_4$(s)	-1 473.00	-1 362.00	132.00
Br$_2$(l)	0.00	0.00	152.23
Br$_2$(g)	30.91	3.14	245.35
Ca(s)	0.00	0.00	41.20
CaCl$_2$(s)	-795.80	-748.10	105.00
CaO(s)	-635.09	-604.04	39.75
Ca(OH)$_2$(s)	-986.09	-898.56	83.39
CaCO$_3$(s, 方解石)	-1 206.90	-1 128.80	92.90
CaSO$_4$(s, 无水石膏)	-1 434.10	-1 321.90	107.00
C(石墨)	0.00	0.00	5.74

续表

物质	$\Delta_f H_m^\theta/(kJ \cdot mol^{-1})$	$\Delta_f G_m^\theta/(kJ \cdot mol^{-1})$	$S_m^\theta/(J \cdot K^{-1} \cdot mol^{-1})$
C(金刚石)	1.987	2.900	2.38
C(g)	716.68	671.21	157.99
CO(g)	-110.52	-137.15	197.56
CO_2(g)	-393.51	-394.36	213.60
CCl_4(l)	-135.40	-65.20	216.40
C_2H_5OH(l)	-277.70	-174.90	161.00
CH_3COOH(l)	-484.50	-390.00	160.00
CH_4(g)	-74.81	-50.75	186.15
C_2H_2(g)	226.75	209.20	200.82
C_2H_4(g)	52.26	68.12	219.50
Cl_2(g)	0.00	0.00	222.96
Cr(s)	0.00	0.00	23.80
Cr_2O_3(s)	-1 140.00	-1 058.00	81.20
Cu(s)	0.00	0.00	33.15
Cu_2O(s)	-169.00	-146.00	93.14
CuO(s)	-157.00	-130.00	42.63
Cu_2S(s,α)	-79.50	-86.20	121.00
CuS(s)	-53.10	-53.60	66.50
F_2(g)	0.00	0.00	202.70
Fe(s)	0.00	0.00	27.30
Fe_2O_3(s,赤铁矿)	-824.20	-742.20	87.40
Fe_3O_4(s,磁铁矿)	-1 120.90	-1 015.46	146.44
H_2(g)	0.00	0.00	130.57
Hg(g)	61.32	31.85	174.80
HgO(s,红)	-90.83	-58.56	70.29
I_2(s)	0.00	0.00	116.14
I_2(g)	62.438	19.36	260.60
K(s)	0.00	0.00	64.18
KCl(s)	-436.75	-409.20	82.59
Mg(s)	0.00	0.00	32.68

续表

物质	$\Delta_f H_m^\theta/(kJ \cdot mol^{-1})$	$\Delta_f G_m^\theta/(kJ \cdot mol^{-1})$	$S_m^\theta/(J \cdot K^{-1} \cdot mol^{-1})$
$MgCl_2(s)$	−641.32	−591.83	89.62
$MgO(s,方镁石)$	−601.70	−569.44	26.90
$Mg(OH)_2(s)$	−924.54	−833.58	63.18
$Mn(s,\alpha)$	0.00	0.00	32.00
$MnO_2(s)$	−520.03	−465.18	53.05
$Na(s)$	0.00	0.00	51.21
$NaCl(s)$	−411.15	−384.15	72.13
$NaOH(s)$	−425.61	−379.53	64.45
$NH_3(g)$	−46.11	−16.50	192.30
$N_2(g)$	0.00	0.00	191.50
$NO(g)$	90.25	86.57	210.65
$NO_2(g)$	33.20	51.30	240.00
$N_2H_4(l)$	50.63	149.20	121.20
$O_2(g)$	0.00	0.00	205.03
$H_2O(g)$	−241.82	−228.59	188.72
$P(s,白)$	0.00	0.00	41.09
$P(红)(s,三斜)$	−17.60	−12.10	22.80
$Pb(s)$	0.00	0.00	64.81
$PbO(s,黄)$	−215.33	−187.90	68.70
$SO_2(g)$	−296.83	−300.19	248.10
$SO_3(g)$	−395.70	−371.10	256.60
$Si(s)$	0.00	0.00	18.80
$SiO_2(s,石英)$	−910.94	−856.67	41.84
$SiCl_4(g)$	−657.01	−617.01	330.60
$Sn(s,白)$	0.00	0.00	51.55
$SnO_2(s)$	−580.70	−519.70	52.30
$Zn(s)$	0.00	0.00	41.60
$ZnO(s)$	−348.30	−318.30	43.64

附录 II 弱酸、弱碱的离解常数 K^θ

弱电解质	温度/℃	离解常数	弱电解质	温度/℃	离解常数
H_3AsO_4	18	$K_1^\theta = 5.62 \times 10^{-3}$	H_2S	18	$K_1^\theta = 1.30 \times 10^{-7}$
	18	$K_2^\theta = 1.70 \times 10^{-7}$		18	$K_2^\theta = 7.10 \times 10^{-15}$
	18	$K_3^\theta = 3.95 \times 10^{-12}$	HSO_4^-	25	$K^\theta = 1.20 \times 10^{-2}$
H_3BO_3	20	$K^\theta = 7.30 \times 10^{-10}$	H_2SO_3	18	$K_1^\theta = 1.54 \times 10^{-2}$
$HBrO$	25	$K^\theta = 2.06 \times 10^{-9}$		18	$K_2^\theta = 1.02 \times 10^{-7}$
H_2CO_3	25	$K_1^\theta = 4.30 \times 10^{-7}$	H_2SiO_3	30	$K_1^\theta = 2.20 \times 10^{-10}$
	25	$K_2^\theta = 5.61 \times 10^{-11}$		30	$K_2^\theta = 2.00 \times 10^{-12}$
$H_2C_2O_4$	25	$K_1^\theta = 5.90 \times 10^{-2}$	$HCOOH$	25	$K^\theta = 1.77 \times 10^{-4}$
	25	$K_2^\theta = 6.40 \times 10^{-5}$	CH_3COOH	25	$K^\theta = 1.76 \times 10^{-5}$
HCN	25	$K^\theta = 4.93 \times 10^{-10}$	$CH_2ClCOOH$	25	$K^\theta = 1.4 \times 10^{-3}$
$HClO$	18	$K^\theta = 2.95 \times 10^{-8}$	$CHCl_2COOH$	25	$K^\theta = 3.32 \times 10^{-2}$
H_2CrO_4	25	$K_1^\theta = 1.80 \times 10^{-1}$	$H_3C_6H_5O_7$（柠檬酸）	20	$K_1^\theta = 7.10 \times 10^{-4}$
	25	$K_2^\theta = 3.20 \times 10^{-7}$		20	$K_2^\theta = 1.68 \times 10^{-5}$
HF	25	$K^\theta = 3.53 \times 10^{-4}$		20	$K_3^\theta = 4.10 \times 10^{-7}$
HIO_3	25	$K^\theta = 1.69 \times 10^{-1}$	$NH_3 \cdot H_2O$	25	$K^\theta = 1.77 \times 10^{-5}$
HIO	25	$K^\theta = 2.30 \times 10^{-11}$	$AgOH$	25	$K^\theta = 1.00 \times 10^{-2}$
HNO_2	12.5	$K^\theta = 4.60 \times 10^{-4}$	$Al(OH)_3$	25	$K_1^\theta = 5.00 \times 10^{-9}$
NH_4^+	25	$K^\theta = 5.64 \times 10^{-10}$		25	$K_2^\theta = 2.00 \times 10^{-10}$
H_2O_2	25	$K^\theta = 2.40 \times 10^{-12}$	$Be(OH)_2$	25	$K_2^\theta = 1.78 \times 10^{-6}$
H_3PO_4	25	$K_1^\theta = 7.52 \times 10^{-3}$		25	$K_2^\theta = 2.50 \times 10^{-9}$
	25	$K_2^\theta = 6.23 \times 10^{-8}$	$Ca(OH)_2$	25	$K_2^\theta = 6.00 \times 10^{-2}$
	25	$K_3^\theta = 2.20 \times 10^{-13}$	$Zn(OH)_2$	25	$K_1^\theta = 8.00 \times 10^{-7}$

附录III 常见难溶电解质的溶度积 K_{sp}^{θ}(298 K)

难溶电解质	K_{sp}^{θ}	难溶电解质	K_{sp}^{θ}
AgCl	1.77×10^{-10}	$Fe(OH)_2$	4.87×10^{-17}
AgBr	5.35×10^{-13}	$Fe(OH)_3$	2.64×10^{-39}
AgI	8.51×10^{-17}	FeS	1.59×10^{-19}
Ag_2CO_3	8.45×10^{-12}	Hg_2Cl_2	1.45×10^{-18}
Ag_2CrO_4	1.12×10^{-12}	HgS(黑)	6.44×10^{-53}
Ag_2SO_4	1.20×10^{-5}	$MgCO_3$	6.82×10^{-6}
$Ag_2S(\alpha)$	6.69×10^{-50}	$Mg(OH)_2$	5.61×10^{-12}
$Ag_2S(\beta)$	1.09×10^{-49}	$Mn(OH)_2$	2.06×10^{-13}
$Al(OH)_3$	2.00×10^{-33}	MnS	4.65×10^{-14}
$BaCO_3$	2.58×10^{-9}	$Ni(OH)_2$	5.47×10^{-16}
$BaSO_4$	1.07×10^{-10}	NiS	1.07×10^{-21}
$BaCrO_4$	1.17×10^{-10}	$PbCl_2$	1.17×10^{-5}
$CaCO_3$	4.96×10^{-9}	$PbCO_3$	1.46×10^{-13}
$CaC_2O_4 \cdot H_2O$	2.34×10^{-9}	$PbCrO_4$	1.77×10^{-14}
CaF_2	1.46×10^{-10}	PbF_2	7.12×10^{-7}
$Ca_3(PO_4)_2$	2.07×10^{-33}	$PbSO_4$	1.82×10^{-8}
$CaSO_4$	7.10×10^{-5}	PbS	9.04×10^{-29}
$Cd(OH)_2$	5.27×10^{-15}	PbI_2	8.49×10^{-9}
CdS	1.40×10^{-29}	$Pb(OH)_2$	1.42×10^{-20}
$Co(OH)_2$(桃红)	1.09×10^{-13}	$SrCO_3$	5.60×10^{-10}
$Co(OH)_2$(蓝)	5.92×10^{-15}	$SiSO_4$	3.44×10^{-7}
$CoS(\alpha)$	4.00×10^{-21}	$ZnCO_3$	1.19×10^{-10}
$CoS(\beta)$	2.00×10^{-23}	$Zn(OH)_2(\gamma)$	6.68×10^{-17}
$Cr(OH)_3$	7.00×10^{-31}	$Zn(OH)_2(\beta)$	7.71×10^{-17}
CuI	1.27×10^{-12}	$Zn(OH)_2(\varepsilon)$	4.12×10^{-17}
CuS	1.27×10^{-36}	ZnS	2.93×10^{-25}

附录Ⅳ-1 酸性溶液中的标准电极电势 E^{θ}(298 K)

元素	电极反应	E^{θ}/V
Ag	$AgBr+e^- \rightleftharpoons Ag+Br^-$	+0.071 33
	$AgCl+e^- \rightleftharpoons Ag+Cl^-$	+0.222 30
	$Ag^++e^- \rightleftharpoons Ag$	+0.799 60
Al	$Al^{3+}+3e^- \rightleftharpoons Al$	−1.662 00
Br	$Br_2+2e^- \rightleftharpoons 2Br^-$	+1.066 00
Ca	$Ca^{2+}+2e^- \rightleftharpoons Ca$	−2.868 00
Cl	$ClO_4^-+2H^++2e^- \rightleftharpoons ClO_3^-+H_2O$	+1.189 00
	$Cl_2+2e^- \rightleftharpoons 2Cl^-$	+1.358 27
	$ClO_3^-+6H^++6e^- \rightleftharpoons Cl^-+3H_2O$	+1.451 00
Co	$Co^{3+}+e^- \rightleftharpoons Co^{2+}$	+1.830 00
Cr	$Cr_2O_7^{2-}+14H^++6e^- \rightleftharpoons 2Cr^{3+}+7H_2O$	+1.232 00
Cu	$Cu^{2+}+e^- \rightleftharpoons Cu^+$	+0.153 00
	$Cu^{2+}+2e^- \rightleftharpoons Cu$	+0.341 90
	$Cu^++e^- \rightleftharpoons Cu$	+0.522 00
Fe	$Fe^{2+}+2e^- \rightleftharpoons Fe$	−0.447 00
	$Fe^{3+}+e^- \rightleftharpoons Fe^{2+}$	+0.771 00
H	$2H^++e^- \rightleftharpoons H_2$	0
Hg	$Hg_2Cl_2+2e^- \rightleftharpoons 2Hg+2Cl^-$	+0.281 00
	$Hg_2^{2+}+2e^- \rightleftharpoons 2Hg$	+0.797 30
	$Hg^{2+}+2e^- \rightleftharpoons Hg$	+0.851 00
I	$I_2+2e^- \rightleftharpoons 2I^-$	+0.535 500
K	$K^++e^- \rightleftharpoons K$	−2.931 00
Mg	$Mg^{2+}+2e^- \rightleftharpoons Mg$	−2.372 00
Mn	$Mn^++2e^- \rightleftharpoons Mn$	−1.185 00
	$MnO_4^-+e^- \rightleftharpoons MnO_4^{2-}$	+0.558 00
	$MnO_2+4H^++2e^- \rightleftharpoons Mn^{2+}+2H_2O$	+1.224 00
	$MnO_4^-+8H^++5e^- \rightleftharpoons Mn^{2+}+4H_2O$	+1.507 00
	$MnO_4^-+4H^++3e^- \rightleftharpoons MnO_2+2H_2O$	+1.679 00
Na	$Na^++e^- \rightleftharpoons Na$	−2.710 00

续表

元素	电极反应	E^{θ}/V
O	$O_2+2H^++2e^- \Longrightarrow H_2O_2$	+0.695 00
	$H_2O_2+2H^++2e^- \Longrightarrow 2H_2O$	+1.776 00
	$O_2+4H^++4e^- \Longrightarrow 2H_2O$	+1.229 00
Pb	$PbI_2+2e^- \Longrightarrow Pb+2I^-$	−0.365 00
	$PbCl_2+2e^- \Longrightarrow Pb+2Cl^-$	−0.267 50
	$Pb^{2+}+2e^- \Longrightarrow Pb$	−0.126 20
S	$H_2SO_3+4H^++4e^- \Longrightarrow S+3H_2O$	+0.449 00
	$S+2H^++2e^- \Longrightarrow H_2S$	+0.142 00
	$SO_4^{2-}+4H^++2e^- \Longrightarrow H_2SO_3+H_2O$	+0.172 00
Sb	$Sb_2O_3+6H^++6e^- \Longrightarrow 2Sb+3H_2O$	+0.152 00
Sn	$Sn^{4+}+2e^- \Longrightarrow Sn^{2+}$	+0.151 00
Zn	$Zn^{2+}+2e^- \Longrightarrow Zn$	−0.761 80

附录 Ⅵ-2 碱性溶液中的标准电极电势 E^{θ}(298 K)

元素	电极反应	E^{θ}/V
Ag	$Ag_2S+2e^- \Longrightarrow 2Ag+S^{2-}$	−0.691 00
	$Ag_2O+H_2O+2e^- \Longrightarrow 2Ag+2OH^-$	+0.342 00
Al	$H_2AlO_3^-+H_2O+3e^- \Longrightarrow Al+4OH^-$	−2.330 00
As	$AsO_2^-+2H_2O+3e^- \Longrightarrow As+4OH^-$	−0.680 00
	$AsO_4^{3-}+2H_2O+2e^- \Longrightarrow AsO_2^-+4OH^-$	−0.710 00
Br	$BrO_3^-+3H_2O+6e^- \Longrightarrow Br^-+6OH^-$	+0.610 00
	$BrO^-+H_2O+2e^- \Longrightarrow Br^-+2OH^-$	+0.761 00
Cl	$ClO_3^-+H_2O+2e^- \Longrightarrow ClO_2^-+2OH^-$	+0.330 00
	$ClO_4^-+H_2O+2e^- \Longrightarrow ClO_3^-+2OH^-$	+0.360 00
	$ClO_2^-+H_2O+2e^- \Longrightarrow ClO^-+2OH^-$	+0.660 00
	$ClO^-+H_2O+2e^- \Longrightarrow Cl^-+2OH^-$	+0.810 00
Co	$Co(OH)_2+2e^- \Longrightarrow Co+2OH^-$	−0.730 00
	$Co(NH_3)_6^{3+}+e^- \Longrightarrow Co(NH_3)_6^{2+}$	+0.108 00
	$Co(OH)_3+e^- \Longrightarrow Co(OH)_2+OH^-$	+0.170 00

续表

元素	电极反应	E^{θ}/V
Cr	$Cr(OH)_3 + 3e^- \rightleftharpoons Cr + 3OH^-$	−1.480 00
	$CrO_2^- + 2H_2O + 3e^- \rightleftharpoons Cr + 4OH^-$	−1.200 00
	$CrO_4^{2-} + 4H_2O + 3e^- \rightleftharpoons Cr(OH)_3 + 5OH^-$	−0.130 00
Cu	$Cu_2O + H_2O + 2e^- \rightleftharpoons 2Cu + 2OH^-$	−0.360 00
Fe	$Fe(OH)_3 + e^- \rightleftharpoons Fe(OH)_2 + OH^-$	−0.560 00
H	$2H_2O + 2e^- \rightleftharpoons H_2 + 2OH^-$	−0.827 70
Hg	$HgO + H_2O + 2e^- \rightleftharpoons Hg + 2OH^-$	+0.097 70
I	$IO_3^- + 3H_2O + 6e^- \rightleftharpoons I^- + 6OH^-$	+0.260 00
	$IO^- + H_2O + 2e^- \rightleftharpoons I^- + 2OH^-$	+0.485 00
Mg	$Mg(OH)_2 + 2e^- \rightleftharpoons Mg + 2OH^-$	−2.690 00
Mn	$Mn(OH)_2 + 2e^- \rightleftharpoons Mn + 2OH^-$	−1.560 00
	$MnO_4^- + 2H_2O + 3e^- \rightleftharpoons MnO_2 + 4OH^-$	+0.595 00
	$MnO_4^{2-} + 2H_2O + 2e^- \rightleftharpoons MnO_2 + 4OH^-$	+0.600 00
N	$NO_3^- + H_2O + 2e^- \rightleftharpoons NO_2^- + 2OH^-$	+0.010 00
O	$O_2 + 2H_2O + 4e^- \rightleftharpoons 4OH^-$	+0.401 00
S	$S + 2e^- \rightleftharpoons S^{2-}$	−0.476 27
	$SO_4^{2-} + H_2O + 2e^- \rightleftharpoons SO_3^{2-} + 2OH^-$	−0.930 00
	$2SO_3^{2-} + 3H_2O + 4e^- \rightleftharpoons S_2O_3^{2-} + 6OH^-$	−0.571 00
	$S_4O_6^{2-} + 2e^- \rightleftharpoons 2S_2O_3^{2-}$	+0.080 00
Sb	$SbO_2^- + 2H_2O + 3e^- \rightleftharpoons Sb + 4OH^-$	−0.660 00
Sn	$Sn(OH)_6^{2-} + 2e^- \rightleftharpoons HSnO_2^- + H_2O + 3OH^-$	−0.930 00
	$HSnO_2^- + H_2O + 2e^- \rightleftharpoons Sn + 3OH^-$	−0.909 00

附录Ⅴ 常见配离子的稳定常数 $K_{稳}^{\theta}$

配离子	$K_{稳}^{\theta}$	配离子	$K_{稳}^{\theta}$
$Ag(CN)_2^-$	1.30×10^{21}	$Fe(CN)_6^{4-}$	1.00×10^{35}
$Ag(NH_3)_2^+$	1.10×10^7	$Fe(CN)_6^{3-}$	2.00×10^{42}
$Ag(SCN)_2^-$	3.70×10^7	$Fe(C_2O_4)_3^{3-}$	2.00×10^{20}
$Ag(S_2O_3)_2^{3-}$	2.90×10^{13}	$Fe(NCS)^{2+}$	2.20×10^5
$Al(C_2O_4)_3^{3-}$	2.00×10^{16}	FeF_3	1.13×10^{12}
AlF_6^{3-}	6.90×10^{19}	$HgCl_4^{2-}$	1.20×10^{15}
$Cd(CN)_4^{2-}$	6.00×10^{18}	$Hg(CN)_4^{2-}$	2.50×10^{41}
$CdCl_4^{2-}$	6.30×10^2	HgI_4^{2-}	6.80×10^{29}
$Cd(NH_3)_4^{2+}$	1.30×10^7	$Hg(NH_3)_4^{2+}$	1.90×10^{19}
$Cd(SCN)_4^{2-}$	4.00×10^3	$Ni(CN)_4^{2-}$	2.00×10^{31}
$Co(NH_3)_6^{2+}$	1.30×10^5	$Ni(NH_3)_4^{2+}$	9.10×10^7
$Co(NH_3)_6^{3+}$	2.00×10^{35}	$Pb(CH_3COO)_4^{2-}$	3.00×10^8
$Co(NCS)_4^{2-}$	1.00×10^3	$Pb(CN)_4^{2-}$	1.00×10^{11}
$Cu(CN)_2^-$	1.00×10^{24}	$Zn(CN)_4^{2-}$	5.00×10^{16}
$Cu(CN)_4^{3-}$	2.00×10^{30}	$Zn(C_2O_4)_2^{2-}$	4.00×10^7
$Cu(NH_3)_2^+$	7.20×10^{10}	$Zn(OH)_4^{2-}$	4.60×10^{17}
$Cu(NH_3)_4^{2+}$	2.10×10^{13}	$Zn(NH_3)_4^{2+}$	2.90×10^9
$FeCl_3^{3-}$	98.00		

附录Ⅵ 原子半径 r

H 37.1																	He 140
Li 152	Be 111.3											B 83	C 77	N 70	O 66	F 64	Ne 160
Na 186	Mg 160											Al 143.1	Si 117	P 110	S 104	Cl 99	Ar 190
K 227.2	Ca 197.3	Sc 160.6	Ti 144.8	V 132.1	Cr 124.9	Mn 124	Fe 124.1	Co 125.3	Ni 124.6	Cu 127.8	Zn 133.2	Ga 122.1	Ge 122.5	As 121	Se 117	Br 114.2	Kr 200
Rb 247.5	Sr 215.1	Y 181	Zr 160	Nb 142.9	Mo 136.2	Tc 135.8	Ru 132.5	Rh 134.5	Pd 137.6	Ag 144.4	Cd 148.9	In 162.6	Sn 140.5	Sb 145	Te 137	I 133.3	Xe 220
Cs 265.4	Ba 217.3	La 187.7	Hf 156.4	Ta 143	W 137.0	Re 137.0	Os 134	Ir 135.7	Pt 138	Au 144.2	Hg 160	Tl 170.4	Pb 175.0	Bi 152	Po 167	At	Rn
Fr 270	Ra 220	Ac 187.8															

Ce	Pr	Nd	Pm	Sm	Eu	Gd	Tb	Dy	Ho	Er	Tm	Yb	Lu
182.5	182.8	182.1	181.0	180.2	204.2	180.2	178.2	177.3	176.6	175.7	174.6	194.0	173.4

Th	Pa	U	Np	Pu	Am	Cm	Bk	Cf	Es	Fm	Md	No	Lr
179.8	160.6	138.5	131	151	184								

注：原子半径数据单位为 pm。其中金属原子半径值是金属在其晶体中的原子半径，因金属有不同晶格类型，当配位数为 8、6、4 时，表中金属原子半径值应分别乘以 0.97、0.96、0.88；非金属原子半径值为共价键单键半径，其中稀有气体为 van der Waals 半径。

附录Ⅶ 元素的第一电离能 I_1

H 13.598																	He 24.587
Li 5.392	Be 9.322											B 8.298	C 11.260	N 14.534	O 13.618	F 17.422	Ne 21.564
Na 5.139	Mg 7.646											Al 5.986	Si 8.151	P 10.486	S 10.360	Cl 12.967	Ar 15.759
K 4.341	Ca 6.113	Sc 6.54	Ti 6.82	V 6.74	Cr 6.766	Mn 7.435	Fe 7.870	Co 7.86	Ni 7.635	Cu 7.726	Zn 9.394	Ga 5.999	Ge 7.899	As 9.81	Se 9.752	Br 11.814	Kr 13.999
Rb 4.177	Sr 5.695	Y 6.38	Zr 6.84	Nb 6.88	Mo 7.099	Tc 7.28	Ru 7.37	Rh 7.46	Pd 8.34	Ag 7.576	Cd 8.993	In 5.786	Sn 7.344	Sb 8.641	Te 9.009	I 10.451	Xe 12.130
Cs 3.894	Ba 5.212	La 5.577	Hf 7.0	Ta 7.89	W 7.98	Re 7.88	Os 8.7	Ir 9.1	Pt 9.0	Au 9.225	Hg 10.437	Tl 6.108	Pb 7.416	Bi 7.289	Po 8.42	At	Rn 10.748
Fr	Ra 5.279	Ac 6.9															

注：表中数据单位为电子伏特(eV)，将其乘以 96.484 6，所得数据单位即为 $kJ \cdot mol^{-1}$。

附录Ⅷ 主族元素的第一电子亲合能 E_{ea1}

							H 72.9								He <0 (−21)
Li 59.8		Be <0 (−240)		B 23		C 122		N 0±20 [−58 −800* −1 290**]		O 141 −780*		F 322		Ne <0 (−29)	
Na 52.9		Mg <0 (−230)		Al 44		Si 120		P 74		S 200.4 −590*		Cl 348.7		Ar <0 (−35)	
K 48.4		Ca <0 (−156)		Ga 36		Ge 116		As 77		Se 195 −420*		Br 324.5		Kr <0 (−39)	
Rb 46.9		Sr		In 34		Sn 121		Sb 101		Te 190.1		I 295		Xe <0 (−40)	
Cs 45.5		Ba (−52)		Tl 50		Pb 100		Bi 100							

注：表中数据单位为 $kJ \cdot mol^{-1}$；加括号者为理论计算值，带有＊号或＊＊者分别为第二、第三电子亲合能。

附录Ⅸ 元素的电负性 X

							H 2.1								
Li 1.0	Be 1.5										B 2.0	C 2.5	N 3.0	O 3.5	F 4.0
Na 0.9	Mg 1.2										Al 1.5	Si 1.8	P 2.1	S 2.5	Cl 3.0
K 0.8	Ca 1.0	Sc 1.3	Ti 1.5	V 1.6	Cr 1.6	Mn 1.5	Fe 1.8	Co 1.9	Ni 1.9	Cu 1.9	Zn 1.6	Ga 1.6	Ge 1.8	As 2.0	Se 2.4	Br 2.8
Rb 0.8	Sr 1.0	Y 1.2	Zr 1.4	Nb 1.6	Mo 1.8	Tc 1.9	Ru 2.2	Rh 2.2	Pd 2.2	Ag 1.9	Cd 1.7	In 1.7	Sn 1.8	Sb 1.9	Te 2.1	I 2.5
Cs 0.7	Ba 0.9	La—Lu 1.0~1.2	Hf 1.3	Ta 1.5	W 1.7	Re 1.9	Os 2.2	Ir 2.2	Pt 2.2	Au 2.4	Hg 1.9	Tl 1.8	Pb 1.9	Bi 1.9	Po 2.0	At 2.2
Fr 0.7	Ra 0.9	Ac 1.1														

附录 X 元素周期表

参考文献

[1] 吴胜富. 普通化学[M]. 北京：北京理工大学出版社，2017.

[2] 文瑞明. 精细化工商品生产技术疑难详解[M]. 长沙：湖南科学技术出版社，1994.

[3] 胡英. 物理化学（上册）[M]. 北京：高等教育出版社，1999.

[4] 吴大付，朱统泉，崔苗青，等. 中国农业集约化实证研究[M]. 北京：中国农业科学技术出版社，2008.

[5] 印永嘉，刘宗寅，吕志清，等. 21世纪的中心科学：化学[M]. 北京：中国华侨出版社，1995.

[6] 刘旦初. 化学与人类[M]. 3版. 上海：复旦大学出版社，2007.

[7] 张礼和. 化学学科进展[M]. 北京：化学工业出版社，2005.

[8] 中国科学技术协会. 化学学科发展报告（2010—2011）[M]. 中国科学技术出版社，2011.

[9] 宿辉. 材料化学[M]. 北京：北京大学出版社，2012.

[10] 杨玉国. 现代化学基础[M]. 北京：中国铁道出版社，2001.

[11] 李纲. 新编普通化学[M]. 郑州：郑州大学出版社，2007.

[12] 熊双贵，高之清. 无机化学[M]. 武汉：华中科技大学出版社，2011.

[13] 傅献彩. 大学化学：上、下册[M]. 北京：高等教育出版社，1999.

[14] 尹建军. 工程化学[M]. 兰州：兰州大学出版社，2005.

[15] 陈东旭，吴卫东. 普通化学[M]. 3版. 北京：化学工业出版社，2010.

[16] 张少云，李蜂. 无机化学[M]. 北京：科学出版社，2008.

[17] 林茵，李想. 无机化学辞典[M]. 呼和浩特：远方出版社，2006.

[18] 郭小仪，郭幼红. 无机化学[M]. 北京：化学工业出版社，2010.

[19] 何培之. 普通化学[M]. 西安：西安交通大学出版社，1985.

[20] 徐春祥. 基础化学[M]. 北京：高等教育出版社，2013.

[21] 谢吉民. 基础化学[M]. 2版. 北京：科学出版社，2009.

[22] 慕慧. 基础化学[M]. 3版. 北京：科学出版社，2013.

[23] 许雅周，李玉芬. 基础化学[M]. 北京：机械工业出版社，2009.

[24] 华彤文，王颖霞，陈景祖，等. 普通化学原理[M]. 4版. 北京：北京大学出版社，2013.

[25] 蔡少华，龚孟濂. 无机化学基本原理[M]. 广州：中山大学出版社，1999.

[26] 朱裕贞,顾达,黑恩成. 现代基础化学[M]. 北京:化学工业出版社,2010.

[27] 蔡炳新,王玉枝,汪秋安. 化学与人类社会[M]. 长沙:湖南大学出版社,2005.

[28] 强亮生,徐崇泉. 工科大学化学[M]. 北京:高等教育出版社,2009.

[29] 王彦广. 化学与人类文明[M]. 杭州:浙江大学出版社,2001.

[30] 朱裕贞,苏小云,路琼华. 工科无机化学[M]. 2版. 上海:华东理工大学出版社,1993.

[31] 徐光宪. 21世纪化学的内涵、四大难题和突破口[J]. 科学通报,2001(24):2086-2091.

[32] 徐光宪. 21世纪是信息科学、合成化学和生命科学共同繁荣的世纪[J]. 化学通报,2003(01):3-11.

[33] 李清波,刘陆媛,孙庆余. 21世纪农业化学发展面临新的机遇[J]. 沈阳农业大学学报(社会科学版),2001(03):228-230+241.

[34] 曹卫国. 论化学文化[J]. 哈尔滨师专学报(社会科学版),1997(03):48-49+63.

[35] 张道民. 现代化学对人类进步的作用与影响[J]. 化学通报,1991(10):51-55.

[36] 徐琰. 无机化学[M]. 郑州:河南科学技术出版社,2009.

[37] 刘梯楼,佘金明. 无机化学[M]. 北京:冶金工业出版社,2014.

[38] 丁润梅,付煜荣,卢庆祥,等. 无机化学[M]. 武汉:华中科技大学出版社,2016.

[39] 孙挺. 无机化学[M]. 北京:冶金工业出版社,2015.

[40] 李跃中. 无机化学[M]. 上海:上海交通大学出版社,2001.

[41] 张玉平,董翠芝. 无机化学:上册[M]. 成都:电子科技大学出版社,2014.

[42] 刘志红. 无机化学[M]. 西安:第四军医大学出版社,2011.

[43] 史文权. 无机化学[M]. 武汉:武汉大学出版社,2011.

[44] 李业梅,吴云,程亚梅. 无机化学[M]. 武汉:华中科技大学出版社,2010.

[45] 邵学俊,董平安,魏益海. 无机化学:上册[M]. 2版. 武汉:武汉大学出版社,2002.

[46] 宋克让,周建庆,于昆. 无机化学[M]. 武汉:华中科技大学出版社,2012.

[47] 朱颖,王立升. 无机化学[M]. 沈阳:辽宁大学出版社,2012.

[48] 李炳诗,李峰. 无机化学[M]. 郑州:河南科学技术出版社,2012.

[49] 袁亚莉. 无机化学[M]. 武汉:华中科技大学出版社,2007.

[50] 付煜荣,罗孟君,卢庆祥. 无机化学[M]. 武汉:华中科技大学出版社,2016.

[51] 铁步荣,贾桂芝. 无机化学[M]. 北京:中国中医药出版社,2005.

[52] 杨作新,张霖霖. 无机化学[M]. 广州:广东高等教育出版社,2000.

[53] 丁绪亮,胡继岳. 无机化学[M]. 南京:东南大学出版社,1990.

[54] 张永安. 无机化学[M]. 北京:北京师范大学出版社,1998.

[55] 徐丁苗. 无机化学[M]. 3版. 北京:人民卫生出版社,2006.

[56] 天津大学无机化学教研室. 无机化学[M]. 4版. 北京:高等教育出版社,2010.

[57] 武汉大学. 无机化学:下册[M]. 3版. 北京:高等教育出版社,2010.

[58] 何凤姣. 无机化学[M]. 北京：科学出版社，2006.

[59] 孙挺，张霞，李光禄，等. 无机化学[M]. 北京：冶金工业出版社，2011.

[60] 北京师范大学. 无机化学：上、下册[M]. 4版. 北京：高等教育出版社，2002.

[61] 大连理工大学无机化学教研室. 无机化学[M]. 5版. 北京：高等教育出版社，2011.

[62] 陆家政. 基础化学[M]. 北京：人民卫生出版社，2009.

[63] 邓建成. 大学化学基础[M]. 北京：化学工业出版社，2003.

[64] 江玉和. 非金属材料化学[M]. 北京：科学技术文献出版社，1992.

[65] 黄波. 固体材料及其应用[M]. 上海：华东理工大学出版社，1994.

[66] 湖南大学. 建筑材料[M]. 北京：中国建筑工业出版社，1997.

[67] 贡长生. 新型功能材料[M]. 北京：化学工业出版社，2001.

[68] 同济大学普通化学及无机化学教研室. 普通化学[M]. 北京：高等教育出版社，2004.

[69] 李梅君，陈亚茹. 普通化学[M]. 上海：华东理工大学出版社，2001.

[70] 浙江大学普通化学教研组. 普通化学[M]. 4版. 北京：高等教育出版社，1995.

[71] 阎洪金. 属表面处理新技术[M]. 北京：冶金工业出版社，1996.

[72] 卢燕平. 金属表面防蚀处理[M]. 北京：冶金工业出版社，1995.

[73] 潘守芹. 新型玻璃[M]. 上海：同济大学出版社，1992.

[74] 胡明娟. 钢铁化学热处理原理：修订版[M]. 上海：海交通大学出版社，1996.

[75] 刘光华. 现代材料化学[M]. 上海：上海科学技术出版社，2000.

[76] 金若水. 现代化学原理[M]. 北京：高等教育出版社，2003.

[77] 车云霞，申泮文. 化学元素周期系多媒体软件[M]. 天津：南开大学出版社，1999.

[78] 姚守拙，朱元保. 元素化学反应手册[M]. 长沙：湖南教育出版社，1998.

[79] GREENWOOD N N, EARNSHAW A. 化学元素：上、中、下三册[M]. 曹庭礼，李学同，王曾隽，等译. 北京：高等教育出版社，1997.

[80] 施开良. 化学与材料[M]. 长沙：湖南教育出版社，2000.

[81] 杨建明，杨艳艳，李顺意. 化学与生命[M]. 长沙：湖南教育出版社，2000.

[82] 石巨恩，廖展如. 生物无机化学[M]. 武汉：华中师范大学出版社，1999.

[83] 杨频. 生物无机化学导论[M]. 西安：西安交通大学出版社，1991.

[84] 路琼华. 工科无机化学[M]. 上海：华东理工大学出版社，1988.

[85] 计亮年，黄锦汪，莫庭焕，等. 生物无机化学导论[M]. 广州：中山大学出版社，2001.

[86] 王夔. 生命科学中的微量元素[M]. 2版. 北京：中国计量出版社，1996.

[87] 王三根. 微量元素与健康[M]. 上海：上海科学普及出版社，2004.

[88] 汤普森，陈淮译. 化学与生命科学[M]. 北京：中国青年出版社，2006.

[89] 武汉大学化学与分子科学学院. 化学与社会[M]. 北京：科学出版社，2010.

[90] 文瑞明. 精细化工商品生产技术疑难详解[M]. 长沙：湖南科学技术出版社，1994.